Construções em Alvenaria Estrutural

Materiais, projeto e desempenho

Blucher

Gihad Mohamad

coordenador

Construções em Alvenaria Estrutural

Materiais, projeto e desempenho

Construções em alvenaria estrutural: materiais, projeto e desempenho
© 2015 Gihad Mohamad
2ª reimpressão – 2019
Editora Edgard Blücher Ltda.

Blucher

Rua Pedroso Alvarenga, 1245, 4º andar
04531-934 – São Paulo – SP – Brasil
Tel.: 55 11 3078-5366
contato@blucher.com.br
www.blucher.com.br

Segundo o Novo Acordo Ortográfico, conforme 5. ed.
do *Vocabulário Ortográfico da Língua Portuguesa*,
Academia Brasileira de Letras, março de 2009.

É proibida a reprodução total ou parcial por quaisquer
meios sem autorização escrita da editora.

Todos os direitos reservados pela Editora
Edgard Blücher Ltda.

FICHA CATALOGRÁFICA

Construções em alvenaria estrutural: materiais,
projeto e desempenho / coordenado por Gihad
Mohamad. – São Paulo: Blucher, 2015.

Vários autores
Bibliografia
ISBN 978-85-212-0796-2

1. Engenharia de estruturas 2. Alvenaria
I. Mohamad, Gihad

13-0940 CDD 624.1

Índices para catálogo sistemático:
1. Engenharia de estruturas

Prefácio

A inexistência de regulamentos e normas modernas para alvenaria que disciplinassem a sua utilização, à parte de outras motivações tecnológicas e estéticas, constituiu, no passado, uma razão importante para limitar a sua aplicação. Os critérios de natureza empírico-intuitiva com origem na experiência adquirida ao longo do tempo e em metodologias de cálculo aproximadas podem ser fortemente penalizadoras do ponto de vista econômico e conduzir a desempenhos deficientes. Esta situação encontra-se agora profundamente alterada, existindo normas, nomeadamente no que respeita à definição dos requisitos mínimos de resistência e aos critérios para a sua determinação, seja teórica ou experimental.

De forma a tornar a alvenaria resistente competitiva nos países desenvolvidos, ela deverá ser agora encarada não apenas como uma solução estrutural, mas como uma solução construtiva que contempla os aspetos estruturais, estéticos, acústicos, térmicos, de resistência ao fogo e de impermeabilidade. Depois dos altos e baixos durante a primeira metade do século XX, a alvenaria estrutural soube adaptar-se às novas exigências tecnológicas e estéticas da construção contemporânea, mantendo uma posição no mercado, cujo relevo é maior ou menor em diferentes zonas do planeta. No Brasil, a construção em alvenaria estrutural tem recebido enorme interesse da comunidade técnica e científica, com vantagens claras na racionalização da construção.

A presente publicação é editada por um conjunto de autores reconhecidos e contempla os diferentes aspetos necessários ao projeto de um edifício, tais como a conceção, seleção de materiais e controle, propriedades da alvenaria e dos seus componentes, juntas de movimentação e dimensionamento das paredes. Adicionalmente abordam-se temas menos correntes em outras publicações sobre a alvenaria como a patologia, a reparação e reforço em construções existentes, os danos acidentais, a segurança contra fogo e a sustentabilidade. Desta forma, o leitor tem acesso a um conjunto de informação diversificada e atual, bem como a uma vasta listagem de bibliografia complementar, que esta publicação certamente útil a projetistas, construtores, fornecedores de materiais e todos os interessados no tema das alvenarias.

Tenho tido o enorme prazer de colaborar com o coordenador desta edição, que desenvolveu o seu doutorado na Universidade do Minho, Portugal, sob minha supervisão, e o seu mestrado na Universidade Federal de Santa Catarina, sob supervisão do professor Humberto Roman. Estou certo que esta colaboração entre Portugal e Brasil, e de forma mais abrangente entre os países de língua oficial portuguesa, que se encontram unidos, também, por um patrimônio e cultura comuns, permite importantes benefícios técnicos, econômicos e sociais a todos os intervenientes.

Deixo os votos a todos de uma excelente leitura.

Paulo B. Lourenço
Professor Catedrático da Universidade do Minho
Diretor do Instituto para a Sustentabilidade e
Inovação em Engenharia de Estruturas

Guimarães, Portugal, março de 2013

AGRADECIMENTO ESPECIAL

Eu gostaria de agradecer ao professor Odilon Pancaro Cavalheiro, pelas suas sugestões e tempo dedicado na revisão acurada do texto deste livro. Além de um grande mestre da graduação em Engenharia Civil, o professor Odilon Pancaro Cavalheiro é um dos maiores apoiadores e difusores dos estudos em Alvenaria Estrutural na região, irradiando o seu conhecimento, principalmente, aos jovens engenheiros, incentivando-os a continuarem a difundir o sistema construtivo em Alvenaria Estrutural, como uma alternativa tecnológica racional e sustentável para a construção civil.

Gihad Mohamad

Eu dedico este livro aos meus dois filhos,
Aliah Campos Mohamad e Nasser Campos Mohamad
e à minha companheira e esposa, Andrea Garcia Campos.

NOTA SOBRE OS AUTORES

Gihad Mohamad (coordenador)
Universidade Federal de Santa Maria – Departamento de Estruturas e Construção Civil – Avenida Roraima, Prédio 7, Centro de Tecnologia, Santa Maria, RS.
e-mail: gihad.civil@gmail.com

Aldo Leonel Temp
Mestrando PPGEC – Universidade Federal de Santa Maria – Departamento de Estruturas e Construção Civil – Avenida Roraima, prédio 07, Centro de Tecnologia, Santa Maria, RS.
e-mail: misteraldo1@gmail.com

Diego Willian Nascimento Machado
Mestrando PPGEC – Universidade Federal de Santa Maria – Departamento de Estruturas e Construção Civil – Avenida Roraima, prédio 07, Centro de Tecnologia Santa Maria, RS.
e-mail: diego_nas_mac@hotmail.com

Eduardo Rizzatti
Universidade Federal de Santa Maria – Departamento de Estruturas e Construção Civil – Avenida Roraima, Prédio 7, Centro de Tecnologia, Santa Maria, RS.
e-mail: edu_rizzatti@yahoo.com.br

Guilherme Aris Parsekian
Universidade Federal de São Carlos – UFSCar – Rodovia Washington Luís (SP-310), km 235, São Carlos, São Paulo, Brasil
e-mail: parsekian.ufscar@gmail.com

Humberto Ramos Roman
Universidade Federal de Santa Catarina – Departamento de Engenharia Civil, Centro Tecnológico – Rua João Pio Duarte, 205, Bairro Córrego Grande, Florianópolis, SC.
e-mail: humberto.roman@ufsc.br

Kamila Kappaun Kothe

Arquiteta e urbanista – Mestre em Engenharia Civil

e-mail: kamila2210@gmail.com

Joaquim Cesar Pizzutti dos Santos

Universidade Federal de Santa Maria – Departamento de Estruturas e Construção Civil – Avenida Roraima, prédio 07, Centro de Tecnologia, Santa Maria, RS.

e-mail: joaquimpizzutti@hotmail.com

Larissa Deglioumini Kirchhof

Universidade Federal de Santa Maria – Departamento de Expressão Gráfica – Avenida Roraima, Prédio 7, Centro de Tecnologia, Santa Maria, RS.

e-mail: larissadk@gmail.com

Leila Cristina Meneghetti

Universidade de São Paulo – USP – Butantã, São Paulo, SP.

e-mail: lmeneghetti@gmail.com

Márcio Santos Faria

ArqEst Consultoria e Projetos Ltda. – Rua Coronel Vaz de Melo, 32/102, Bairro Bom Pastor, Juiz de Fora, MG

e-mail: arq.est.ae@gmail.com

Marcos Alberto Oss Vaghetti

Universidade Federal de Santa Maria – Departamento de Estruturas e Construção Civil – Avenida Roraima, Prédio 7, Centro de Tecnologia, Santa Maria, RS.

e-mail: marcos.vaghetti@ufsm.br

Mônica Regina Garcez

Universidade Federal de Pelotas – UFPel – Rua Almirante Barroso, nº 1.734, Centro, Pelotas, RS.

e-mail: mrgarcez@hotmail.com

Rafael Pires Portella

Mestrando PPGEC – Universidade Federal de Santa Maria – Departamento de Estruturas e Construção Civil – Avenida Roraima, prédio 07, Centro de Tecnologia, Santa Maria, RS.
e-mail: portellarafael@hotmail.com

Rogério Cattelan Antocheves de Lima

Universidade Federal de Santa Maria – Departamento de Estruturas e Construção Civil – Avenida Roraima, Prédio 7, Centro de Tecnologia, Santa Maria, RS.
e-mail: rogerio@ufsm.br

Usama Nessim Samara

Mestrando PPGEC – Universidade Federal de Santa Maria – Departamento de Estruturas e Construção Civil – Avenida Roraima, Prédio 7, Centro de Tecnologia, Santa Maria, RS.
e-mail: usama.nsd@gmail.com

Vladimir Guilherme Haach

EESC/USP – Departamento de Engenharia de Estruturas – Avenida Trabalhador Sãocarlense, 400, São Carlos, SP.
e-mail: vghaach@sc.usp.br

Conteúdo

1. Introdução à alvenaria estrutural

1.1 Introdução 17

1.2 O uso da alvenaria estrutural no Brasil 22

1.3 Vantagens econômicas do sistema em alvenaria estrutural.................... 23

1.4 Desempenho térmico de edificações em alvenaria estrutural................ 24

1.5 Bibliografia 36

2. Projeto em alvenaria estrutural – definições e características

2.1 Considerações iniciais 39

2.2 Projeto arquitetônico 40

2.3 Distribuição e arranjos das paredes estruturais no projeto arquitetônico 41

2.4 Definições de projeto e detalhamento.. 48

2.5 Execução e controle de obras em alvenaria estrutural 77

2.6 Coordenação de projetos em alvenaria estrutural 81

2.7 Bibliografia 85

3. Propriedades da alvenaria estrutural e de seus componentes

3.1 Blocos de silicocalcário, de concreto e cerâmicos................................ 89

3.2 Especificações normativas de classificação das unidades...................... 91

3.3 Argamassas de assentamento para alvenaria estrutural 103

3.4 Grautes para alvenaria estrutural 111

3.5 Ruptura da alvenaria à compressão.. 114

3.6 Caracterização física e mecânica das alvenarias 125

3.7 Efeito do não preenchimento de juntas verticais no desempenho da alvenaria estrutural 127

3.8 Conclusão 129

3.9 Bibliografia 129

4. Juntas de movimentação na alvenaria estrutural

4.1 Introdução 133

4.2 Junta de dilatação 133

4.3 Definição de juntas de controle 134

4.4 Condições de estabilidade estrutural e isolamento 135

4.5 Características físicas dos materiais (concreto e cerâmico) ... 136

4.6 Recomendações normativas 137

4.7 Critérios de projeto 140

4.8 Bibliografia 148

5. Dimensionamento de paredes à compressão e ao cisalhamento

5.1 Introdução 149

5.2 Critérios de segurança nas estruturas 149

5.3 Ações e resistência de acordo com a NBR 15812-1:2010 e
NBR 15961-1:2011 152

5.4 Ações e resistência de acordo com a BS 5628-1 (1992) ... 155

5.5 Dimensionamento da alvenaria 160

5.6 Bibliografia 187

6. Patologia, recuperação e reforço em alvenaria estrutural

6.1 Introdução 189

6.2 Patologias frequentes em alvenaria estrutural 191

6.3 Intervenções em elementos de alvenaria estrutural 196

6.4 Técnicas convencionais 197

6.5 Polímeros reforçados com fibras (PRF) 201

6.6 Bibliografia 216

7. Danos acidentais

7.1 Introdução 219

7.2 Risco de dano acidental 220

7.3 Ações excepcionais 221

7.4 Consideração de situações acidentais em projeto 223

7.5 Recomendações normativas 227

7.6 Comentários finais 231

7.7 Bibliografia 231

8. Segurança contra o fogo em edificações na alvenaria estrutural

8.1 Considerações iniciais 233

8.2 Códigos normativos para avaliar os efeitos de incêndios em edificações ... 244

8.3 Bibliografia 265

9. Princípios de sustentabilidade na alvenaria estrutural

9.1 Introdução 269

9.2 Aspectos técnicos da sustentabilidade nas edificações............................ 276

9.3 Alvenaria estrutural com tijolos ecológicos de solo cimento 281

9.4 Estudo de "Casa Popular Eficiente" com tijolos de solo cimento 286

9.5 Bibliografia 291

Agradecimentos 293

10. Execução e controle de obras

10.1 Introdução 295

10.2 Mudanças e desafios 296

10.3 Produção dos materiais 300

10.4 Equipamentos para execução da alvenaria 304

10.5 Metodologia de execução – passo a passo para construir alvenarias
de blocos vazados de concreto.. 313

10.6 Exemplos da obra e detalhes construtivos 334

10.7 Plano de controle 342

10.8 Especificação, recebimento e controle da produção dos materiais 342

10.9 Controle da resistência dos materiais e das alvenarias à compressão axial 345

10.10 Controle da produção da alvenaria 354

10.11 Critério de aceitação da alvenaria 354

10.12 Bibliografia 355

CAPÍTULO 1

Introdução à alvenaria estrutural

Gihad Mohamad, Eduardo Rizzatti, Joaquim Cesar Pizzutti dos Santos e Kamila Kappaun Kothe

1.1 INTRODUÇÃO

As principais construções que marcaram a humanidade pelos aspectos estruturais e arquitetônicos eram compostas por unidades de blocos de pedra ou cerâmicos intertravados com ou sem um material ligante, como pode ser visto em construções como as pirâmides do Egito, o Coliseu Romano, a Catedral de Notre Dame, mostrados na Figura 1.1. Esses são exemplos que se destacam em relação ao material, a forma tipológica, o processo de construção e a segurança. A presença de blocos de pedra ou cerâmicos como material estrutural tornava o sistema estrutural mais limitado, no qual a tipologia em arco permitia vencer grandes vãos, sem que surgissem tensões que levassem o material à ruptura.

A alvenaria estrutural existe há milhares de anos, e teve início com a utilização do conhecimento empírico, baseado na experiência dos construtores, em que a forma garantia a rigidez e a estabilidade estrutural. Essas obras magníficas, existentes até hoje em excelente estado de conservação, comprovam o potencial, a qualidade e a durabilidade desse processo construtivo. A arquitetura dessa época era uma combinação de efeitos, que faziam com que as estruturas funcionassem basicamente a compressão, absorvendo os esforços horizontais em razão do vento, por meio de contrafortes e arcobotantes, como mostra a Figura 1.2.

Fonte: vcsabiadisso.blogspot   *Fonte: culturamix.com*   *Fonte: Wikipedia.*

Figura 1.1 Construções que utilizaram o conceito da alvenaria com função resistente.

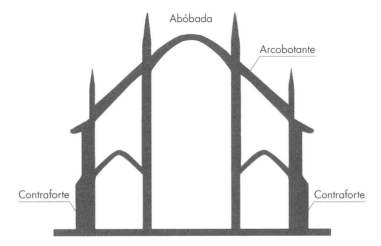

Figura 1.2 Esquema estrutural das construções em alvenarias de pedra.

No passado, o conhecimento era adquirido pelas experiências dos construtores, passando de geração em geração até, aproximadamente, o início do século XX. Uma obra no período de 1889-1891 foi o prédio "Monadnock", exemplo marcante de construção em alvenaria de 16 pavimentos e 65 m de altura, com paredes de 1,80 m de espessura, no pavimento térreo (Figura 1.3). Esse tipo de construção era caracterizado pela dificuldade de racionalização do processo executivo e pelas limitações de organização espacial, tornando o sistema lento e de custo elevado. Em consequência disso, a alvenaria estrutural foi um dos métodos construtivos mais empregados, apenas entre a antiguidade e o período da revolução industrial. O aparecimento do aço e do concreto tornou as obras mais versáteis em termos de produção, esbeltez e, principalmente, obtenção de grandes vãos, garantindo a chamada busca pela liberdade arquitetônica.

Introdução à alvenaria estrutural

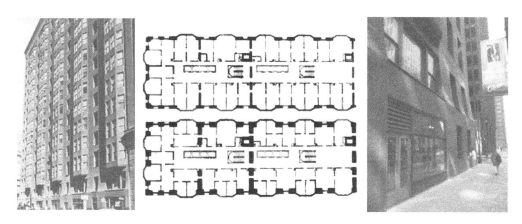

Figura 1.3 Edifício alto construído em alvenaria estrutural no período de 1889 - 1891.

O marco inicial da "Moderna Alvenaria Estrutural" teve início com os estudos realizados pelo professor Paul Haller, na Suíça, conduzindo uma série de testes em paredes de alvenaria, em razão da escassez de concreto e aço proporcionada pela Segunda Guerra Mundial. Durante sua carreira foram testadas mais de 1.600 paredes de tijolos. Os dados experimentais serviram como base no projeto de um prédio de 18 pavimentos, com espessuras de parede que variaram entre 30 e 38 cm. Estas paredes, com espessura muito reduzida para a época, causaram uma revolução no processo construtivo existente (TMS, 2005).

A partir desses estudos, tem início a intensificação e a disseminação do uso da alvenaria estrutural como sistema construtivo, por meio de amplos resultados experimentais que proporcionaram a criação de teorias e critérios de projeto, aliados ao intenso progresso na fabricação de materiais e componentes apropriados para a execução. Somente na década de 1950 as normalizações forneceram os critérios básicos para o projeto de elementos de parede a compressão. Entretanto, essas normalizações possuíam procedimentos analíticos e teóricos rudimentares, quando comparados às normalizações de aço e concreto. Os problemas principais consistiam, basicamente, no caráter frágil do material a compressão, sendo amenizados, posteriormente, com o surgimento da teoria de colunas. Os códigos dessa época eram limitados pela dificuldade em determinar as condições de excentricidade da parede, considerando as extremidades dos elementos por meio da interação parede-laje. Esse fator é fundamental para analisar a ação de vento e dos sismos na construção. Com isso, a apropriação de bases teóricas e experimentais criou métodos analíticos que proporcionaram uma melhor compreensão do comportamento das alvenarias sob compressão e cisalhamento. Isso reforçou os procedimentos, ainda empíricos, utilizados nos códigos de construção. Posteriormente, durante as décadas de 1960 e 1970, em razão de problemas de colapsos progressivos, verificados em construções desse período, foi desenvolvida uma série de estudos concentrados na avaliação dos efeitos de carga lateral nos painéis de alvenaria, do efeito de explosão de gás e de impactos acidentais de veículos sobre os elementos estruturais.

Os avanços nas pesquisas possibilitaram a realização, na década de 1960, de testes em escala real de prédios em alvenaria de cinco andares, desenvolvidos pela Universidade de Edimburgh sob a responsabilidade dos professores A. W. Hendry e B. P. Sinha. As pesquisas consistiam em um estudo sistemático dos perigos de explosão de gás e outros acidentes, que pudessem levar à retirada abrupta de um elemento estrutural (HENDRY, 1981).

Os resultados dos experimentos foram utilizados como base comparativa para avaliação de novos projetos, para efetivar a avaliação das precauções estruturais para danos acidentais e, principalmente, para a resposta da construção nos casos de perda instantânea de um elemento estrutural. Os estudos representaram um importante avanço no conhecimento e desenvolvimento de testes experimentais em alvenarias estruturais.

A Figura 1.4 mostra as fotos do prédio de cinco pavimentos, utilizado nos ensaios de avaliação estrutural de danos acidentais em edificações, realizados pela Universidade de Edimburgh, juntamente com o colapso progressivo de uma construção na prumada correspondente à cozinha, em decorrência de uma explosão de gás.

Figura 1.4 Prédio em alvenaria estrutural utilizados para a simulação de danos acidentais e o colapso progressivo de uma edificação de múltiplos pavimentos.

Fonte: HENDRY, 1981.

Na América do Sul, uma construção que se destacou em termos de domínio da técnica e forma foi realizada pelo engenheiro uruguaio Eladio Dieste, na década de 1950, cujas obras marcantes utilizavam cascas, construídas com o sistema em alvenaria estrutural, em cerâmica armada, como pode ser visto na Figura 1.5, na obra da igreja de Cristo Trabalhador em Atlântida (1955-1960). As construções em cascas em alvenaria estrutural de cerâmica armada eram compostas por tijolos cerâmicos, juntas de argamassa armada, camada superior de argamassa e malha de aço na região da interface dos tijolos cerâmicos e a camada superior de argamassa. Essa tipologia segue o comportamento de uma membrana fina, na forma de uma catenária, semelhante às que seriam geradas por uma corda suspensa pelas suas extremidades. O modelo estrutural da igreja de Atlântida assemelha-se a um pórtico de alvenaria em que os vértices entre a parede e a casca formam um engastamento, em virtude do aumento da área de apoio provocado pelas ondulações da parede superior, diminuindo assim o momento fletor do vão entre as paredes estruturais da igreja, como mostra a Figura 1.6.

Figura 1.5 Igreja de Atlântida no Uruguai projetada por Eladio Dieste.

Fonte: EPFL.

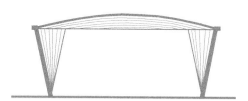 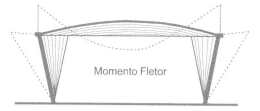

Figura 1.6 Corte transversal da igreja juntamente com o diagrama de momento fletor.

Atualmente, na construção civil, a evolução do conhecimento técnico-científico sobre o comportamento global das construções e do elemento parede proporcionou um progresso efetivo na fabricação dos materiais, do comportamento da interação entre os componentes e equipamentos para a sua execução, surgindo unidades que tornam a alvenaria estrutural eficiente em termos de rapidez de produção e capacidade de suporte a cargas.

1.2 O USO DA ALVENARIA ESTRUTURAL NO BRASIL

A alvenaria no Brasil surgiu como uma técnica de construção apenas no final da década de 1960, pois anteriormente poderia ser considerada como uma "alvenaria resistente", ou seja, fruto apenas de conhecimento empírico, como consequência da inexistência de regulamentos que fixassem critérios de dimensionamento e segurança dos elementos estruturais, de forma a relacionar as diferentes tensões atuantes à resistência do elemento. A maioria das edificações possuía quatro pavimentos com critérios de execução e dimensionamentos baseados na experiência do construtor. Comumente, as paredes dessas edificações eram constituídas por unidades cerâmicas maciças (tijolos) nos três primeiros pavimentos e no último eram usados unidades vazadas, com furos na direção do assentamento da parede. Camacho (1986) observa que, no princípio da alvenaria estrutural, as construções antecederam as pesquisas na área, e estavam concentradas em algumas regiões, como São Paulo (na década de 1970) e em Porto Alegre (em 1984-1985).

O ano de 1966 foi o marco inicial do emprego do bloco de concreto em alvenarias estruturais armadas no Brasil, com a construção do conjunto habitacional Central Park Lapa, em São Paulo, Figura 1.7(a). Essa obra foi realizada com paredes com espessura de 19 cm e quatro pavimentos. Em 1972 foi construído, no mesmo conjunto habitacional, quatro prédios de 12 pavimentos cada, em alvenaria armada, Figura 1.7(b).

Em 1970, em São José dos Campos/SP, foi construído o edifício "Muriti", com 16 pavimentos, em alvenaria armada de blocos de concreto, Figura 1.7(c).

O edifício pioneiro em alvenaria não armada, no Brasil, foi o Jardim Prudência, construído na cidade de São Paulo, em 1977. A edificação de nove pavimentos, em blocos de concreto de silicocalcário com paredes de 24 cm de espessura, Figura 1.7(d).

Os blocos cerâmicos nas obras em alvenarias estruturais não armadas ou armadas começam somente na década de 1980, com a introdução no mercado da construção de unidades com dimensões modulares e furos na vertical que proporcionassem a passagem de instalações elétricas sem os rasgos comumente feitos em obras.

Na década de 1990 foi construído o edifício residencial "Solar dos Alcântaras" em São Paulo/SP. Atualmente, essa edificação é a maior do Brasil em alvenaria estrutural armada, com paredes de blocos de concreto com 14 cm de espessura do primeiro ao último andar, Figura 1.7(e).

Figura 1.7 Prédios precursores da alvenaria estrutural construídos no Brasil.

Fonte: ABCI, 1990.

1.3 VANTAGENS ECONÔMICAS DO SISTEMA EM ALVENARIA ESTRUTURAL

As constantes dificuldades em razão do aumento gradual da concorrência e aos níveis de exigência construtiva têm provocado, nas empresas construtoras, uma mudança nas estratégias, de forma a possibilitar a introdução de melhorias na produção, empregando alternativas que levem à racionalização do processo. As principais perguntas das empresas construtoras em geral são: "Como garantir a habitabilidade e o desempenho do ambiente construído?" e "Como ganhar dinheiro vendendo uma casa ou apartamento de 50.000 a 100.000 reais?". Essas duas perguntas são fundamentais para entender o atual cenário brasileiro, em face do aumento do número de crédito para as construções de habitações de interesse social. Por isso, a alvenaria estrutural está sendo largamente utilizada como sistema construtivo capaz de responder essas perguntas, pois é capaz de atender aos critérios globais de desempenho e custo.

A alvenaria estrutural possui diversas vantagens, na qual a econômica é uma das principais, em virtude da otimização de tarefas na obra, por meio de técnicas executivas simplificadas e facilidade de controle nas etapas de produção e eliminação de interferências, gerando uma redução no desperdício de materiais produzido pelo constante retrabalho. Como consequência, o sistema construtivo em alvenaria estrutural conseguiu proporcionar uma flexibilidade no planejamento das etapas de execução das obras. Isso tornou o sistema em alvenaria competitivo no Brasil, quando comparado com o concreto armado e o aço. A Tabela 1.1 apresenta a porcentagem de redução no custo de uma obra em alvenaria, comparado com as estruturas convencionais (WENDLER, 2005). Os dados apresentados na Tabela 1.1 são custos relativos aproximados entre a estrutura convencional (concreto armado) e a alvenaria estrutural, em função do número de pavimentos e da complexidade do empreendimento. Esse trabalho foi redigido e apresentado nas reuniões do grupo de trabalho "Insumos e Novas Tecnologias" da HabiCamp. Também serviu de base para o curso sobre projeto de alvenaria estrutural com Blocos Vazados de Concreto, fornecido pela Associação Brasileira de Cimento Portland (ABCP).

Tabela 1.1 Custos aproximados entre as estruturas convencionais e a alvenaria estrutural no Brasil

Característica da obra	Economia (%)
Quatro pavimentos	25-30
Sete pavimentos sem pilotis, com alvenaria não armada	20-25
Sete pavimentos sem pilotis, com alvenaria armada	15-20
Sete pavimentos com pilotis	12-20
Doze pavimentos sem pilotis	10-15
Doze pavimentos com pilotis, térreo e subsolo em concreto armado	8-12
Dezoito pavimentos com pilotis, térreo e subsolo em concreto armado	4-6

Fonte: adaptado de WENDLER, 2005.

De acordo com os dados da Tabela 1.1, é possível concluir que, para prédios de até quatro pavimentos, acontece uma redução no custo da estrutura de 25% a 30%, quando comparado ao concreto armado. À medida que se aumenta o número de pavimentos essa redução diminui para valores em torno de 4% a 6%. Atualmente, os vários programas de apoio à construção de habitações populares para baixa renda, de até quatro pavimentos, têm levado as construtoras a adotarem o sistema construtivo em alvenaria estrutural como um método construtivo adequado aos padrões de exigências dos órgãos financiadores.

1.4 DESEMPENHO TÉRMICO DE EDIFICAÇÕES EM ALVENARIA ESTRUTURAL

Conhecer o desempenho térmico dos fechamentos das edificações permite aos projetistas estabelecerem estratégias para que os edifícios possam responder de maneira eficiente às variações climáticas, fornecendo as condições necessárias para o conforto do usuário, minimizando o uso de equipamentos e o consumo de energia. Esse cuidado deve ser ainda maior para as habitações de interesse social, em que as áreas construídas dos apartamentos e pés-direitos são menores em relação aos padrões normalmente encontrados e são reduzidos os recursos para climatização artificial.

Para demonstrar o desempenho térmico de edificações em alvenaria estrutural, são apresentados os resultados obtidos de um estudo de caso de habitações construídas em alvenaria de blocos de concreto e cerâmico, desenvolvido pelo grupo de pesquisa *"Habitabilidade e eficiência energética de edificações"* do PPGEC da UFSM, sob a orientação do professor Joaquim Cesar Pizzutti dos Santos. Kappaun (2012) analisou, durante os períodos de inverno e verão, o comportamento térmico de edificações de um conjunto habitacional construído em alvenaria estrutural com o uso de diferentes tipos de blocos, a fim de avaliar a influência do tipo de bloco de fechamento nas variações térmicas internas das unidades habitacionais.

Introdução à alvenaria estrutural

Foram analisadas duas edificações construídas lado a lado no mesmo condomínio habitacional, na cidade de São Leopoldo/RS, na zona bioclimática 2 brasileira, com a mesma distribuição em planta e orientação solar, sendo uma edificação construída em alvenaria estrutural com blocos de concreto, e a outra edificação em alvenaria estrutural com blocos cerâmicos. A Figura 1.8 apresenta os dois tipos de edifícios executados lado a lado, enquanto a Figura 1.9 mostra a planta baixa dos edifícios, na qual está assinalado o posicionamento dos registradores de temperatura utilizados tipo HOBO modelo H08-003-02 e a área de cada ambiente.

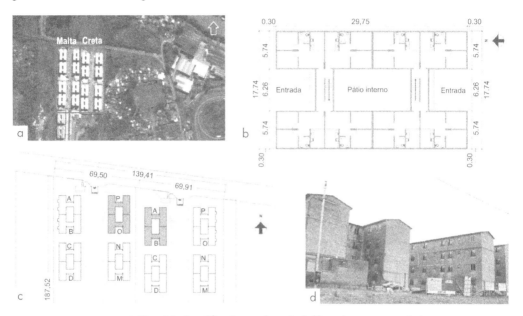

Figura 1.8 Disposição das edificações em alvenaria de blocos de concreto e cerâmico.

Fonte: KAPPAUN, 2012.

Figura 1.9 Posição das medições e áreas de cada apartamento.

Fonte: KAPPAUN, 2012.

As paredes internas e externas das edificações foram executadas com blocos estruturais de concreto e cerâmica, com espessura de 14 cm, conforme a Figura 1.10, possuindo acabamento interno e externo de argamassa de revestimento de dois (2) cm, o que faz com que a espessura total da parede seja de 18 cm. A pintura externa foi na cor bege-clara em ambos os edifícios.

Figura 1.10 Formato dos blocos de concreto e cerâmico empregado nas edificações.

Fonte: KAPPAUN, 2012.

A cobertura da edificação é em telha de fibrocimento, com laje de entrepiso e forro do tipo pré-moldado de concreto com espessura de 10 cm, com beiral em todo o perímetro de 30 cm. Na cobertura existem aberturas de ventilação isoladas na cumeeira e elementos vazados com furos na horizontal nas faces laterais (oitões) da alvenaria, que juntamente permitem a troca de ar no espaço entre a laje de cobertura e a telha de fibrocimento, como destacado na Figura 1.11.

Figura 1.11 Posições dos dutos das aberturas horizontais e dutos verticais de ventilação da cobertura.

Fonte: KAPPAUN, 2012.

As janelas são de alumínio, com duas folhas de correr, sendo as dimensões nos dormitórios, salas e cozinhas de 1,00 × 2,00 m, com vidro liso incolor de 3 mm, com área efetiva de ventilação de 50% do vão.

Os blocos estruturais de concreto, cerâmico e argamassa empregados nas edificações apresentam as características listadas na Tabela 1.2.

Introdução à alvenaria estrutural

Tabela 1.2 Características dos materiais analisados no estudo

	Bloco estrutural concreto	Bloco estrutural cerâmico	Argamassa
Dimensões (cm)	$14 \times 19 \times 29$	$14 \times 19 \times 29$	–
Resistência à compressão	$\geq 4,0$ MPa	7,0 MPa	–
Peso (g)	9.915	6.039	–
Área bruta (cm²)	409,88	406	–
Densidade (kg/m³)	2.400	1.957	–
Condutividade térmica – λ (W/m.K)	1,75	1,05	1,15
Calor específico – c (kJ/(kg.K))	1,00	0,92	1,00

Fonte: adaptado de KAPPAUN, 2012.

A partir do valores da Tabela 1.2 foram realizados, por meio dos procedimentos definidos pela norma NBR 15220-2:2005, os cálculos dos parâmetros de desempenho térmico dos dois tipos de vedações externas das edificações estudadas nesse trabalho, calculando-se a transmitância térmica (U), a capacidade térmica (C_t), o atraso térmico (Φ) e o fator solar (FS), valores estes que estão listados na Tabela 1.3. Ambas as edificações foram consideradas sem o uso de graute para o cálculo de todos os parâmetros.

Tabela 1.3 Valores de resistência térmica, transmitância térmica, capacidade térmica, atraso térmico e fator solar para o bloco estrutural de concreto e cerâmico

	Bloco estrutural concreto	Bloco estrutural cerâmico
Resistência térmica da parede (m².K)/W	0,1769	0,3083
Resistência térmica total (m².K)/W	0,3469	0,4783
Transmitância térmica – U (W/(m².K))	2,8827	2,0907
Capacidade térmica – C_t (KJ/(m².K))	264,3171	194,1747
Atraso térmico – Φ (h)	4,19	4,54
Fator Solar FS (%) – $\alpha = 0,25$	2,88	2,09

Fonte: adaptado de KAPPAUN, 2012.

Observa-se nos valores da Tabela 1.3 a menor transmitância térmica e capacidade térmica do fechamento com blocos cerâmicos. Isso ocorre pelo maior número de espaços de ar no interior deste tipo de bloco e o menor valor de condutividade térmica e de peso específico do material. A Tabela 1.4 apresenta os valores limites estabelecidos pelas normas brasileiras de desempenho, evidenciando o cumprimento ou não dos limites pelas alvenarias analisadas.

Tabela 1.4 Comparação de valores calculados de transmitância térmica, atraso térmico, fator solar e capacidade térmica para vedações verticais com os valores limites

Norma Bras.	Zona Bioc.	U_{lim} (W/m²)	U conc	U cerâm	Φ_{lim} (hs)	Φ conc	Φ cerâm	FS_{lim} (%)	FS conc	FS cerâm	Ct_{lim} KJ/ (m²·K)	ς_t conc	ς_t cerâm
NBR 15220-2:2005	1 e 2	≤ **3,00**	2,88	2,09	≤ **4,3**	4,2	4,5	≤ **5,0**	2,9	2,1	–	–	–
	3, 5 e 8	≤ **3,60**	2,88	2,09	≤ **4,3**	4,2	4,5	≤ **4,0**	2,9	2,1	–	–	–
	4, 6 e 7	≤ **2,20**	2,88	2,09	≥ **6,5**	4,2	4,5	≤ **3,5**	2,9	2,1	–	–	–
NBR 15575-4:2013	1 e 2	≤ **2,50**	2,88	2,09	–	–	–	–	–	–	–	–	–
	3 a 8 $\alpha \leq 0,6$	≤ **3,70**	2,88	2,09	–	–	–	–	–	–	–	–	–
	3 a 8 $\alpha \geq 0,6$	≤ **2,50**	2,88	2,09	–	–	–	–	–	–	–	–	–
	1 a 7	–	–	–	–	–	–	–	–	–	≥ **130**	264,1	194,2
	8	–	–	–	–	–	–	–	–	–	Sem lim	264,1	194,2

Fonte: adaptado de KAPPAUN, 2012.

Os limites de transmitância térmica (U) são diferentes nas duas normas existentes, sendo que, considerando a NBR 15220-2:2005, os fechamentos verticais executados com ambos os blocos tem valores abaixo do máximo estabelecido para todas as zonas bioclimáticas, com exceção do bloco de concreto para as zonas 4, 6 e 7, que está em desacordo com a norma nesse caso. Já para a NBR 15575-4:2013, o bloco de concreto apresenta valor superior ao limite máximo estabelecido para as zonas 1 e 2 e, ainda, para as demais zonas se o coeficiente de absorção das paredes for superior a 0,6, não cumprindo a norma, enquanto o bloco cerâmico cumpre a norma para todas as zonas.

O atraso térmico (Φ) somente é considerado na NBR 15220-2:2005, sendo que o fechamento com bloco de concreto não está adequado para as zonas 4, 6 e 7, tendo valor inferior ao estabelecido, enquanto o bloco cerâmico não cumpre a norma para nenhuma das zonas bioclimáticas com valor superior ao estabelecido para essas zonas.

O valor do fator solar (FS) também é considerado apenas para NBR 15220-2:2005, sendo que o valor dos fechamentos com ambos os blocos é inferior ao máximo estabelecido, visto que ambas as edificações possuem pintura de cores claras.

A Capacidade Térmica (C_t) é considerada como limite pela NBR 15575-4:2013, sendo que ambos os blocos apresentam valores superiores ao mínimo estabelecido, ou seja, caracterizando como um fechamento de inércia térmica elevada.

No estudo de caso do desempenho térmico das edificações em bloco de concreto e cerâmico foram selecionados 16 apartamentos para serem efetuadas as medições de temperaturas, sendo 8 apartamentos em cada edifício e, destes, 4 apartamentos no segundo pavimento e 4 apartamentos no quarto pavimento. O segundo pavimento foi escolhido por não sofrer interferência do calor proveniente da cobertura, favorecendo a análise da orientação solar. Já o quarto pavimento foi selecionado justamente por esta interferência, o que permitiu a análise da diferença de comportamento em razão da cobertura.

Observa-se que, com a finalidade de analisar a orientação solar em cada edifício, foram monitorados 4 apartamentos com diferentes orientações solares, sendo: (1) janela voltada a leste e parede cega a norte; (2) janela voltada a leste e parede cega a sul; (3) janela voltada a oeste e parede cega a norte; e (4) janela voltada a oeste e parede cega a sul, como mostra a Figura 1.12. As medições foram realizadas nas mesmas posições nos apartamentos, independente do tipo de bloco, da orientação solar e do andar em que se encontravam.

Figura 1.12 Planta baixa básica do apartamento.
Fonte: (a) KAPPAUN, 2012; (b) adaptado de Baliza Empreendimentos Imobiliários Ltda.

As medições foram realizadas por um período de 15 dias em apartamentos desabitados, desocupados e fechados, para avaliar o desempenho térmico sem a interferência de outras variáveis, como a ventilação e ganhos internos de calor. As temperaturas internas foram monitoradas simultaneamente nas duas edificações em um período de inverno e outro de verão, e juntamente com medidas de temperaturas externas. Como as edificações possuem a mesma orientação solar, mesma planta baixa, mesma localização e regime de ventos semelhantes, estas condicionantes puderam ser desconsideradas como variáveis do estudo.

As diferenças de comportamento térmico foram evidenciadas a partir das variações térmicas internas, analisadas comparativamente entre os andares da mesma edificação, tendo como base as orientações solares e os dois tipos de blocos, sempre relacionando com as variações das temperaturas externas. Para as três análises citadas foram consideradas apenas os dados de temperaturas dos três dias mais significativos dos períodos de medição, sendo os de menores temperaturas mínimas no inverno e de maiores temperaturas máximas no verão.

Uma primeira análise realizada por Kappaun (2012) avalia a importância da cobertura nas trocas térmicas dessa tipologia de edifício, sendo feito um estudo comparativo entre as temperaturas internas obtidas no segundo pavimento e as do pavimento de cobertura. Para esse estudo foi considerado o valor médio das quatro medições realizadas em cada andar, cujos resultados são apresentados na Figura 1.13, enquanto na Tabela 1.5 são apresentados os principais valores comparativos encontrados para o inverno e verão, respectivamente.

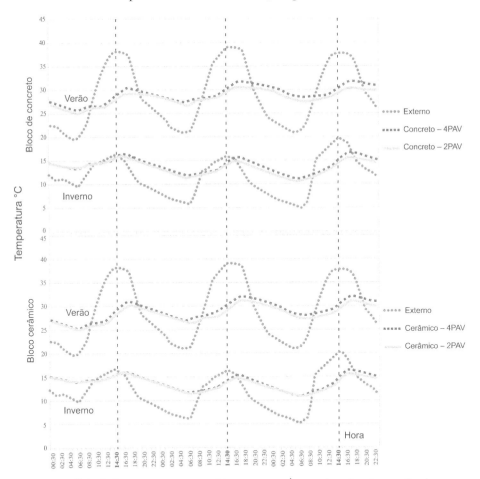

Figura 1.13 Variação da temperatura externa e interna nos segundo e quarto pavimentos – verão e inverno.

Fonte: adaptado de KAPPAUN, 2012.

Tabela 1.5 Valores comparativos de temperatura para o período de inverno e verão em função do tipo de bloco que compõe a parede

Período medição	Tipo de bloco	Pavimento	Média mín.(°c)	Média máx.(°c)	Amplit. média (Δt)	Amort. médio (%)	Atraso médio φ (hs)
Inverno	Concreto	2° andar	11,5	15,6	4,1	62,5	2:00
		Cobertura	11,8	16,4	4,6	57,9	2:20
	Cerâmico	2° andar	11,4	15,1	3,7	66,1	2:40
		Cobertura	11,6	15,6	4,0	63,8	2:40
		Temp. externa	6,4	17,3	10,9	–	–
Verão	Concreto	2° andar	26,2	30,1	3,9	78,2	3:40
		Cobertura	26,8	31,2	4,4	75,3	4:00
	Cerâmico	2° andar	26,0	30,8	4,8	73,1	3:20
		Cobertura	26,4	31,6	5,2	70,8	4:00
		Temp. externa	20,3	38,1	17,8	–	–

Fonte: adaptado de KAPPAUN, 2012.

Como a cobertura é a parte da edificação mais exposta à radiação solar, esta tem muita influência na carga térmica ganha durante os períodos quentes. Por outro lado, as perdas térmicas nos períodos frios também são intensas por esse elemento construtivo, principalmente à noite. Observa-se que em ambas as edificações, tanto nos dias considerados de inverno como de verão, os ganhos de temperatura pela cobertura têm influência no comportamento térmico, pois esse pavimento apresenta temperaturas internas superiores durante todo o período, resultando médias de mínimas e de máximas também maiores. Assim como as amplitudes térmicas, com menor amortecimento da variação térmica externa, indicador de pior desempenho térmico desse pavimento em relação ao segundo pavimento. No entanto, essa influência é pouco expressiva nas edificações analisadas, para o clima considerado e para o tipo de cobertura utilizada, com as maiores diferenças no inverno nas médias de mínimas de 0,3 °C e nas máximas de 0,8 °C, e no verão de 0,6 °C nas mínimas e de 0,8 °C nas máximas.

O pavimento da cobertura deve ser pensado durante a fase de concepção do projeto, para que sejam buscadas alternativas corretas para redução da transmitância térmica e a existência de uma ventilação seletiva, que possa ser aberta nos períodos quentes para a retirada de calor e fechada nos períodos frios. Além dos problemas de conforto térmico no último pavimento, os exagerados ganhos térmicos pela cobertura podem causar dilatação térmica acentuada nas lajes de cobertura com aparecimento de fissuras nas paredes desse pavimento.

Para a segunda análise realizada, referente à influência da orientação solar no desempenho térmico, foram considerados apenas os valores de temperatura do segundo pavimento das edificações, de forma a eliminar a influência da cobertura. Foram verificadas, separadamente, as edificações com os diferentes tipos de blocos, considerando os dormitórios das unidades habitacionais com janelas orientadas a leste e a oeste, conforme mostrado na planta de localização dos registradores de temperatura, tendo estes ambientes o diferencial de possuírem paredes cegas na orientação norte ou sul, resultando quatro orientações solares.

A Figura 1.14 apresenta, para o edifício com blocos de concreto e de cerâmica, respectivamente, o comportamento da variação de temperatura interna no período de inverno considerado, e a relação desses valores com a temperatura externa no mesmo período. A Figura 1.15 apresenta os resultados de temperaturas internas em comparação às temperaturas externas, para as diferentes orientações solares, considerando os três dias com temperaturas externas mais altas do período verão, para os dois diferentes tipos de blocos.

Durante todo o período analisado de inverno, observa-se com ambos os blocos temperaturas superiores para os dormitórios com parede na orientação norte. No prédio com blocos de concreto, o dormitório com a janela na orientação leste tem maiores temperaturas durante todo o dia. Quando os blocos são de cerâmica, o dormitório a leste tem maiores temperaturas pela manhã, enquanto que a oeste as maiores temperaturas são a tarde. Nesse período fica evidente o grande amortecimento na amplitude térmica externa, que ocorre por temperaturas mínimas internas maiores, por causa da grande inércia térmica da edificação que se mantém aquecida durante a noite pelo calor absorvido pelos fechamentos durante as horas mais quentes do dia.

Durante o verão fica menos evidente a influência da orientação solar, com diferenças menores nas temperaturas internas entre as curvas da Figura 1.15. Nesse caso, o amortecimento térmico ocorre em razão da redução das temperaturas máximas, e aumento das mínimas, devido a capacidade térmica dos fechamentos que absorve calor durante o dia, reduzindo a temperatura interna, e restitui a noite elevando a temperatura.

Analisando pelos critérios da NBR 15575-4:2013, considerando o dia com menor temperatura mínima (5 °C) no período de inverno medido e o ambiente com orientação mais desfavorável das edificações, encontra-se uma diferença entre as temperaturas mínimas interna e externa de +4,3 °C (bloco de concreto) e +4,4 °C (bloco cerâmico), o que indica um desempenho mínimo para o inverno. Para o verão as diferenças entre as temperaturas internas na orientação mais desfavorável e a temperatura máxima do dia mais quente (38,8 °C) são de −7,7 °C (concreto) e −6,9 °C (cerâmico), o que indica um desempenho superior para ambos os tipos de fechamento.

Introdução à alvenaria estrutural

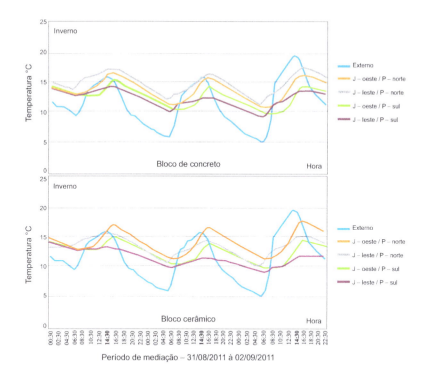

Figura 1.14 Variação da temperatura externa e interna no inverno.

Fonte: adaptado de KAPPAUN, 2012.

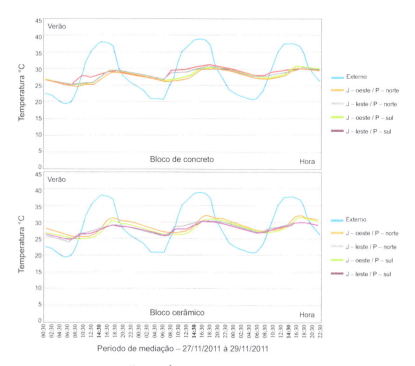

Figura 1.15 Variação da temperatura externa e interna no verão.

Fonte: adaptado de KAPPAUN, 2012.

A Tabela 1.6 apresenta os valores mais expressivos de temperaturas máximas e mínimas, amplitude térmica, amortecimento e atraso da onda térmica, os quais permitem uma análise mais detalhada da influência da orientação solar no desempenho térmico de edifícios com diferentes tipos de blocos estruturais nos períodos de inverno e verão.

Tabela 1.6 Temperaturas máximas e mínimas, atraso térmico e amortecimento para diferentes orientações – bloco de concreto e cerâmico

Período medição	Tipo de bloco	Orientação	Média mín. (°c)	Média máx. (°c)	Amplit. média (Δt)	Amort. médio (%)	Atraso médio (hs)
Inverno	Concreto	Janela O-Parede N	11,9	16,4	4,5	58,0	1:40
		Janela L-Parede N	12,3	17,0	4,7	57,0	1:20
		Janela O-Parede S	11,1	15,1	4,0	62,5	2:00
		Janela L-Parede S	10,7	13,7	3,0	72,4	1:00
	Cerâmico	Janela O-Parede N	11,9	17,2	5,3	50,0	2:40
		Janela L-Parede N	11,8	15,5 -	3,7	66,5	1:20
		Janela O-Parede S	11,1	15,0	3,9	64,5	2:00
		Janela L-Parede S	10,6	12,8	2,2	78,8	1:00
		Temp. externa	6,4	17,3	10,9	–	–
Verão	Concreto	Janela O-Parede N	25,8	29,7	3,9	77,8	2:20
		Janela L-Parede N	26,2	29,9	3,7	79,4	3:40
		Janela O-Parede S	26,3	30,5	4,2	76,7	2:00
		Janela L-Parede S	26,5	30,3	3,8	78,7	3:20
	Cerâmico	Janela O-Parede N	26,5	31,7	5,2	70,9	3:00
		Janela L-Parede N	25,7	29,8	4,1	77,4	3:20
		Janela O-Parede S	25,9	31,9	6,0	66,2	3:00
		Janela L-Parede S	25,8	29,8	3,9	77,9	3:00
		Temp. externa	20,3	38,1	17,8	–	–

Fonte: adaptado de KAPPAUN, 2012.

No inverno a trajetória solar tem ângulos de alturas menores. Isso resulta em uma alta incidência de radiação na parede norte, acarretando assim, para ambos os blocos, as maiores médias de temperaturas máximas quando a parede cega tem orientação norte e quando a janela está para leste com bloco de concreto e para oeste com bloco cerâmico. Em ambos os prédios as temperaturas máximas ocorrem no período diurno, o que indica maior influência dos ganhos pela parede norte que pela janela. A média das temperaturas máximas tem a maior diferença de 3,3 °C entre as orientações para o bloco de concreto e de 4,4 °C para o bloco cerâmico. O que indica uma influência importante da orientação solar nos picos de máximas no inverno. Nas médias das mínimas, a diferença é menor: de 1,6 °C e

Introdução à alvenaria estrutural

1,3 °C, respectivamente, pois ocorrem sempre à noite e refletem o efeito conjunto da temperatura diurna e da inércia térmica dos componentes do edifício.

No período de verão, com altura solar mais elevada em relação ao norte, as temperaturas máximas foram medidas no dormitório com janela oeste e parede cega sul, para ambos os blocos. As temperaturas mínimas ocorreram em apartamentos com parede no lado norte, com janela a oeste na edificação de bloco de concreto, e com a janela para o leste quando o bloco é cerâmico. Em razão da menor intensidade da radiação solar sobre a face norte no verão, as temperaturas internas nas diferentes orientações solares têm diferenças menores, com 0,8 °C e 2,1 °C entre a maior e a menor média de máximas para o bloco de concreto e cerâmico, respectivamente. Para as médias de mínimas, esses valores são ainda menores, ou seja, de 0,7 °C e 0,8 °C.

No inverno o amortecimento térmico tem diferença máxima entre as orientações de 15,4% (concreto) e de 18,8% (cerâmico), enquanto para o verão essas diferenças são de 2,7% e 11,7%, respectivamente, o que também indica maior influência da orientação solar no período de inverno.

A análise principal do trabalho, referente ao comportamento térmico das edificações com diferentes tipos de blocos, foi realizada fazendo um comparativo entre a média das temperaturas medidas em todas as 4 orientações consideradas no segundo pavimento de cada edificação, com o intuito de considerar conjuntamente as diferentes orientações solares e eliminar a influência da cobertura, itens que foram analisados separadamente nesse trabalho.

A Tabela 1.7 apresenta as temperaturas médias máximas e mínimas para as quatro orientações consideradas das medições nos três dias de inverno e verão, sendo calculados a amplitude térmica, o amortecimento da onda térmica e o atraso térmico, o que permite uma análise comparativa do comportamento térmico dos edifícios com diferentes tipos de blocos, para os dois períodos de medição.

Tabela 1.7 Temperaturas máximas e mínimas, atraso térmico e amortecimento para diferentes orientações – bloco de concreto e cerâmico

Período	Tipo de bloco	Média mín (°c)	Média máx. (°c)	Amplit. média (°c)	Amort. (%)	Atraso térmico (hs)
Inverno	Concreto	11,5	15,5	4,0	63,3	1:30
	Cerâmico	11,3	15,1	3,8	64,9	1:45
	Temp.externa	6,4	17,3	10,9	–	–
Verão	Concreto	26,2	30,1	3,9	78,1	2:35
	Cerâmico	26,0	30,8	4,8	73,0	3:05
	Temp.externa	20,3	38,1	17,8	–	–

Fonte: adaptado de KAPPAUN, 2012.

Para o período de inverno, em que os ganhos térmicos pela parede cega têm maior influência sobre o comportamento térmico das edificações, não foram encontradas diferenças significativas nas temperaturas internas por causa do tipo de bloco, não evidenciando a maior transmitância térmica do bloco de concreto.

Para o período de verão, o comportamento térmico nas duas edificações foi semelhante, porém as temperaturas máximas e a amplitude térmica foram um pouco maiores na edificação de bloco estrutural cerâmico, com alguns picos mais acentuados de temperatura, tanto nas máximas quanto nas mínimas, provavelmente em razão da menor inércia térmica (capacidade térmica) desse tipo de bloco.

A alta capacidade térmica dos fechamentos analisados tem reflexo direto no expressivo amortecimento da onda térmica. No inverno, esse fato favorece no período noturno, elevando as temperaturas mínimas, mas desfavorece durante o dia, pois reduz as temperaturas máximas. No verão, o comportamento térmico é favorecido nos horários mais quentes, pois as temperaturas máximas são reduzidas, mas nos horários mais frescos da noite as temperaturas no interior são superiores devido ao calor acumulado nas paredes com alta capacidade térmica durante o dia. Esse fato pode ser compensado, caso haja a possibilidade de ventilação noturna.

Embora ocorram diferenças de temperaturas entre os edifícios construídos com o bloco estrutural de concreto e o bloco estrutural cerâmico, essas diferenças são reduzidas. Isso indica que os dois tipos de blocos considerados, neste estudo, têm pouca influência no comportamento térmico das edificações estudadas, tanto no período de inverno como no verão. Assim, para edificações em alvenaria estrutural construídas com os modelos de blocos apresentados neste estudo, com o mesmo tipo de cobertura com ventilação e para as orientações aqui analisadas, pode-se optar tanto pelo bloco estrutural de concreto quanto pelo bloco estrutural cerâmico na zona bioclimática 2 brasileira, sem que o comportamento térmico da edificação seja comprometido.

1.5 BIBLIOGRAFIA

ASSOCIAÇÃO BRASILEIRA DE CONSTRUÇÃO INDUSTRIALIZADA (ABCI). **Manual técnico de alvenaria**. São Paulo: ABCI, 1990.

ASSOCIAÇÃO BRASILEIRA DE NORMAS TÉCNICAS (ABNT). **NBR 15220-2**: Desempenho térmico de edificações. Parte 2: Método de cálculo da transmitância térmica, da capacidade térmica, do atraso térmico e do fator solar de elementos e componentes de edificações. Rio de Janeiro: ABNT, 2005.

_____. **NBR 15575-4**: Edificações habitacionais – Desempenho. Parte 4: Requisitos para os sistemas de vedações verticais internas e externas. Rio de Janeiro: ABNT, 2013.

CAMACHO, J. S. **Alvenaria estrutural não-armada**. Parâmetro básicos a serem considerados no projeto dos elementos resistentes. 1986. Dissertação (Mestrado) – UFRGS, Porto Alegre, ago. 1986.

CULTURAMIX.COM. **O Coliseu Romano**. Disponível em: <http://turismo.cultura mix.com/atracoes-turisticas/o-coliseu-romano>. Acesso em: 20 fev. 2013.

EPFL. **Eladio Dieste**. Disponível em: <http://ibois.epfl.ch/webdav/site/ibois2/shared/eladiodieste.pdf>. Acesso em: 20 jan. 2012.

HENDRY, A. W. **Structural brickwork**. New York: Halsted Press book, John Wiley & Sons, 1981.

KAPPAUN, K. **Avaliação de desempenho térmico em edificações de blocos estruturais cerâmicos e de blocos estruturais de concreto para a zona bioclimática 2 brasileira**. 2012. Dissertação (Mestrado) – UFSM, Santa Maria, set. 2012.

MASONRY SOCIETY (TMS). **The masonry society**. Disponível em: <http://www.masonrysociety.org/>. Acesso em: jun. 2005.

VCSABIADISSO. **Sobre as pirâmides no Egito e no mundo**. Disponível em: <http://vcsabiadisso.blogspot.com.br/2013/01/sobre-as-piramides-no-egito--e-no-mundo.html>. Acesso em: 20 fev. 2013.

WENDLER, A. A. **Relatório sobre alvenaria estrutural**. Considerações econômicas. Disponível em: <http://www.wendlerprojetos.com.br/frame.htm>. Acesso em: jun. 2005.

WIKIPÉDIA. **Catedral de Notre Dame de Paris**. Disponível em: <http://pt.wikipedia.org/wiki/Catedral_de_Notre-Dame-deParis>. Acesso em: 20 fev. 2013.

CAPÍTULO 2

Projeto em alvenaria estrutural – definições e características

Gihad Mohamad, Eduardo Rizzatti, Diego Willian Nascimento Machado, Humberto Ramos Roman e Usama Nessim Samara

2.1 CONSIDERAÇÕES INICIAIS

Neste capítulo são apresentadas as principais diretrizes para as especificações e detalhamentos dos elementos estruturais, cujo intuito é produzir edificações tecnicamente racionalizadas e coerentes com o sistema construtivo em alvenaria estrutural, tendo como base os critérios de desempenho.

A alvenaria estrutural é um sistema construtivo no qual a unidade básica modular é o bloco e, com a união proporcionada pela argamassa, solidarizam-se formando os elementos denominados paredes, responsáveis por absorver a todas as ações verticais e horizontais atuantes. Neste tipo de edificação, a segurança estrutural é garantida pela rigidez da edificação em virtude da união (amarrações) entre as paredes estruturais, nas duas direções principais de vento, e pelo controle no projeto e na produção da edificação. Sendo o critério de segurança atendido quando a capacidade resistente do elemento for superior às tensões atuantes. Já o projeto e a produção de uma edificação em alvenaria estrutural devem passar por etapas que vão desde um estudo preliminar, a aspectos como a adaptação da concepção ao limite da modulação, escolha do tipo de unidade, tipo de laje, posicionamento das instalações, detalhamentos das paredes, especificação dos acabamentos, esquadrias, controle dos materiais e componentes estruturais e a definição do projeto executivo compatibilizado. Isso é fato importante para as obras em alvenaria, pois a falta de projeto e de detalhamentos pode comprometer o sistema e gerar problemas globais na construção. A especificação de diretrizes técnicas para a execução dos projetos é fundamental para a obtenção da qualidade final da edificação e a otimização dos recursos físicos, financeiros e materiais empregados em sua produção. A busca pela melhor solução para cada situação, é o resultado do equilíbrio das decisões e ações empreendidas na fase de projeto. Assim, as decisões de projeto devem ser coerentes com os níveis de qualidade previsto, fato que provocará resultados compatíveis com a expectativa. Caso contrário, obter-se-á um produto deficiente ou antieconômico para a classe à qual se destina. Portanto, a aplicação dos princípios de construtibilidade e de desempenho são ferramentas importantes para nortear os profissionais da engenharia e arquitetura na execução de projetos em alvenaria estrutural.

2.2 PROJETO ARQUITETÔNICO

No sistema construtivo em alvenaria estrutural a parede é empregada para fins de transmissão de esforços e a limitante fundamental para o lançamento é a definição das paredes estruturais e as tipologias de lajes (maciças, pré-moldadas – com vigota comum ou treliçadas, nervurada, protendidas e alveolares), em que o lançamento estrutural depende, basicamente, do vão que a laje empregada consegue vencer. Existem diferentes tipologias estruturais de laje, de acordo com os mais diversos fabricantes. Aspectos como volumetria, simetria, dimensões máximas dos vãos e a flexibilidade da planta devem ser também estudados pelo projetista, juntamente com o arquiteto. Os principais fatores condicionantes do projeto são o arranjo arquitetônico, a coordenação dimensional, a otimização do funcionamento estrutural da alvenaria e a racionalização do projeto e da produção. São também importantes as necessidades dos clientes, os custos (incluindo aqueles de utilização e de tempo de execução), os requisitos de desempenho e os aspectos de segurança e de confiabilidade. A dificuldade da remoção de paredes, que limita a flexibilidade do processo construtivo em alvenaria estrutural, pode ser também satisfatoriamente resolvida, pois o projetista estrutural, trabalhando em conjunto com o arquiteto, pode especificar paredes passíveis de serem eliminadas no andar, ou seja, tornando-as sem função estrutural.

Além das condicionantes usuais, geralmente provenientes dos códigos de obra municipais, um projeto em alvenaria estrutural impõe restrições específicas aos projetistas. Entre essas se destacam as seguintes restrições estruturais:

- a limitação no número de pavimentos que é possível alcançar por efeito dos limites das resistências dos materiais disponíveis no mercado em razão das combinações de esforços atuantes;
- o arranjo espacial das paredes e a necessidade de amarração entre os elementos estruturais;

Projeto em alvenaria estrutural – definições e características

- o comprimento e a altura dos painéis de paredes estruturais, que pode afetar a esbeltez do elemento e a presença de juntas de movimentação;
- as limitações quanto à existência de transição para as estruturas em pilotis no térreo ou em subsolos;
- a impossibilidade de remoção posterior das paredes estruturais;
- o uso de balanços, principalmente de sacadas que provocam torção;
- a necessidade das passagens das instalações sob pressão (hidráulicas e de gás) em espaços previamente pensados, sem rasgos dos elementos estruturais.

Aspectos como volumetria, simetria, dimensões máximas dos vãos e flexibilidade da planta devem ser estudadas pelos profissionais da arquitetura com base no sistema construtivo. Parte-se sempre do princípio de que, na construção em múltiplos pavimentos, as paredes do andar sobrejacente devem estar apoiadas sobre as do andar subjacente, ou seja, devem-se buscar configurações do tipo "parede sobre parede". Podem ocorrer paredes em andar sobrejacente, suportadas por vigas no andar subjacente, embora essa não seja a solução mais coerente com a filosofia do sistema. Isso não significa a inflexibilidade arquitetônica da edificação de alvenaria estrutural: a remoção de paredes é possível desde que estas não desempenhem função estrutural, o que deve ser definido já no projeto arquitetônico. Assim, todas as diferentes possibilidades de planta devem ser estudadas pelo arquiteto, o que requer conhecimento dos princípios básicos do sistema. A atuação do arquiteto deve-se dar em todas as etapas do projeto, isto é, da definição do partido arquitetônico ao detalhamento da estrutura. O desempenho do edifício, bem como seu grau de construtibilidade, está diretamente relacionado à sua atuação.

2.3 DISTRIBUIÇÃO E ARRANJOS DAS PAREDES ESTRUTURAIS NO PROJETO ARQUITETÔNICO

O lançamento da estrutura é a etapa mais importante do projeto. Caso o partido arquitetônico não seja adequado, será muito difícil compensá-lo por meio de medidas tomadas nos projetos complementares ou em intervenções na obra. Para um bom lançamento estrutural devem ser observadas algumas importantes premissas do sistema de alvenaria estrutural.

2.3.1 Forma do prédio

No projeto arquitetônico, a forma de uma edificação, muitas vezes, é condicionada por sua função. Isso ocorre pela necessidade de distribuição interna dos espaços. Assim, a forma da edificação pode determinar a distribuição das paredes, sobretudo as estruturais. Do ponto de vista estrutural, podemos dizer que, quanto mais robusta uma edificação, maior será sua capacidade de resistir a esforços horizontais, principalmente a ação do vento. Esta introduz indesejáveis esforços de tração na alvenaria. Sendo assim, deve, se possível, ser neutralizada. Essa robustez pode ser definida por parâmetros de rigidez do prédio em função da sua volumetria. Na Figura 2.1 são exemplificados os efeitos da forma na rigidez aos deslocamentos horizontais do prédio, em que, quanto maior a altura menor será a rigidez aos deslocamentos horizontais.

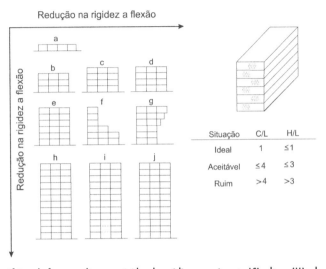

Figura 2.1 Efeitos da forma e altura na rigidez do prédio, comprimento (C), altura (H) e largura (L).
Fonte: DRYSDALE, 1994 e GALLEGOS, 1988; adaptado por DUARTE, 1999 e CAVALHEIRO, 1995.

Gallegos (1988) recomenda algumas relações dimensionais, referenciadas na Figura 2.1, indicando parâmetros ideais e toleráveis, que visam o aumento da rigidez do conjunto. Verifica-se que em edificações baixas (consequentemente, mais robustas) há pouca influência da ação do vento. Observa-se ainda que, sob o aspecto da rigidez, a forma cúbica é a ideal. A forma geral e a planta do prédio são fortemente influenciadas pela geometria, pela orientação e pelas dimensões do terreno, bem como pela relação da edificação com o entorno imediato, pela necessidade de circulações internas, pelas exigências legais de recuos, pelas áreas mínimas de iluminação e ventilação etc.

Estudos realizados por Mascaró (1998) e Drysdale (1994) relacionam o comprimento das paredes externas da edificação com a área de planta baixa, o que fornece um parâmetro de custo da envolvente por área útil a ser construída. A Figura 2.2 apresenta formas em planta baixa comparando-as ao círculo, mais eficiente de todas as formas, por apresentar a maior área para um mesmo perímetro. Mas, além disso, na alvenaria estrutural, a resistência da edificação aos esforços horizontais provocados pela pressão do vento é, talvez, o fator de maior relevância a ser considerado. A utilização de formas simétricas com áreas equivalentes pode reduzir os esforços torcionais indesejáveis na alvenaria. A Figura 2.2 apresenta o efeito da forma do prédio na resistência à torção por causa da atuação de forças horizontais, tomando-se como referência uma planta quadrada. Observa-se que o comprimento total das paredes externas é a mesma em todas as plantas baixas.

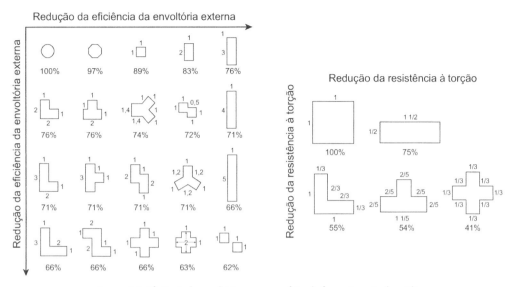

Figura 2.2 Eficiência da envoltória externa e efeito da forma à torção do prédio.

Fonte: DRYSDALE, 1994, adaptado por DUARTE, 1999.

2.3.2 Distribuição e arranjos das paredes estruturais

Com relação ao arranjo das paredes estruturais, quanto mais simétrico é o projeto, mais efetivo será o resultado do lançamento estrutural. Por essa razão, o arquiteto deve procurar o equilíbrio na distribuição das paredes resistentes por toda a área da planta. Prédios muito assimétricos podem causar concentração dos carregamentos em uma determinada região do edifício, podendo gerar uma torção na edificação quando combinados os efeitos de peso-próprio e ação de vento. Essa situação pode levar à necessidade de utilizar materiais com resistências diferentes para as paredes do mesmo pavimento ou de grauteamento. O grauteamento aumenta o custo e prejudica a construtibilidade. Além da simetria, é importante relembrar que as paredes estruturais devem ser distribuídas em ambas as direções da edificação, para garantir sua estabilidade em relação às cargas horizontais.

Os arranjos das paredes, visando prover a estabilidade lateral em todas as direções, podem ser variados, sendo fundamental a amarração entre os elementos estruturais para a estabilização da construção e a transmissão dos esforços oriundos do peso próprio e do vento. Hendry (1981) tipifica as principais soluções de distribuição de paredes estruturais, apresentando três diferentes categorias:

- **Sistema celular:** A distribuição de carga das lajes ocorre tanto para as paredes internas quanto para as externas. As cargas de peso próprio das paredes e lajes distribuem-se igualmente, formando um padrão celular. Essa tipologia de lançamento estrutural responde naturalmente a esforços laterais de vento. A Figura 2.3(a) mostra o sistema estrutural celular com a distribuição da carga das lajes. Este tem sido o arranjo de paredes predominantemente utilizado em estruturas altas de alvenaria há muitos anos.

- **Sistema de paredes transversais:** Essa tipologia de lançamento estrutural direciona os carregamentos das lajes na direção das paredes internas, em que são responsáveis por absorver a carga unidirecional das lajes e transmitir para os pavimentos inferiores. Nessa tipologia, existe a necessidade de solidarização entre os elementos estruturais, de forma a garantir a estabilidade lateral das paredes, pois a rigidez a esforços horizontais nas paredes internas se dá em uma única direção, ou seja, existe a necessidade de um sistema de contraventamento na direção da aplicação da força horizontal de vento. As paredes externas são de vedação e não têm função estrutural. Esses arranjos podem ser simples ou duplos, conforme mostram as Figuras 2.3(b) e 2.3(c).

- **Sistema complexo:** Essa tipologia de lançamento estrutural dispõe de lajes unidirecionais e bidirecionais no contorno externo da edificação e um núcleo rígido central formado pela caixa de escada, elevadores e compartimentos de serviços. Essa disposição dos elementos estruturais garante a estabilidade do conjunto. A Figura 2.3(d) mostra um exemplo desse sistema complexo. As paredes que circundam o núcleo rígido têm como função transmitir as cargas verticais e estabilizar a edificação contra os esforços horizontais entre os pavimentos, enquanto as paredes perimetrais externas não precisam ser necessariamente estruturais.

Normalmente, as ações externas previstas pelo calculista em uma edificação são: o peso próprio e o vento. Por isso, a simetria da distribuição das paredes estruturais em um projeto é de fundamental importância, pois, conforme a sua disposição, deve ser obtida a localização do centro de massa e do centro de torção do prédio. Quando o centro de massa (CM) coincidir com o centro de torção (CT), o sistema estrutural é considerado simétrico (Figura 2.4). O CM é definido, em cada pavimento, pelo centro de massa do conjunto de lajes e paredes. O CT é o centro de rigidez somente das paredes estruturais que resistem à ação do vento. Assim, é necessário que o projetista procure distribuir as paredes resistentes por toda a área da planta, caso contrário os carregamentos podem concentrar-se em determinada região do edifício, deslocando o centro de massa e gerando rotações que podem levar ao surgimento de fissurações de separação da edificação. É importante a criação de plantas, as mais simétricas possíveis, para diminuir o surgimento de tensões de cisalhamento decorrentes da torção e de rotações que podem levar a estrutura a romper ou a se separarem. A Figura 2.5 apresenta o efeito do arranjo das paredes na resistência à torção do prédio.

Projeto em alvenaria estrutural – definições e características

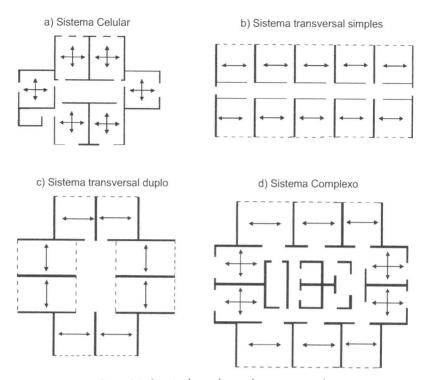

Figura 2.3 Arranjos de paredes em alvenaria estrutural.

Fonte: HENDRY, SINHA e DAVIES, 1997.

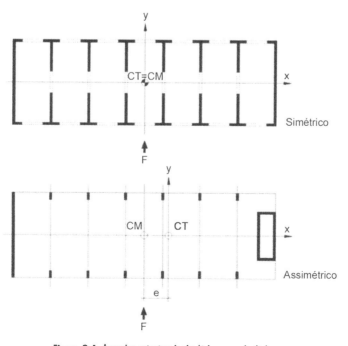

Figura 2.4 Arranjos estruturais simétricos e assimétricos.

Fonte: DUARTE, 1999.

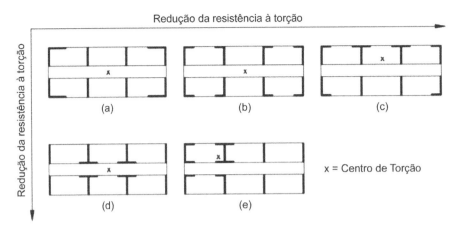

Figura 2.5 Efeito do arranjo de paredes resistentes à torção do prédio.

Fonte: DRYSDALE, 1999.

2.3.3 Comprimento e altura total das paredes

Segundo Gallegos (1988), em cada direção (longitudinal e transversal) de um edifício estruturalmente otimizado deve ter, no mínimo, em metros lineares de paredes estruturais (ou de contraventamento), 4,2% da área total construída. Esta recomendação prática procura assegurar certa uniformidade dos esforços laterais nas paredes, sem sobrecarregá-las. Além disso, esses comprimentos totais devem ser aproximadamente iguais em cada uma das direções analisadas. Assim, por exemplo, para um edifício de oito pavimentos e 300 m² de área construída por pavimento tipo, deve ter, no mínimo, em cada direção, 100,8 metros lineares de parede. Gallegos (1988) afirma ainda que, para que uma parede estrutural venha a ter um bom desempenho estrutural, a relação entre a sua altura total no prédio e seu comprimento deve respeitar certos limites, indicados na Figura 2.6.

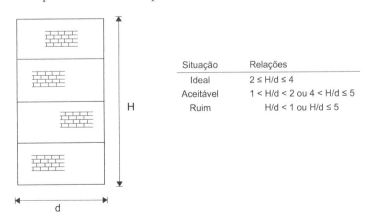

Figura 2.6 Relações entre altura total e comprimento de paredes estruturais.

Fonte: GALLEGOS, 1988, adaptado por CAVALHEIRO, 1995.

Projeto em alvenaria estrutural – definições e características

Essas condições indicam o caminho para definir o projeto arquitetônico e estrutural, redundando em incremento no desempenho e na construtibilidade da edificação.

2.3.4 Disposição das paredes

Podem ser utilizadas paredes com diferentes formas visando à obtenção de maior rigidez comparativamente as paredes simples. Paredes com maior rigidez são menos suscetíveis à flambagem, o que permite, por exemplo, pés-direitos mais altos. A Figura 2.7 apresenta alguns exemplos de formas de paredes possíveis e a Figura 2.8 às dispõe em ordem de grandeza quanto ao desempenho estrutural à flexão.

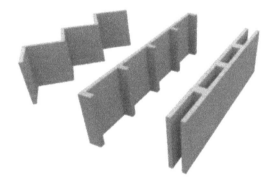

Figura 2.7 Formas possíveis de paredes estruturais.

Fonte: autores.

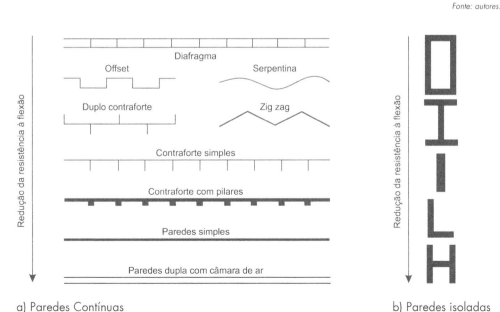

a) Paredes Contínuas   b) Paredes isoladas

Figura 2.8 Efeito da parede na resistência à flexão.

Fonte: DRYSDALE, 1994; adaptado por DUARTE, 1999.

Logicamente, formas inusitadas de paredes, como algumas das apresentadas, são de difícil aplicação prática. Porém, recursos mais simples, como o aumento da espessura da parede, por exemplo, podem resolver o problema de esbeltez, dependendo da situação considerada.

2.4 DEFINIÇÕES DE PROJETO E DETALHAMENTO

Vencidas as fases iniciais, em que são definidas as características gerais da edificação, procede-se o refinamento das decisões. Estas devem ser tomadas com o devido rigor, uma vez que influenciarão definitivamente a construtibilidade da edificação e, sobretudo, seu desempenho ao longo da vida útil. Integram as decisões referentes ao anteprojeto: a escolha dos blocos que serão empregados; a definição das paredes estruturais; a escolha do tipo de laje e a previsão das instalações.

2.4.1 Escolha do bloco e a modulação

Um dos aspectos mais relevantes é a definição do tipo de bloco a ser empregado no projeto. A definição do tipo de unidade implica em aspectos técnicos relativos ao próprio projeto (coordenação modular e cálculo estrutural), à execução (particularidades no manuseio e assentamento dos blocos), aspectos econômicos (custo da unidade e consumo de argamassa) e relativos ao desempenho durante a vida útil (desempenho térmico e acústico, estanqueidade à água, durabilidade e resistência ao fogo). Assim, alguns dos aspectos relevantes para a escolha são: a capacidade de seu fornecimento na região em que a edificação será construída; o custo das unidades; a cultura construtiva da empresa executora; as propriedades e as características do material.

Coordenação modular é a técnica que permite relacionar as medidas de projeto com as medidas modulares, por meio de um reticulado especial de referência (Roman; Mutti; Araújo, 1999). Diz respeito à adoção de um módulo dimensional ao qual obedecerão as dimensões do projeto. Em outras palavras, as dimensões do projeto serão múltiplas desse módulo. A modulação serve tanto para ordenar os elementos de forma coerente quanto para garantir proporções espaciais harmoniosas. Os projetos de alvenaria estrutural devem sempre considerar aspectos de coordenação modular. O módulo adotado é arbitrado em função do bloco a ser utilizado. Assim, conforme Silva (2003), a definição do elemento padronizado é o ponto de partida para a modulação e, consequentemente, da racionalidade da obra. A Tabela 2.1 apresenta as características dos blocos mais utilizados, referenciando a malha básica para a modulação da planta baixa do projeto. A coluna "dimensões padronizadas" apresenta, respectivamente, a largura, a altura e o comprimento do bloco considerado.

Projeto em alvenaria estrutural – definições e características

Tabela 2.1 Dimensões modulares e malha básica para modulação a partir das dimensões dos blocos

Blocos	Tipo	Dimensões modulares (cm)	Dimensões padronizadas (cm)	Malha básica (cm)
Cerâmica	1	$15 \times 20 \times 30$	$14 \times 19 \times 29$	15×15
	2	$20 \times 20 \times 30$	$19 \times 19 \times 29$	15×15
Concreto	1	$20 \times 20 \times 40$	$19 \times 19 \times 39$	20×20
	2	$15 \times 20 \times 40$	$14 \times 19 \times 39$	20×20

Fonte: SILVA, 2003.

O arquiteto deve conhecer as dimensões das unidades que serão utilizadas na construção e trabalhar sobre uma malha modular com medidas baseadas no tamanho do componente a ser usado. Essa malha é obtida mediante o traçado de um reticulado de referência, com um módulo básico escolhido (dimensões reais do bloco, mais a espessura das juntas, cabendo salientar que, usualmente, os módulos são de 15 cm ou 20 cm). As alturas e comprimentos das paredes devem ser múltiplas do módulo básico. Em um projeto em alvenaria estrutural, a modulação ideal é aquela em que o módulo é igual à espessura da parede (unidade modular), não sendo necessária a criação de blocos especiais para os ajustes das amarrações entre as paredes estruturais. A grande dificuldade de um projetista é adequar a modulação ao projeto arquitetônico, pois na alvenaria estrutural existem diferentes famílias de blocos em que as modulações dependem das dimensões dessas unidades. Essa medida evita problemas por projetos originalmente elaborados para o sistema estrutural em concreto armado e que necessitam ser adaptados para alvenaria estrutural ou que não estejam em sintonia com as premissas básicas desse sistema. Tanto a planta baixa quanto os cortes devem ser baseados na família de blocos que será utilizada na construção. Dessa forma, é altamente aconselhável que o arquiteto defina essa família como ponto de partida para o projeto. Assim, na análise preliminar, deve aparecer, mesmo que esquematicamente, a disposição dos blocos em uma planta, demonstrando a modulação, com a dimensão nominal do bloco (dimensão real mais a espessura da junta de assentamento). A inobservância desses cuidados gera a necessidade de ajustes posteriores, que provavelmente trarão prejuízos ao desempenho da edificação, e, certamente, causam prejuízos ao construtor, uma vez que a modulação é uma das chaves para a racionalização construtiva. O projeto arquitetônico deve ser pensado em módulos compatíveis com a unidade a ser empregada no projeto estrutural. A Figura 2.9 apresenta um exemplo do lançamento da modulação, na qual se destacam os encontros como elementos chaves para o ajuste dimensional de forma modular no vão.

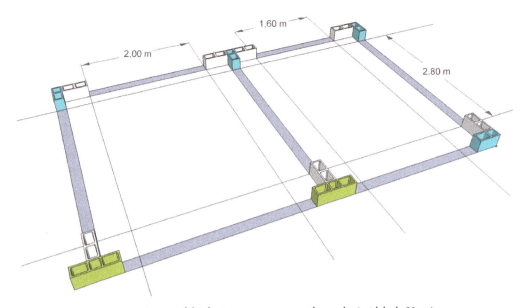

Figura 2.9 Ajuste modular do vão entre os encontros de paredes (módulo de 20 cm).

Fonte: autores.

Modler (2000) mostra o ajuste modular com o uso de unidades de compensação, fundamentais para a definição do projeto de modulação das alvenarias, para os blocos com as dimensões de 15 × 20 × 40 cm e 20 × 20 × 30 cm (largura × altura × comprimento). Estes blocos são ditos de não modulares, no qual a divisão entre a largura e o comprimento do bloco não são um número inteiro e necessitam de unidades compensadoras. Quando a largura nominal do bloco não é igual a M/2 surgirão problemas na modulação em razão das faixas não modulares, em que deverão ser utilizados blocos especiais ou compensadores dimensionais para as amarrações. Modler (2000), nas Figuras 2.10 e 2.11, demonstra alguns exemplos de amarração entre as paredes para os dois tipos de blocos, em que existe a necessidade do uso de compensadores dimensionais em virtude da amarração em "T". Para o bloco de concreto da Figura 2.10, se vê a necessidade da utilização do bloco de comprimento igual a 54 cm no lado oposto, na primeira e segunda fiadas. Para o bloco cerâmico (20 × 20 × 30 cm), houve a necessidade do emprego de compensadores de cinco (5) cm em ambas as paredes como podem ser vistos na Figura 2.11. Modler (2000) complementa que o passo seguinte da modulação da primeira e segunda fiadas é a produção das elevações nas paredes, nas quais serão indicadas as posições de aberturas, vergas, contravergas, locais com armaduras construtivas e grauteamento, locação de pontos de instalação elétrica e todas as demais informações necessárias para o perfeito entendimento, por parte do executor, do elemento que ele estará produzindo (a parede). O autor recomenda, para facilitar a visualização, a utilização da escala 1:25 na representação gráfica tanto das plantas de fiadas quanto das elevações. Modler (2000) apresenta a seguir

Projeto em alvenaria estrutural – definições e características 51

alguns passos práticos que, de maneira geral, devem ser seguidos para a elaboração da modulação do projeto arquitetônico em alvenaria estrutural:

- definição das medidas modulares "M" e "M/2", sendo "M" o comprimento modular do bloco padrão utilizado;
- elaboração de anteprojeto arquitetônico, considerando as dimensões internas dos compartimentos como múltiplas de M/2;
- lançamento da primeira fiada de blocos sobre o anteprojeto;
- ajustes das dimensões e lançamento da segunda fiada.

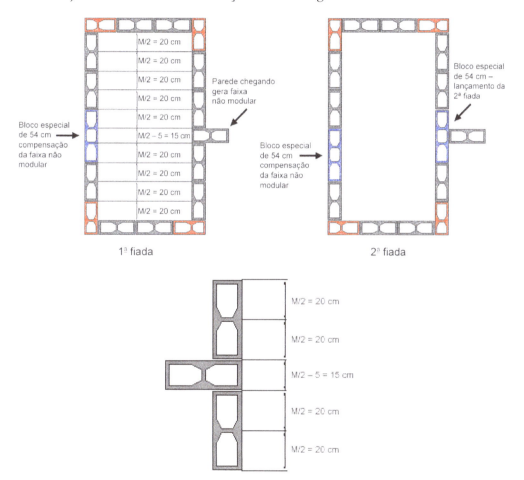

Figura 2.10 Disposições modulares dos blocos e as faixas não modulares nas paredes opostas (15 × 20 × 40 cm).

Fonte: MODLER, 2000.

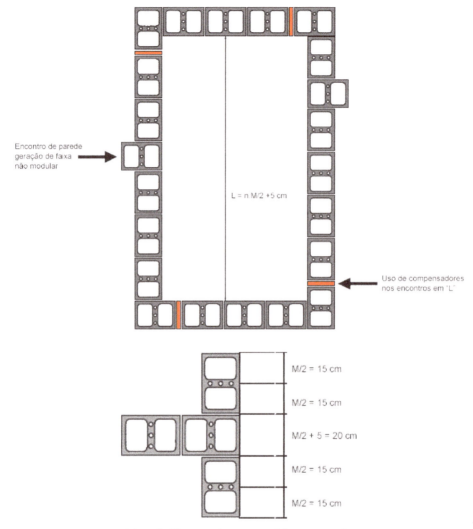

Figura 2.11 Disposições modulares dos blocos e as faixas não modulares nas paredes opostas (20 × 20 × 30 cm).
Fonte: MODLER, 2000.

Na Figura 2.12 é apresentado um exemplo de modulação de um banheiro para exemplificar as compensações dimensionais. Nesse caso, foi necessária a utilização de três compensadores de 5 cm na primeira fiada para ajustar a modulação da parede 2. Na segunda fiada, foi utilizado um bloco de 54 cm para amarrar a junta a 50%.

Na Figura 2.13 é mostrado a coordenação modular dos vãos de janelas, considerando-se as dimensões externas de marcos e folgas necessárias para a sua instalação. Em virtude das dimensões usuais das aberturas não obedecerem, geralmente, ao mesmo módulo adotado no projeto das alvenarias, é necessária a adoção de compensadores para os ajustes das dimensões dos vãos. Ressalva-se que, quanto maior a variedade das peças utilizadas na alvenaria, maior será a dificuldade de execução e, consequentemente, menor o grau de construtibilidade do edifício, o que afeta diretamente a produtividade da obra. O emprego de muitas peças especiais traz impactos sobre o custo da edificação. Uma iniciativa que contribui para o incremento da construtibilidade do edifício é a adoção de plantas simétricas. Nesse caso, as paredes de um e outro lado da edificação somente se diferenciarão por serem espelhadas, de onde se conclui que a mão de obra estará mais rapidamente familiarizada com o projeto. Essa medida facilita tanto a elaboração quanto a execução do projeto no canteiro de obras.

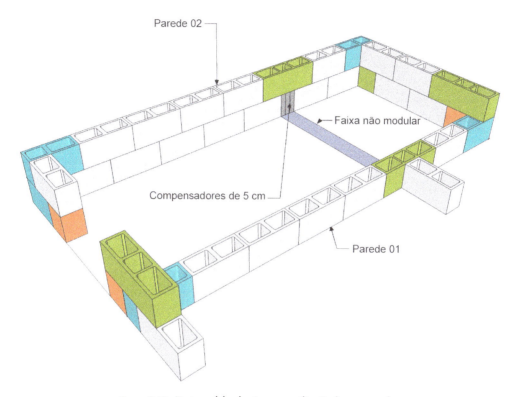

Figura 2.12 Ajuste modular do vão com a utilização de compensador.

Fonte: autores.

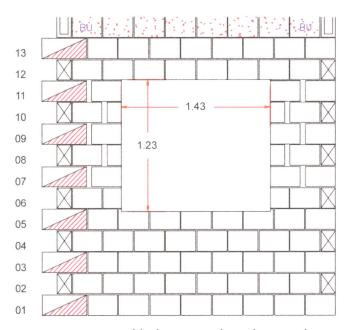

Figura 2.13 Ajuste modular do vão com a utilização de compensador.

Fonte: adaptado do Programa de capacitação empresarial – GDA – UFSC, 1998.

Na Figura 2.14 são apresentados: a vista isométrica da planta baixa de 1ª fiada e um exemplo de obra desenvolvido sem considerar uma unidade modular, no qual o ajuste dimensional fora feito em obra, sem projeto da modulação e preocupação com o posicionamento das unidades estruturais. Neste caso, a utilização de meios blocos e compensadores se faz necessária para os ajustes dimensionais, o que leva a amarração entre as fiadas das alvenarias, muitas vezes, não acontecer a 50%. Nos blocos da família de 40 cm, as coincidências dos septos transversais dos blocos das fiadas superiores não coincidem com os das fiadas inferiores, acarretando em uma redução da capacidade resistente da parede. Para o vão esquerdo do projeto deve ser empregado um meio bloco e um compensador de 5 cm, pois o espaço necessário para fechar a modulação é de 25 cm. No vão da direita devem ser empregados dois compensadores, pois o vão necessário para fechar a modulação é de 10 cm.

Projeto em alvenaria estrutural – definições e características

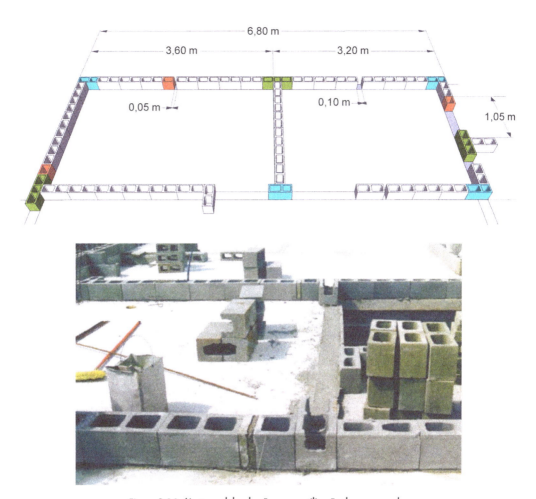

Figura 2.14 Ajuste modular do vão com a utilização de compensador.
Fonte: adaptado do Programa de capacitação empresarial – GDA – UFSC, 1998.

Para o desenvolvimento de projetos compatíveis com essa técnica construtiva, existem algumas diretrizes que servem de base para a sua elaboração, como: o arranjo arquitetônico, a coordenação dimensional e a racionalização do projeto e da produção. Um projeto em alvenaria estrutural deve favorecer a construtibilidade, sendo recomendável que se sigam os seguintes passos:

- utilizar o menor número possível de componentes especiais ao longo da parede, respeitando o seu uso em amarrações ou compensações dimensionais;
- empregar os blocos especiais como o "jota" e "canaleta" para o apoio das lajes, formando uma cinta de amarração;
- utilizar um único tipo de bloco no pavimento, em termos de resistência, material e dimensões;
- utilizar componentes disponíveis no mercado, com tamanhos e configurações geométricas padrões;

- detalhar os elementos estrututurais com especial atenção ao desempenho global do sistema construtivo (acústico e segurança ao fogo), analisando os encontros entre os elementos estruturais;
- reunir nos detalhamentos vários elementos do projeto, como primeira e segunda fiada, vergas, contravergas, elevações e apoio de laje.

Portanto, a escolha do tipo de bloco e a modulação são responsáveis pela maior parte da racionalização obtida nas obras em alvenaria estrutural. Tendo como referência a coordenação modular em ambas as direções (vertical e horizontal) o projetista deve detalhar as alvenarias, gerando plantas de primeira e segunda fiadas, bem como uma elevação de cada parede. Nas elevações, devem constar a posição de cada bloco, a existência de pontos elétricos e hidráulicos, vergas, contravergas, pontos de graute e armaduras. Esses detalhamentos visam o incremento da construtibilidade do edifício, evitando os improvisos no canteiro de obras.

2.4.2 Amarrações entre as paredes estruturais

Na alvenaria existem diversas famílias de blocos com diferentes dimensões, onde existe a necessidade de vinculação entre os elementos estruturais para a rigidez global da edificação e garantir o pleno desempenho estrutural. Segundo a NBR 15812-1:2010 a amarração pode ser efetuada, basicamente, de duas maneiras:
- Amarração direta: padrão de ligação de paredes por intertravamento de blocos, obtido com a interpenetração alternada de 50% das fiadas de uma parede na outra ao longo das interfaces comuns;
- Amarração indireta: padrão de ligação de paredes com junta vertical a prumo em que o plano da interface comum é atravessado por armaduras normalmente constituídas por grampos metálicos devidamente ancorados em furos verticais adjacentes grauteados ou por telas metálicas ancoradas em juntas de assentamento. No caso de amarração indireta entre paredes deve existir uma comprovação experimental da sua eficiência para a transmissão de esforços.

Para explicar melhor como acontecem às amarrações entre as paredes, serão apresentados alguns exemplos, tendo como referência as famílias dos blocos de concreto designadas como família 30 cm e 40 cm. Na Figura 2.15 são apresentados os encontros em T, L e Cruz da família de 15 × 30 cm, na qual pode se verificar que o único bloco especial é o de 45 cm, responsável por fazer as amarrações em Cruz e em T. Na amarração em L não é necessário empregar nenhum tipo de bloco especial, pois esse bloco é dito modular, em virtude do seu comprimento corresponder ao dobro de sua medida de largura. O meio bloco é utilizado para fechar a modulação. Os encontros entre as paredes e suas amarrações são premissas fundamentais do sistema construtivo em alvenaria estrutural, pois garantem o monolitismo e a rigilização de uma edificação.

Projeto em alvenaria estrutural – definições e características

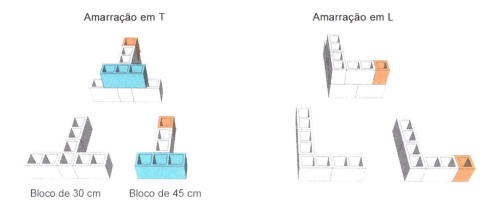

Figura 2.15 Encontros de paredes estruturais em T, L e Cruz (família 15 × 30 cm).

Fonte: autores.

Na Figura 2.16 são apresentados os encontros em Cruz, L e T da família de 15 × 40 cm, em que se pode verificar a necessidade do uso de blocos especiais de 35 cm e 55 cm de comprimento nominal para fazer as amarrações em L, Cruz e T. Esse bloco possui dimensões não modulares em virtude de sua medida de comprimento não corresponder ao dobro de sua largura. Para a execução da amarração em T são necessários os empregos dos blocos de 55 cm na primeira fiada e 35 cm na segunda fiada, ou vice-versa, para amarrar a 50% entre os blocos da primeira e segunda fiada. Poderia ser adotada uma segunda possibilidade para a amarração em T sem empregar o bloco de 35 cm, desde que se use um compensador de 5 cm de largura. Na amarração em L, é necessário o bloco de 35 cm na primeira e segunda fiadas ou, outra maneira de amarrar as paredes, seria com um bloco de 35 cm na segunda fiada, com um compensador de 5 cm de largura. Na amarração em cruz é necessária a utilização do bloco de 55 cm de comprimento na primeira fiada e também na segunda, para amarrar as juntas entre os blocos a 50% do seu comprimento. O meio bloco é utilizado para fechar a modulação das amarrações.

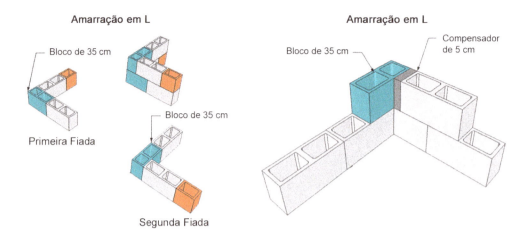

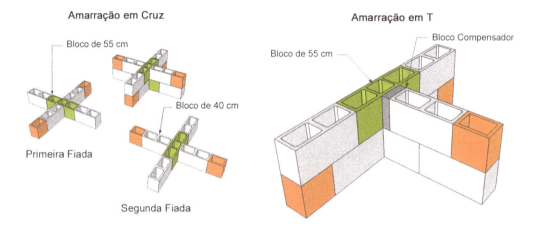

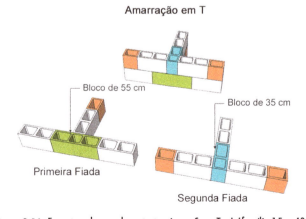

Figura 2.16 Encontros de paredes estruturais em Cruz, T e L (família 15 × 40 cm).

Fonte: autores.

Projeto em alvenaria estrutural – definições e características

Na Figura 2.17 é apresentado o exemplo de uma isométrica da disposição das unidades de alvenaria estrutural de 40 cm de largura, com todas as unidades modulares necessárias para a amarração dos encontros separados por cor, conforme a sua dimensão. Neste exemplo específico, o bloco em verde é o bloco especial de 55 cm de comprimento; o bloco na cor azul é o bloco especial de 35 cm, e o bloco laranja é o meio bloco. Também foram empregados o bloco canaleta para a verga e contraverga e o bloco J para o encontro entre a laje pré-moldada e a parede.

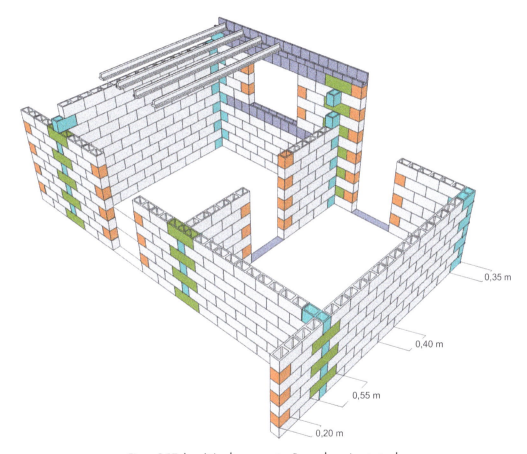

Figura 2.17 Isométrica de uma construção em alvenaria estrutural.

Fonte: autores.

Nas Figuras 2.18 e 2.19 são apresentados exemplos de amarração direta em "L" e "T" e indireta com o uso de grampo para a vinculação entre dois elementos estruturais.

Figura 2.18 Exemplo de amarração direta em L e T.

Fonte: ROMAN H.R.R, 1998.

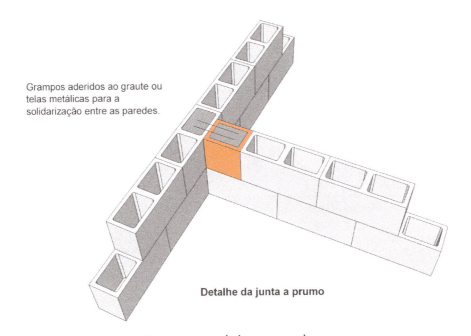

Figura 2.19 Exemplo de amarração indireta.

As juntas a prumo são alternativas de vinculação indiretas entre paredes que podem ser empregadas entre paredes estruturais e entre parede estrutural e de vedação. Sempre que houver a necessidade de utilizar juntas a prumo, deve-se ter o cuidado de grautear e grampear os furos. Embora a solução de grampear e grautear os furos entre os blocos atinja o objetivo estrutural, recomenda-se, como prioridade, a amarração direta entre as unidades como a melhor forma de solidarizar as duas paredes. Para o encontro entre parede estrutural e de vedação, não pode haver amarração entre os elementos. A utilização de dispositivos, como grampos e tela metálica, é fundamental para que não surjam fissuras no encontro das paredes. Alguns tipos de armaduras utilizadas são apresentados na Figura 2.20.

Projeto em alvenaria estrutural – definições e características

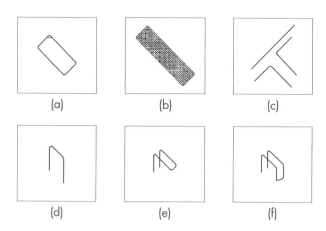

Figura 2.20 Armaduras utilizadas na amarração indireta.

Fonte: SANTOS, 1998.

2.4.3 Escolha da tipologia de lajes

As lajes são muito importantes no sistema construtivo de alvenaria estrutural, pois servem de travamento para as paredes e ajudam a transmitir os esforços horizontais. A teoria de cálculo da alvenaria prevê que os esforços horizontais, especialmente a pressão do vento que atua nas paredes das fachadas, serão absorvidos pelas lajes e transferidos às paredes de contraventamento, como ilustra a Figura 2.21. Para que isso realmente ocorra, deve-se garantir que a laje esteja devidamente solidarizada às paredes e apresente suficiente rigidez no seu plano, a fim de agir como um diafragma rígido.

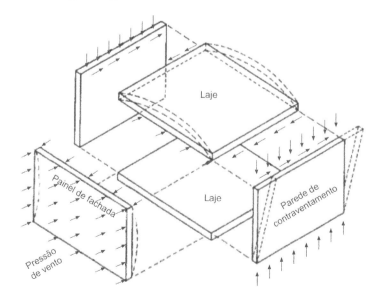

Figura 2.21 Transmissão da pressão do vento às paredes resistentes.

Fonte: ROMAN, MUTTI e ARAÚJO, 1999.

Lajes maciças armadas nas duas direções são as mais indicadas pela rigidez que conferem na distribuição dos esforços por causa do vento e às cargas verticais. Por outro lado, como geralmente são moldadas *in loco*, possuem o inconveniente de necessitarem fôrmas, escoramentos, confecção de armaduras mais complexas, o que afeta a construtibilidade da obra e diminui a produtividade. Sob essa ótica, a utilização de lajes pré-fabricadas é mais apropriada. Contudo, segundo recomendação de Roman, Mutti e Araújo (1999), para garantir o comportamento desejado, as lajes adjacentes devem ser interligadas por barras de aço. A Figura 2.22 apresenta algumas tipologias de lajes. No caso de lajes armadas em uma só direção, deve-se evitar que todas as lajes sejam posicionadas na mesma direção. O sentido do apoio das vigotas deve ser alternado.

Figura 2.22 Tipologia de Lajes para alvenaria estrutural.

Fonte: Tecnoart; Tatu.

2.4.4 Definição da primeira e segunda fiada das paredes

Nas Figuras 2.23 e 2.24 são apresentadas as modulações de primeira e de segunda fiada de projetos em alvenaria estrutural de blocos de concreto com modulação de 15 cm de largura e 40 cm de comprimento (Gerei; Mohamad, 2003). Para os blocos não modulares (15 × 20 × 40 cm), devem ser feitos ajustes dimensionais na modulação das paredes, principalmente se existirem encontros em uma parede oposta. Na Figura 2.25(a) é apresentado um exemplo de duas paredes opostas denominada de 1 e 2, onde na parede 1 existem três amarrações em "T" e uma em "L". A parede 2 possui duas amarrações em "T" nas extremidades. A existência de duas amarrações em "T", no meio da parede 1, cria faixas não modulares de 15 cm, que impõem à parede oposta (parede 2) o uso de blocos especiais de 35 cm de comprimento na primeira e segunda fiada, a fim de compensar as diferenças de tamanho. Outras alternativas são mostradas na Figura 2.25(b) e (c), nas quais são empregados blocos de comprimento 55 cm e o uso de três compensadores de 5 cm cada, por causa da diferença existente em razão das duas faixas não modulares.

Projeto em alvenaria estrutural – definições e características

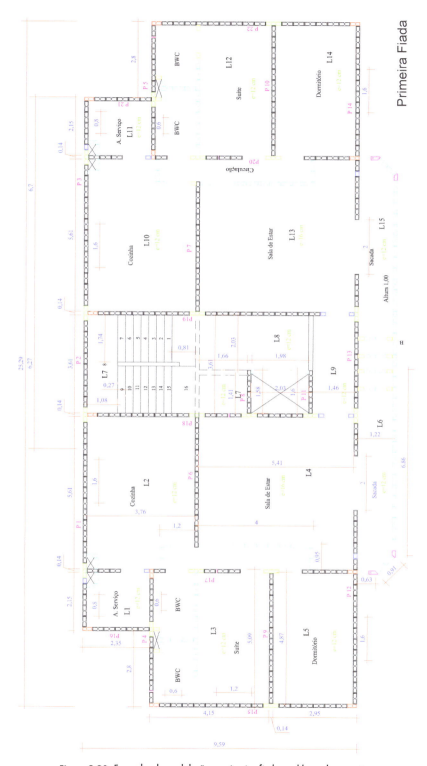

Figura 2.23 Exemplos de modulação – primeira fiada em blocos de concreto.

Fonte: GEREI e MOHAMAD, 2003.

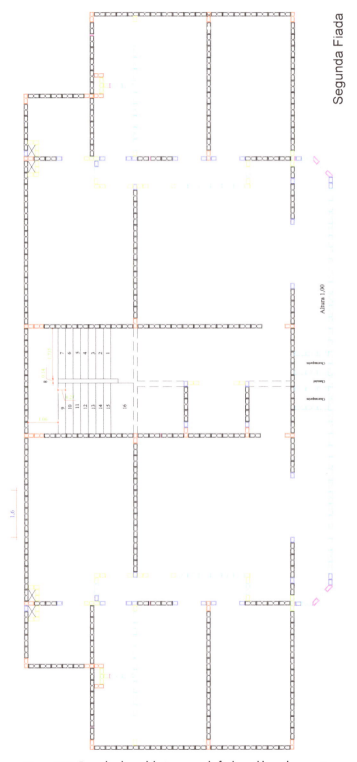

Figura 2.24 Exemplos de modulação - segunda fiada em blocos de concreto.

Fonte: GEREI e MOHAMAD, 2003.

Projeto em alvenaria estrutural – definições e características

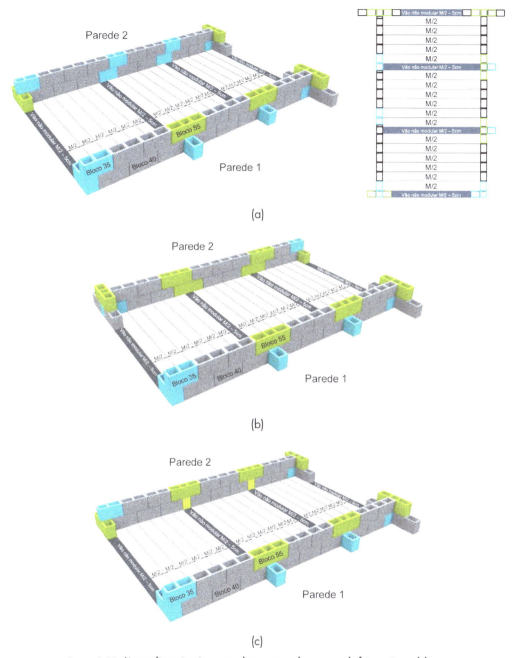

Figura 2.25 Ajustes dimensionais em paredes opostas pela presença de faixas não modulares.

Fonte: autores.

As Figuras 2.26 e 2.27 apresentam os principais detalhamentos de alvenarias estruturais em bloco cerâmico com 15 cm de largura e 30 cm de comprimento (Rodrigues *et al.*, 2010). O projeto em alvenaria estrutural deve apresentar os seguintes elementos: designação da família de bloco com a planta de primeira e segunda fiada, detalhes específicos dos encontros entre paredes portantes e de vedação, encontro da laje com as paredes externas e internas, posicionamento de vergas e contravergas, posicionamento das colunas de graute nos encontros, detalhamento e posicionamento das juntas de movimentação, posicionamento das colunas hidráulicas e elétricas, paginação de todas as paredes e detalhamento dos encontros entre a parede de vedação e laje.

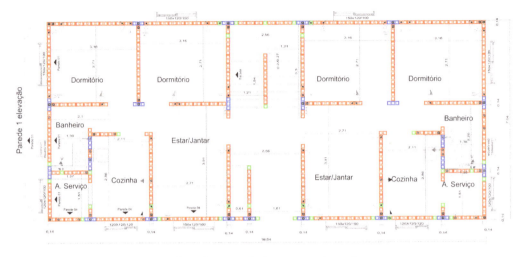

Figura 2.26 Planta de primeira fiada, paginação de parede e encontro.

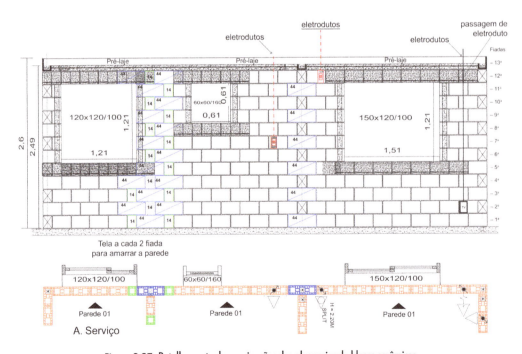

Figura 2.27 Detalhamento das paginações das alvenarias de blocos cerâmicos.

Fonte: RODRIGUES et al., 2010.

Projeto em alvenaria estrutural – definições e características

2.4.5 Aspectos técnicos para o desempenho das obras em alvenaria estrutural

Os aspectos técnicos relacionados à presença de verga e contraverga, balanços, escadas e lajes de cobertura são fundamentais para o desempenho construtivo e estrutural, sendo de fundamental importância que estejam presentes nos projetos em alvenaria estrutural.

Vergas e contravergas: são elementos estruturais imprescindíveis em portas e janelas. Esses elementos atuam de forma a absorver os esforços de tração nos cantos das aberturas, local de concentração das tensões. Esses componentes estruturais podem ser constituídos de várias maneiras como segue:

- Blocos do tipo canaleta, devidamente armados e grauteados (Figura 2.28);
- Peças de concreto armado moldadas *in loco* ou pré-fabricado (Figura 2.29).

Para fins de dimensionamento, pode-se adotar seu comprimento total como a largura do vão, acrescido de quatro módulos dimensionais, considerando-se o transpasse necessário nos cantos das aberturas e o apoio da peça nas paredes.

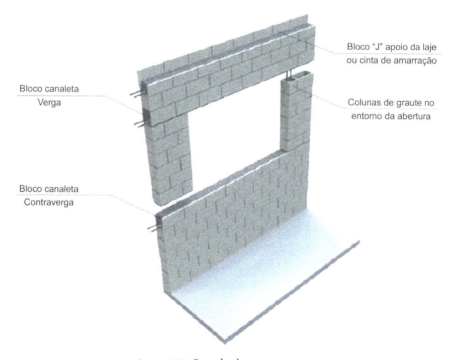

Figura 2.28 Exemplos de verga e contraverga.

Fonte: autores.

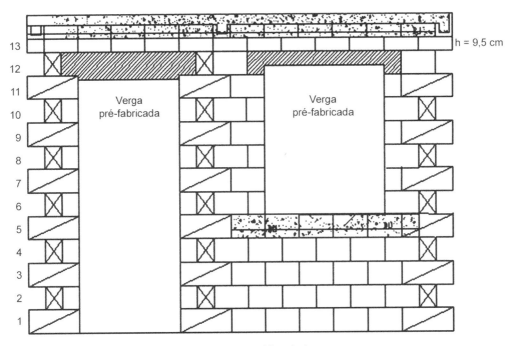

Figura 2.29 Verga pré-fabricada de concreto.
Fonte: adaptado do Programa de capacitação empresarial – GDA – UFSC, 1998.

Sacadas ou lajes em balanço: ao contrário do que muitos pensam, os edifícios em alvenaria estrutural podem apresentar elementos em balanço nas fachadas, projetados para fora da edificação, como sacadas e marquises. Contudo, esses elementos devem ser estudados, pois podem introduzir cargas concentradas em áreas relativamente pequenas, elevando consideravelmente as tensões de compressão, induzindo a formação de fissuras. Em termos de desempenho, sacadas internas à projeção do edifício (nichos) ou com apenas uma parte avançando em balanço, em relação à projeção da fachada, são mais aconselhadas (Figura 2.30). Porém, as sacadas em balanço podem ser resolvidas com as soluções apresentadas na Figura 2.31. Logicamente, todas as vigas e transpasses devem ser dimensionados por cálculos adequados.

Projeto em alvenaria estrutural – definições e características

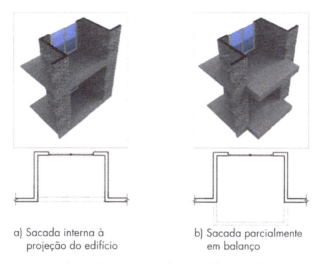

a) Sacada interna à projeção do edifício

b) Sacada parcialmente em balanço

Figura 2.30 Tipos de sacadas mais apropriadas para edifícios em alvenaria estrutural.

Fonte: autores.

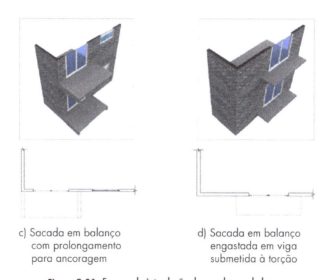

c) Sacada em balanço com prolongamento para ancoragem

d) Sacada em balanço engastada em viga submetida à torção

Figura 2.31 Formas de introdução de sacadas em balanço.

Fonte: autores.

Escadas: os projetistas devem considerar, preferencialmente, soluções técnicas padronizadas e de eficiência comprovada. Os tipos mais usuais de escadas que podem ser utilizadas em alvenaria estrutural são:

- Escada de concreto armado, moldada *in loco*: apresenta como principal vantagem à execução, sem auxílio de equipamentos especiais e, como desvantagem, a necessidade de formas e escoramento, o que afeta a produtividade. Neste caso existe a necessidade do emprego do bloco canaleta ou jota na parede a meio pé-direito para o apoio do patamar de descanso, como mostra a Figura 2.32.

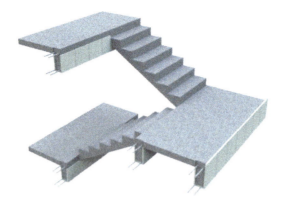

Figura 2.32 Representação esquemática da escada de concreto armado, moldada *in loco*.

Fonte: autores.

- Escadas tipo jacaré, formada por vigas dentadas "jacaré", degraus, espelhos e patamares pré-moldados: apresenta como vantagem a fácil montagem da escada e, como desvantagem, o fato de ser viável apenas se houver parede central de apoio entre os lances, conforme Figura 2.33.

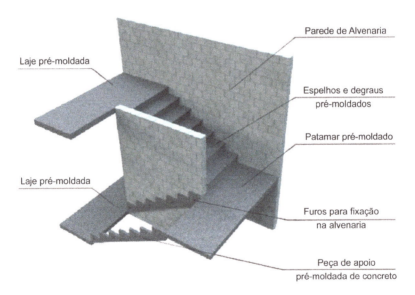

Figura 2.33 Representação esquemática da escada do tipo "jacaré".

Fonte: autores.

- Escada pré-moldada de concreto: apresenta como vantagem a rapidez de instalação e, como desvantagem, a necessidade de equipamentos especiais (guindaste) para as movimentações das peças, conforme Figura 2.34. Deve-se ter cuidado com o apoio da escada sobre a viga, para não surgirem fissuras por concentração de tensão, com a colocação de um material deformante entre os elementos estruturais e no piso acabado.

Projeto em alvenaria estrutural – definições e características

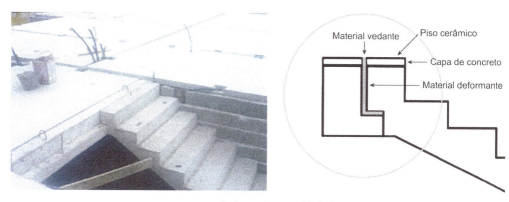

Figura 2.34 Exemplo de escada pré-moldada de concreto.
Fonte: adaptado do Programa de capacitação empresarial – GDA – UFSC, 1998.

- **Lajes de cobertura e entre pavimentos:** para evitar a chamada fissuração de último pavimento em razão da movimentação térmica, a laje de cobertura não deve estar solidarizada à parede. A movimentação térmica da laje de cobertura é um dos problemas mais frequentes em edificações, que causa fissurações de separação entre os elementos estruturais. Na alvenaria estrutural essa movimentação da laje de cobertura pode gerar fissuras entre a cinta de amarração e a parede ou, até mesmo, fissuras ao longo de toda a extensão da alvenaria, em razão da movimentação térmica da laje. Por isso, é importante o detalhamento técnico do encontro da laje de cobertura e sua dessolidarização com a parede estrutural, para minimizar este tipo de problema. No encontro da laje com o bloco "J" deve ser utilizado um material deformante e um deslizante ou de dessolidarização, para não empurrar a parede. A Figura 2.35 mostra um exemplo de detalhamento do encontro entre a laje de cobertura e da alvenaria. Na Figura 2.36 são apresentados cortes esquemáticos, mostrando os detalhes do encontro da laje entre pavimentos e a parede estrutural. Na Figura 2.36(a) se visualiza a vigota apoiada diretamente no bloco de apoio denominado "J". O recuo nas vigotas e lajotas, mostrados nas Figuras 2.36(b) e (c), evitam o surgimento de fissurações em virtude da rotação da laje por causa da flexão. Estas regiões maciças criadas pelo recuo das vigotas, nos encontros entre a laje e a parede, reduzem a propagação de som entre os pavimentos, aumentando o desempenho acústico da edificação.

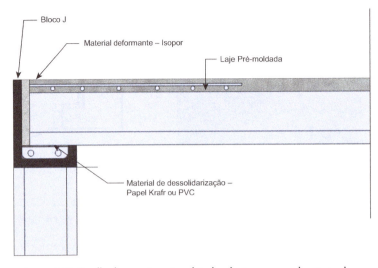

Figura 2.35 Detalhe do encontro entre a laje de cobertura e a parede estrutural.

Fonte: autores.

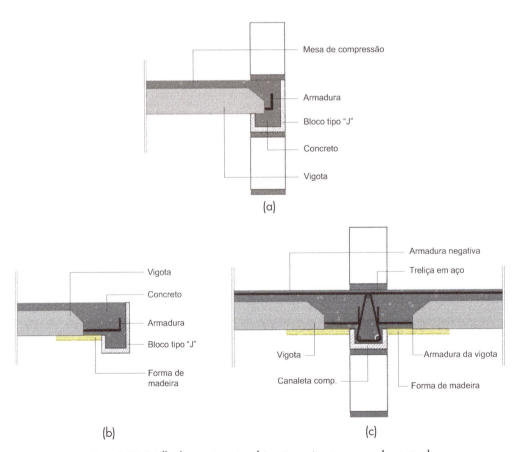

Figura 2.36 Detalhe do encontro entre a laje entre pavimentos e a parede estrutural.

Fonte: autores.

Previsão de instalações elétricas, de água e esgoto: a integração entre os projetos é uma das premissas para o sistema construtivo em alvenaria estrutural. Em um sistema construtivo racionalizado é inconcebível a hipótese de se rasgar paredes estruturais para a passagem das diferentes instalações elétricas, de água e esgoto na obra. Essas práticas são correntes quando se aplicam apenas às alvenarias de vedação e, infelizmente, ainda reproduzidas em algumas obras em alvenaria estrutural, como mostra a Figura 2.37. Esses rasgos significam retrabalho, desperdícios de material e mão de obra, além de, principalmente, insegurança estrutural, uma vez que a parede, cuja seção resistente é reduzida, constitui o elemento estrutural. Portanto, a iniciativa de promover a integração dos projetos deve ser do arquiteto, criando soluções para a coexistência harmônica da arquitetura, da estrutura e das instalações.

Figura 2.37 Rasgos horizontais nas paredes para execução de instalações, prática inaceitável na alvenaria estrutural.
Fonte: SANTOS, 1998.

Na alvenaria estrutural os projetistas e executores devem ter em mente que os rasgos indiscriminados horizontais ou inclinados nas paredes são totalmente indesejáveis e não fazem parte do arcabouço das boas técnicas executivas. Toda e qualquer instalação somente pode ser embutida na alvenaria verticalmente, ou seja, nos furos dos blocos. Assim, a instalação elétrica deve ser distribuída pela laje, sendo os pontos de consumo alimentados por descidas (ou subidas) sempre na vertical, conforme apresenta a Figura 2.38. Para a instalação dos pontos elétricos (tomadas e interruptores) existem blocos especiais que já apresentam o recorte necessário, como mostra a Figura 2.39. Contudo, em razão do custo do bloco especial ser maior, muitas vezes, opta-se por utilizar um bloco convencional, realizando-se, posteriormente, o corte na obra.

Nos projetos devem ser detalhadas todas as descidas de instalações por meio da paginação das paredes, deixando os espaços necessários para a passagem das tubulações. A maior dificuldade reside, geralmente, nas tubulações de água e esgoto, como mostra a Figura 2.40. Porém, algumas medidas simples podem facilitar o percurso vertical das instalações da seguinte forma:

- Agrupamento das instalações hidrossanitárias de banheiros e cozinhas em paredes hidráulicas, sem função estrutural, com tubulações passando pelos furos dos blocos ou por espaços deixados entre os blocos (Figura 2.41(a));
- Adoção de *shafts* para as tubulações hidrossanitárias (Figura 2.41(b) e Figura 2.42).

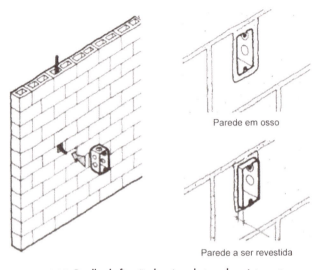

Figura 2.38 Detalhe da fixação de caixas de tomadas e interruptores.

Fonte: SOARES et al., 2003.

Figura 2.39 Detalhe da fixação de caixas de tomadas e interruptores.

Fonte: adaptado do Programa de capacitação empresarial – GDA – UFSC, 1998.

Projeto em alvenaria estrutural – definições e características 75

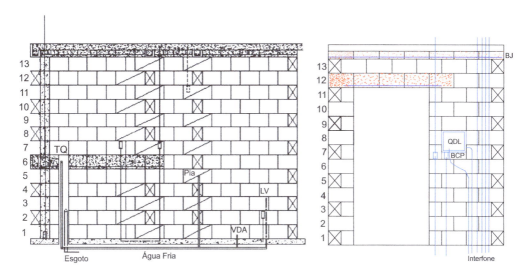

Figura 2.40 Paginação de uma parede com os espaços para as passagens das instalações.
Fonte: adaptado do Programa de capacitação empresarial – GDA – UFSC, 1998.

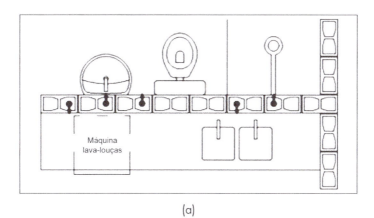

(a)

(b)

Figura 2.41 Agrupamento de instalações (a) e *shafts* hidráulicos.
Fonte: adaptado de MACHADO, 1999.

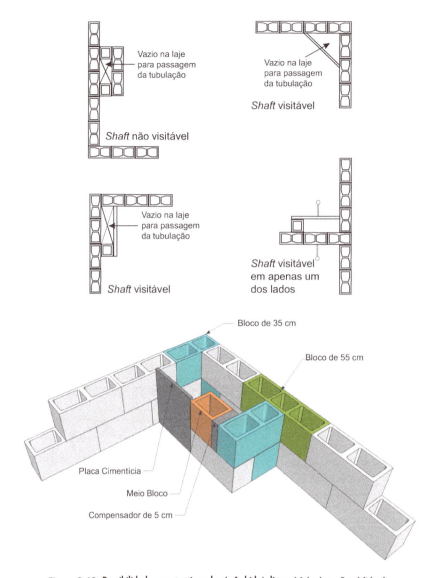

Figura 2.42 Possibilidades construtivas de *shafts* hidráulicos, visitáveis e não visitáveis.
Fonte: adaptado de MACHADO, 1999.

A fim de possibilitar a trajetória horizontal das tubulações, algumas soluções racionais podem ser adotadas alternativamente aos rasgos na alvenaria:

- Percurso horizontal da tubulação embutida no piso (Figura 2.43(a));
- Tubulações executadas sob a laje, ocultas por forro rebaixado (Figura 2.43(b));
- Emprego de blocos mais estreitos na alvenaria, formando reentrâncias para as passagens das tubulações na horizontal, conforme a Figura 2.44.

É importante ressaltar que essas formas de instalação repercutem em manutenção mais simples ou complexa, dependendo da escolha do projetista. Em geral, a manutenção das tubulações embutidas é dificultada (inspeção das condições da canalização para conserto de vazamentos, por exemplo).

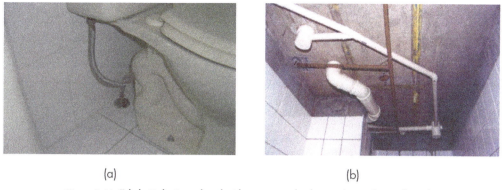

(a) (b)

Figura 2.43 Tubulação horizontal, embutida no piso e sob a laje, oculta por forro rebaixado.

Fonte: adaptado do Programa de capacitação empresarial – GDA – UFSC, 1998.

Figura 2.44 Tubulação horizontal na parede, embutida em reentrâncias.

Fonte: SANTOS, 1998.

2.5 EXECUÇÃO E CONTROLE DE OBRAS EM ALVENARIA ESTRUTURAL

O uso de equipamentos apropriados aumenta a produtividade e oferece menores riscos de erro e, por consequência, de retrabalho durante as etapas de execução. Essas ferramentas e equipamentos vão sendo adequados de acordo com as necessidades específicas de cada empreendimento, sendo, muitas delas, frutos da troca de experiência entre os engenheiros e operários. Para que os serviços sejam desenvolvidos com qualidade, é fundamental oferecer aos profissionais condições mínimas de trabalho. Nesse sentido, a utilização de ferramentas adequadas pode auxiliar no desempenho da equipe de trabalho, tanto para obter melhor qualidade final do produto, quanto para aumentar a produtividade durante sua realização. Muitas delas não são de uso exclusivo desse sistema construtivo, porém auxiliam na organização do canteiro ou na implantação da produtividade das equipes.

Os equipamentos que atualmente são ditos básicos para obras em alvenaria estrutural são usados para as seguintes etapas de execução: marcação, elevação, nivelamento das fiadas e prumo. Para o assentamento da alvenaria, deve ser usada colher de pedreiro para o assentamento da primeira fiada, meia cana, régua ou bisnaga, sendo que a praticidade no uso do equipamento depende, basicamente, do treinamento disponibilizado ao pedreiro (Figura 2.45).

Figura 2.45 Meia cana, régua e bisnaga.
Fonte: adaptado do Programa de capacitação empresarial – GDA – UFSC, 1998.

O esticador mantém a linha de náilon esticada entre dois blocos, definindo o alinhamento e o nível dos demais. O fio traçador é composto por um recipiente com pó colorido, que tinge o fio ao ser desenrolado e serve de referência a localização e alinhamento da primeira fiada e das demais. O caixote para argamassa de assentamento deve ser construído por um material que não absorva água e possua paredes perpendiculares para possibilitar o emprego da régua. O suporte com rodas permite que o pedreiro desloque o caixote com menos esforço, sem a ajuda do servente (Figura 2.46).

Figura 2.46 Esticador, fio traçador e caixote de argamassa.
Fonte: adaptado do Programa de capacitação empresarial – GDA – UFSC, 1998.

O nível "alemão" é um equipamento simples, eficiente e de baixo custo. Compõe-se de uma mangueira de nível, na qual é acoplado, em uma das extremidades, um recipiente com água. A outra extremidade possui uma haste de alumínio. O recipiente é apoiado sobre um tripé metálico, no qual a haste de alumínio possui um cursor graduado em escala métrica de ±25 cm. O nível a laser é um equipamento autonivelante que possibilita a conferência de níveis, esquadros e prumos com maior agilidade e precisão (Figura 2.47).

Figura 2.47 Nível a laser e nível alemão.

Fonte: adaptado do Programa de capacitação empresarial – GDA – UFSC, 1998.

O escantilhão é utilizado para o assentamento das unidades, após a marcação das linhas que definem as direções das paredes, sendo posicionado no encontro entre as paredes, na primeira fiada, servindo de referência, depois de nivelada, às unidades das fiadas posteriores. O escantilhão tem como finalidade garantir o nivelamento perfeito das fiadas. O equipamento é constituído por uma haste vertical metálica com cursor graduado de 20 em 20 cm e duas hastes telescópicas articuladas a 1,20 m de altura. É fixado sobre a laje, com o auxílio de parafusos e buchas. O andaime proporciona um significativo aumento de produtividade, em relação à montagem, à movimentação e à desmontagem dos andaimes convencionais (Figura 2.48).

Figura 2.48 Escantilhão e andaime metálico.

Fonte: adaptado do Programa de capacitação empresarial – GDA – UFSC, 1998.

A desconsideração de alguns princípios e a negligência de certas regras básicas para a execução e controle de obras em alvenaria estrutural, certamente debilitam a confiabilidade do sistema construtivo. A falta de procedimentos técnicos para a aceitação dos materiais e controle na execução pode comprometer o sistema construtivo em alvenaria estrutural. Alguns exemplos podem ser vistos na Figura 2.49 de situações reais de erros devidos a problemas de execução, decorrentes da falta de detalhamentos das amarrações em cruz e provocados pela variabilidade dimensional das unidades. Como consequência da variação das dimensões das unidades, torna-se difícil controlar a modulação, nas quais a junta de argamassa horizontal e vertical passa a ser responsável pelo ajuste, provocando juntas não uniformes e em desacordo com a NBR 15812-2:2010 e NBR 15961-2:2011. A junta vertical e horizontal de argamassa nas alvenarias deve ter espessura de 10 mm ±3 mm.

Figura 2.49 Variação dimensional das unidades.

Fonte: FABIANO e MOHAMAD, 2008.

Outro aspecto para a execução da alvenaria que deve ser considerado é o desaprumo das paredes, ou seja, essas excentricidades reduzem a resistência à compressão, além de provocar um aumento na espessura do revestimento proporcional ao valor da excentricidade, como mostra a Figura 2.50.

Figura 2.50 Desaprumo provocado por erro de execução.

Fonte: FABIANO e MOHAMAD, 2008.

A quebra dos blocos estruturais para a passagem das instalações hidráulicas, decorrente da falta de compatibilidade entre a estrutura e os projetos complementares, gera uma diminuição na capacidade resistente da alvenaria à compressão. Para esses casos devem ser previstas paredes de vedação ou *shafts* para a passagem das instalações hidráulicas sobre pressão. A Figura 2.51 mostra exemplos desse tipo de prática, que deve ser evitada.

Figura 2.51 Rasgos indevidos nas paredes estruturais.

Fonte: FABIANO e MOHAMAD, 2008.

2.6 COORDENAÇÃO DE PROJETOS EM ALVENARIA ESTRUTURAL

A coordenação de projetos é um aspecto fundamental para o sistema construtivo em alvenaria estrutural. Esta atividade deve ser exercida por um arquiteto ou engenheiro, avaliando os diversos projetos, identificando as respectivas interferências e suas inconsistências. Após a checagem dos projetos, o coordenador deverá solicitar as alterações, de forma que o projeto final permita uma construção sem erros e necessidades de improvisações no canteiro de obras. Sendo assim, por meio do processo de coordenação, é possível elevar a qualidade do projeto global e, consequentemente, melhorar as condições para a execução da construção. Muitas medidas de racionalização e, praticamente, todas as medidas de controle de qualidade dependem da clara especificação na sua fase de concepção. Não é possível controlar uma atividade ou um produto, se suas características não se encontram perfeitamente definidas. Da mesma forma, a execução só poderá ser planejada de forma eficiente se o projeto apresentar todas as informações necessárias para o seu planejamento.

Os principais objetivos da coordenação de projetos e do agente responsável pela coordenação são:

- Promover a integração entre os participantes do projeto, garantindo a comunicação e a troca de informações entre os integrantes e as diversas etapas do empreendimento;

- Controlar as etapas de desenvolvimento do projeto, de tal forma que este seja executado conforme as especificações e os requisitos previamente definidos (custos, prazos e especificações técnicas);
- Coordenar o processo de tal forma que solucione as interferências entre as partes do projeto elaboradas pelos distintos projetistas;
- Garantir a coerência entre o produto projetado e o modo de produção, com especial atenção para a tecnologia do processo construtivo utilizado.

Um estudo de caso sobre os prejuízos da falta de compatibilização dos projetos em edificações em alvenaria estrutural foi realizado por Samara (2013). O autor analisou os projetos de uma edificação, utilizando a sobreposição dos desenhos, com a criação de layers ou camadas para avaliar as interferências. Com as informações, os projetos foram sobrepostos a fim de verificar as inconsistências entre os diferentes subsistemas construtivos de um conjunto habitacional multifamiliar. Preliminarmente, Samara (2013) verificou que na obra em análise o projeto arquitetônico havia sido aprovado, enquanto o projeto estrutural estava em desenvolvimento. Isto acarretou em mudanças nas dimensões das peças em função da modulação dos blocos, a Figura 2.52 mostra a sobreposição e as diferenças nas dimensões da modulação e a projeção do arquitetônico.

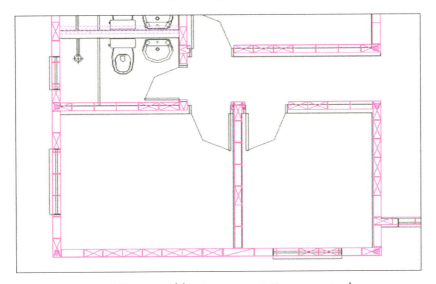

Figura 2.52 Incompatibilização entre o arquitetônico e o estrutural.

Fonte: SAMARA, 2013.

Outro aspecto de incompatibilidade verificado por Samara (2013), diz respeito às relacionadas instalações de água fria, esgoto cloacal, pluvial e gás. A Figura 2.53 mostra a posição da saída inferior da ventilação do aquecedor a gás, que coincide com as posições das colunas de grautes armadas, previstas em projeto. Esta incompatibilidade fez com que, em obra, os executores solucionassem o problema, quebrando o concreto dos furos do bloco, expondo a armadura vertical interna, como pode ser visto na Figura 2.53. Além disto, pela imagem da vista externa da Figura 2.53, se pode verificar que a abertura gerou manchas na fachada pelo escoamento de água.

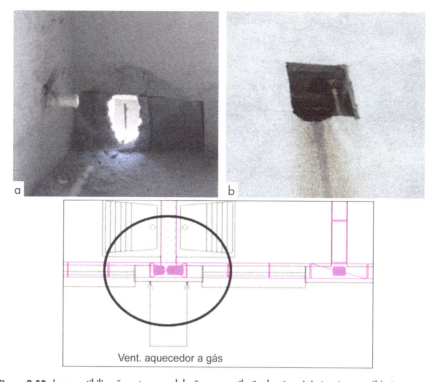

Figura 2.53 Incompatibilização entre a modulação e a ventilação de gás — (a) vista interna; (b) vista externa

Fonte: SAMARA, 2013.

Quando foram sobrepostos os projetos de água quente com a modulação, observou-se que a tubulação de água quente seguia o alinhamento da parede, cruzando alguns pontos de graute, como mostram as Figuras 2.54 e 2.55. Isso faz com que o executor mude o projeto em obra.

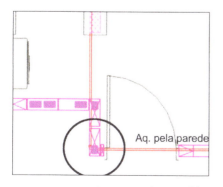
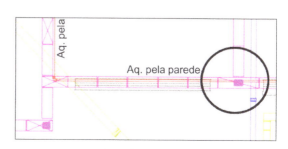

Figura 2.54 Incompatibilização entre a estrutura e as instalações de água quente.

Fonte: SAMARA, 2013.

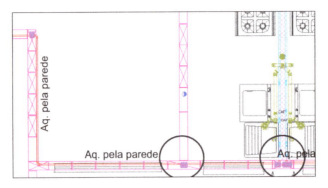

Figura 2.55 Incompatibilização entre a estrutura e as instalações de água quente.

Fonte: SAMARA, 2013.

Na Figura 2.56, o autor mostra a sobreposição dos projetos de instalações hidrosanitárias com os pontos de água fria e esgoto, em relação ao posicionamento dos aparelhos sanitários do arquitetônico. É possível observar deslocamentos entre o projeto arquitetônico e o de esgoto, cujo posicionamento do tubo de queda de 100 mm ocorre na parede estrutural, sem aproveitar a parede de vedação. A Figura 2.57 mostra a decida do tubo de queda do pluvial, prevista para descer em um dos furos do bloco na parede estrutural e a solução dada em obra para o enchimento do espaço deixado, mostrando as inconsistências na modulação do projeto e o executado em obra.

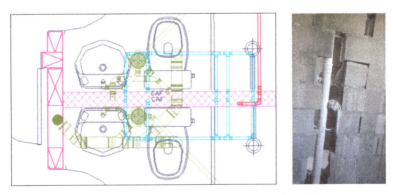

Figura 2.56 Incompatibilização entre a estrutura e as instalações de esgoto.

Fonte: SAMARA, 2013.

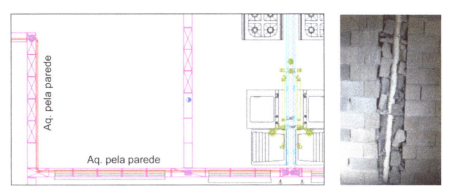

Figura 2.57 Incompatibilização entre a estrutura e o pluvial.

Fonte: SAMARA, 2013.

As mudanças das modulações em relação ao projeto e o rasgo indiscriminado de paredes para a passagem das instalações afeta, significativamente, a resistência do elemento estrutural. O executor das alvenarias deve se preocupar com a compatibilização estrutural, pois esta garantirá a racionalidade construtiva, a segurança estrutural e, por consequência, a qualidade da edificação, em que as parcerias entre os engenheiros e arquitetos são fundamentais para o sucesso das edificações.

2.7 BIBLIOGRAFIA

ASSOCIAÇÃO BRASILEIRA DE NORMAS TÉCNICAS. **NBR 15812-1**: Alvenaria estrutural – blocos cerâmicos. Parte 1: projetos. Rio de Janeiro: ABNT, 2010.

_____. **NBR 15812-2**: Alvenaria estrutural – blocos cerâmicos. Parte 2: execução e controle de obras. Rio de Janeiro: ABNT, 2010.

CAVALHEIRO, O. P. **Fundamentos de alvenaria estrutural**. Santa Maria: UFSM, 1995. Apostila.

_____. **Dimensionamento de juntas**. Santa Maria: UFSM, 2004. Arquivo digital. Notas de aula.

DRYSDALE, R. G. **Masonry structures**. Behavior and design. Englewood Cliffs: Prentice Hall, 1994.

_____. **Masonry structures**. Behavior and design. Englewood Cliffs: Prentice Hall, 1999.

DUARTE, R. B. **Recomendações para o projeto e execução de edifícios de alvenaria estrutural**. Porto Alegre: ANICER, 1999.

FABIANO, L.; MOHAMAD, G. **Avaliação de práticas construtivas em alvenaria estrutural com blocos cerâmicos**. Estudo de caso. Criciúma: Unesc, 2008.

GALLEGOS, H. **Curso de alvenaria estrutural**. Porto Alegre: CPGEC/UFRGS, 1988. Apostila.

GEREI, A.; MOHAMAD, G. **Diferenças de tensões no dimensionamento de alvenaria estrutural pelo método da norma britânica e pela norma brasileira.** Trabalho de conclusão de curso de Engenharia Civil, Univali, 2003.

HENDRY, A. W. **Structural brickwork**. New York: Halsted Press Book, John Wiley & Sons, 1981.

_____; SINHA, B. P.; DAVIES, S. R. **Design of masonry structures**. London: E & FN Spon, 1997.

MACHADO, S. L. **Sistemática de concepção e desenvolvimento de projetos arquitetônicos para alvenaria estrutural**, 1999, 198 f. Dissertação (Mestrado) – Universidade Federal de Santa Catarina, Florianópolis, 1999.

MASCARÓ, J. **O custo das decisões arquitetônicas**. Como explorar boas ideias com orçamento limitado. Porto Alegre: Sagra Luzzatto, 1998.

MODLER, L. E. A. **Qualidade de projeto de edifícios em alvenaria estrutural**. 2000. 140 f. Dissertação (Mestrado) – Universidade Federal de Santa Maria, Santa Maria, 2000.

RAMALHO, M. A.; CORRÊA, M. R. S. **Projetos de edifícios de alvenaria estrutural**. São Paulo: Pini, 2003.

RODRIGUES, R.; AQUINO, V.; NETTO, M. **Projeto de uma edificação em alvenaria estrutural.** Unipampa, 2010.

ROMAN, H. R.; MUTTI, C. N. ARAÚJO, H. N. de. **Construindo em alvenaria estrutural**. Florianópolis: Ed. da UFSC, 1999.

_____; SIGNOR, R.; RAMOS, A. S.; MOHAMAD, G. **Análise de alvenaria estrutural**. Universidade Corporativa Caixa. GDA. NPC. UFSC. 1998.

SABBATINI, F. H. **Desenvolvimento de métodos, processos e sistemas construtivos**: formulação e aplicação de uma metodologia, 1989, 321 f. Tese (Doutorado) – Escola Politécnica da Universidade de São Paulo, São Paulo, 1989.

SAMARA, U. N. **A qualidade e a compatibilização dos projetos em edificações de alvenaria estrutura.** Estudo de caso. 2013. 100 f. Trabalho de conclusão de curso – Universidade Federal de Santa Maria, Santa Maria, 2013.

SANTOS, M. D. F. dos. **Alvenaria estrutural**. Contribuição ao uso. 1998, 143 f. Dissertação (Mestrado) – Universidade Federal de Santa Maria, Santa Maria, 1998.

SILVA, G. **Sistemas construtivos em concreto armado e alvenaria estrutural**. Uma análise comparativa de custos, 2003, 164 f. Dissertação (Mestrado) – Universidade Federal de Santa Maria, Santa Maria, 2003.

SOARES, J. M. D.; SANTOS, M. D. F.; POLLETTO, L. Habitações de caráter social com a utilização de bloco cerâmico. In: FORMOSO, C. T.; INO, A. (eds.). **Inovação, gestão da qualidade e produtividade e disseminação do conhecimento na construção habitacional**. Porto Alegre: ANTAC, 2003. (Coletânea Habitare, v. 2)

TATU. **Lajes alveolares**. 2012. Disponível em: <http://www.tatu.com.br/1.1-Tabelas_de_Lajes_Alveolares.pdf>. Acesso em 20 jan. 2012.

TECNOART. **Lajes treliçadas**. Disponível em: <http://www.tecnoartpremoldados.com.br/lajes-trelicadas.php>. Acesso em: 20 jan. 2012

THOMAZ, E. Qualidade no projeto e na execução de alvenaria estrutural e de alvenarias de vedação em edifícios. **Boletim Técnico da Escola Politécnica da USP**. São Paulo: EPUSP, 2000.

3
CAPÍTULO

Propriedades da alvenaria estrutural e de seus componentes

Gihad Mohamad, Eduardo Rizzatti e Humberto Ramos Roman

As paredes em alvenaria são compostas pela união de diferentes materiais, como bloco (cerâmico, silicocalcário e concreto), argamassas e grautes. Essa composição impõe certa dificuldade aos projetistas em especificar os componentes de forma a potencializar o seu uso para fins estruturais, em virtude do estado de tensão desenvolvido e da natureza quasi-frágil[1] do material. O presente tópico trata das principais propriedades dos materiais que compõem a alvenaria estrutural mais usados no Brasil, apresentando os requisitos e as recomendações normativas nacionais e internacionais para a execução de projetos em Alvenaria Estrutural.

3.1 BLOCOS DE SILICOCALCÁRIO, DE CONCRETO E CERÂMICOS

Os blocos de silicocalcário são produzidos por meio da prensagem e da cura por vapor a alta pressão, em autoclave, de areia quartzosa e cal. Esse tipo de unidade não é muito comum nas obras de alvenaria, pois a produção dessas unidades está concentrada em algumas regiões do Brasil. O resultado garante um produto pouco poroso, compacto e com um bom acabamento superficial, que pode ser

---

1 Quasi-frágil é um comportamento do material cuja tensão, após atingir o pico, reduz gradativamente até zero (amolecimento) à tração e compressão.

usado com uma camada fina de revestimento. Os blocos podem ser encontrados com várias resistências, mas precisam ser aplicados com técnicas corretas, uma vez que apresentam alta retração na secagem.

Os blocos de concreto entraram no mercado brasileiro em meados da década de 1970. Os materiais constituintes são: areia, pedra, cimento, água e aditivos para aumentar a coesão da mistura ainda fresca. São produzidos por vibrocompactação e, posteriormente, curados ao ar ou em câmara úmida com algum tipo de aquecimento, no intuito de acelerar a cura. Os processos de fabricação e cura dos blocos devem assegurar a obtenção de um concreto suficientemente compacto (abatimento = zero) e homogêneo. Em cura normal, levam, aproximadamente, um mês para ter a suficiente resistência para o uso estrutural. Quando curados a vapor, esse tempo pode ser reduzido para três dias. Em razão dos problemas de retração, só podem ser usados em construções após o prazo de 14 dias. Normalmente são unidades vazadas, com dois ou três furos, com formato cônico para facilitar a retirada da forma, após a compactação. Apresentam uma gama de resistência que varia entre 4,0 MPa e 20 MPa. O ganho de resistência é conseguido pelo aumento no teor de cimento, pela carga de compactação, pelo número de vibrações e pelo baixo fator água/cimento. São fabricados vários tipos e tamanhos de blocos, com diferentes funções, os quais seguem as modulações de 7,5 cm, 10 cm, 15 cm e 20 cm, conforme a malha modular definida no projeto. Durante o assentamento, os blocos são geralmente manipulados com as duas mãos, por causa do peso, dificultando a colocação concomitantemente da argamassa pelo operador.

O ingrediente básico das unidades cerâmicas é a argila. A argila é composta de sílica, silicato de alumínio e variadas quantidades de óxidos ferrosos, podendo ser calcária ou não calcária. No primeiro caso, a argila, quando cozida, produz um bloco ou tijolo de cor amarelada. A não calcária contém de 2% a 10% de óxido de ferro e feldspato e produz uma unidade de variados tons vermelhos, dependendo da quantia de óxido de ferro. A argila apropriada para a fabricação de blocos e tijolos deve ter plasticidade quando misturada com água, de tal maneira que possa ser moldada; deve ter suficiente resistência à tração para manter o formato depois de moldada; enfim, deve ser capaz de fundir as partículas quando queimada a altas temperaturas.

A queima da argila a alta temperatura produz efeitos de retração que, se não tratados adequadamente, não garantem padrões de dimensões iguais, homogeneidade de cor e acabamento superficial regular. A retração na cerâmica acontece apenas durante o processo da queima; posteriormente, podem apenas acontecer expansões e retrações higroscópicas, em razão da absorção e perda de água do ambiente. Uma desvantagem é a maior absorção de água inicial do bloco cerâmico em relação ao de concreto e silicocalcário. A Figura 3.1 mostra alguns exemplos de unidades cerâmicas, de concreto e de silicocalcário utilizado em larga escala em construções de alvenaria estrutural. Observa-se, na Figura 3.1, que houve uma evolução em aspectos como: geometria, distribuição de furos, peças especiais para a passagem de tubulações elétricas e hidráulicas, peças para apoios de laje e para a utilização no contorno de aberturas como portas e janelas, diminuição na área líquida de assentamento e dimensões modulares para as unidades. Estes elementos qualificam os produtos como sendo considerados essenciais para adequar o desempenho da alvenaria estrutural ao processo racional de execução.

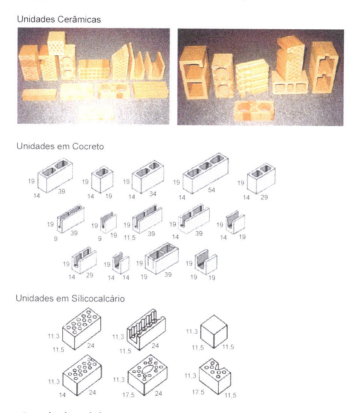

Figura 3.1 Exemplos de unidades cerâmicas, concreto e silicocalcário, obtidas de diferentes fabricantes.

Fonte: Cerâmica Bosse, Indústria Glasser e Prensil.

3.2 ESPECIFICAÇÕES NORMATIVAS DE CLASSIFICAÇÃO DAS UNIDADES

3.2.1 Unidades cerâmicas

Os blocos cerâmicos estruturais são componentes da alvenaria estrutural que possuem furos prismáticos perpendiculares à face que os contém, sendo produzidos para serem assentados com os furos na vertical. Os blocos cerâmicos classificam-se em: (a) bloco cerâmico estrutural de paredes vazadas; (b) bloco cerâmico estrutural com paredes maciças; (c) bloco cerâmico estrutural com paredes maciças (paredes internas vazadas) e (d) bloco cerâmico estrutural perfurado, como mostra a Figura 3.2.

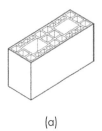 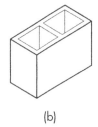 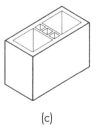 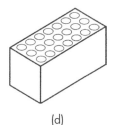

(a) (b) (c) (d)

Figura 3.2 Blocos cerâmicos – definições.

Fonte: NBR 15270-2:2005.

O bloco cerâmico estrutural deve possuir a forma de um prisma reto, cuja dimensão de fabricação deve respeitar a Tabela 3.1.

Tabela 3.1 Dimensões de fabricação de blocos cerâmicos estruturais

Dimensões (L × H × C)			Dimensões de fabricação (cm)			
Módulo dimensional M = 10 cm	Largura (L)	Altura (H)	Comprimento (C)			
			Bloco principal	½ Bloco	Amarração (L)	Amarração (T)
(5/4)M × (5/4)M × (5/2)M	11,5	11,5	24	11,5	–	36,5
(5/4)M × (2)M × (5/2)M		19	24	11,5	–	36,5
(5/4)M × (2)M × (3)M			29	14	26,5	41,5
(5/4)M × (2)M × (4)M			39	19	31,5	51,5
(3/2)M × (2)M × (3)M	14	19	29	14	–	44
(3/2)M × (2)M × (4)M			39	19	34	54
(2)M × (2)M × (3)M	19	19	29	14	34	49
(2)M × (2)M × (4)M			39	19	–	59

Bloco L – bloco para amarração em paredes em L. Bloco T – bloco para amarração em paredes em T.

Fonte: NBR 15270-2:2005.

Os blocos e os tijolos cerâmicos para a alvenaria estrutural devem apresentar propriedades físicas (aspecto, dimensão, absorção de água, esquadro e planeza) de acordo com as recomendações mínimas normativas. Além dessas propriedades, é importante que tenham as tolerâncias de fabricação apresentadas na Tabela 3.2 e as propriedades de sucção inicial e de resistência à compressão definidas a seguir (NBR 15270-2:2005). De acordo com a mesma norma, o índice de absorção de água dos componentes cerâmicos não deve ser inferior a 8% nem superior a 22%.

Propriedades da alvenaria estrutural e de seus componentes

Tabela 3.2 Tolerâncias dimensionais relacionadas à média das dimensões efetivas

Dimensão	Tolerâncias dimensionais relacionadas às medições individuais (mm)	Tolerâncias dimensionais relacionadas à média (mm)
Largura (L)	±5	±3
Altura (H)	±5	±3
Comprimento (C)	±5	±3
Desvio em relação ao esquadro (D)	3	
Planeza das faces ou Flecha (F)	3	

Fonte: NBR 15270-2:2005.

Os blocos cerâmicos estruturais de paredes vazadas devem possuir septos internos de espessura mínima de 7 mm e das paredes externas de, no mínimo, 8 mm. A espessura mínima das paredes dos blocos cerâmicos de paredes maciças deve ser de 20 mm, podendo as paredes internas apresentar vazados, desde que a sua espessura total seja maior ou igual a 30 mm, sendo 8 mm a espessura mínima de qualquer septo. A Figura 3.3 apresenta as dimensões mínimas dos septos das unidades cerâmicas.

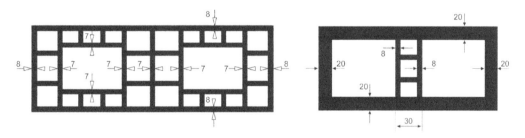

Figura 3.3 Dimensões mínimas dos septos das unidades cerâmicas.
Fonte: NBR 15270-2:2005.

Absorção de água inicial (AAI): a absorção de água inicial de uma unidade cerâmica é definida como a quantidade de água absorvida por um bloco seco, quando parcialmente imerso em água, a uma profundidade de 3 mm, pelo período de 1 minuto. Essa absorção inicial de água, dada em (gramas/193,55 cm^2)/minuto, mede a tendência da unidade em retirar a água da argamassa. Sua magnitude depende das características superficiais da unidade, do tipo de argila empregada e do grau de cozimento da peça. A absorção de água inicial pode ser chamada de taxa de sucção inicial e afeta a aderência entre a unidade e a argamassa. Quanto maior for essa taxa de sucção inicial, tanto menor será a resistência à flexão e ao cisalhamento. Por isso, nos casos em que um bloco tenha elevada absorção de água inicial, este deve ser umedecido antes do assentamento, pois poderá reduzir a aderência final do componente. O valor máximo recomendado pela NBR 15270-2:2005 para a taxa de sucção é de (30 gramas/193,55 cm^2)/minuto. Acima deste valor o bloco deve ser molhado.

Resistência característica à compressão: é a principal característica da unidade para uso em alvenaria estrutural. Ela deve atingir os requisitos mínimos que a norma especifica, bem como as exigências do projeto estrutural. A resistência característica à compressão dos blocos estruturais deve ser referida na área bruta. De acordo com a norma (NBR 15270-2:2005), a resistência característica à compressão (f_{bk}) dos blocos cerâmicos estruturais dever ser considerada a partir de 3,0 MPa, referida à área bruta.

A estimativa da resistência à compressão da amostra dos blocos é o valor estipulado pela Equação (3.1):

$$f_{bk,est.} = 2 \cdot [(f_{b(1)} + f_{b(2)} + ...f_{b(i-1)}) / (i-1)] - f_{bi} \qquad (3.1)$$

onde: $f_{bk, est.}$ = a resistência característica estimada da amostra, em MPa;

$f_{b(1)}, ...f_{b(2)}, ...f_{bi}$ = os valores de resistência à compressão individual dos corpos de prova da amostra, ordenados de forma crescente;

$i = n/2$, se n for par;

$i = (n-1)/2$, se n for ímpar;

n = é a quantidade de blocos da amostra.

Após o cálculo do $f_{bk, est}$, deve-se proceder à seguinte análise:

(a) se o valor do $f_{bk,est} \geq f_{bm}$ (média da resistência à compressão de todos os corpos de prova da amostra), adota-se f_{bm} como a resistência característica do lote (f_{bk});

(b) se o valor do $f_{bk,est} < \varnothing \cdot f_{b(1)}$ (menor valor da resistência à compressão de todos os corpos de prova da amostra), adota-se a resistência característica à compressão (f_{bk}) determinada pela expressão $\varnothing \cdot f_{b(1)}$, estando os valores de $\varnothing$ indicados na Tabela 3.3.

(c) caso o valor calculado de $f_{bk,est}$ esteja entre os limites mencionados anteriormente ($\varnothing \cdot f_{b(1)}$ e f_{bm}), adota-se este valor como a resistência característica à compressão (f_{bk}).

Tabela 3.3 Valores de Ø em função da quantidade de blocos

Quantidade de blocos	6	7	8	9	10	11	12	13	14	15	16	≥18
Ø	0,89	0,91	0,93	0,94	0,96	0,97	0,98	0,99	1,00	1,01	1,02	1,04

Nota: Recomenda-se adotar n ≥13.

Fonte: NBR 15270-2:2005.

Para a execução da inspeção geral adota-se a amostragem simples (1ª amostragem) para a identificação. Obrigatoriamente deve ser gravada em uma das suas faces externas a identificação da empresa, das dimensões de fabricação em centímetros (L × H × C), as letras EST (indicativo da sua condição estrutural) e

Propriedades da alvenaria estrutural e de seus componentes

indicação da rastreabilidade. Adota-se dupla amostragem (2ª amostragem) para as verificações das características visuais, em que não devem ser verificados defeitos sistemáticos, como quebras, superfícies irregulares ou deformações que impeçam seu emprego na função específica, de acordo com a Tabela 3.4.

Tabela 3.4 Número de blocos dos lotes e da amostragem

Lote	Número de Blocos	
	1ª amostragem ou amostragem simples	2ª amostragem
1.000 a 100.000	13	13

Nota: Recomenda-se que, por questões de racionalidade, a inspeção por ensaios seja realizada após a aprovação do lote na inspeção geral.

Fonte: NBR 15270-2:2005.

Para o ensaio de determinação das características geométricas (largura, altura, comprimento, espessura das paredes externas e septos, planeza das faces e desvio em relação ao esquadro) e para o ensaio de determinação da resistência característica à compressão, as amostras são constituídas de 13 corpos de prova. Para o ensaio do índice de absorção de água, a amostra é constituída de seis corpos de prova.

Para sua aceitação ou rejeição, o lote fica condicionado aos seguintes aspectos:

- O não atendimento em qualquer corpo de prova dos aspectos a seguir é o suficiente para a rejeição do lote: identificação da empresa; dimensões de fabricação em centímetros, na sequência largura (L), altura (H) e comprimento (C), na forma (L × H × C), podendo ser suprimida a inscrição da unidade de medida em centímetros; as letras EST (indicativo da sua condição estrutural); indicação de rastreabilidade.

- Os critérios para definição da aceitação ou rejeição do lote das características visuais como quebras, superfícies irregulares ou deformações que impeçam seu emprego na função especificada devem atender a Tabela 3.5.

Tabela 3.5 Número de unidades mínimas para aceitação ou rejeição dos lotes

Nº de blocos constituintes		Unidades não conformes			
		1ª amostragem		2ª amostragem	
1ª amostragem	2ª amostragem	Nº de aceitação	Nº de rejeição	Nº de aceitação	Nº de rejeição
13	13	2	5	6	7

Fonte: NBR 15270-2:2005.

- O critério para a definição da aceitação ou rejeição do lote das características geométricas (medidas das faces; espessura dos septos e paredes externas dos blocos; desvio em relação ao esquadro (D); planeza das faces (F)) devem atender ao disposto na Tabela 3.6.

Tabela 3.6 Número de unidades mínimas para aceitação ou rejeição dos lotes

N° de blocos constituintes	Unidades não conformes	
Amostragem simples	N° para aceitação do lote	N° para rejeição do lote
13	2	3

Nota: Esta tabela não se aplica aos itens de área bruta e área líquida.

Fonte: NBR 15270-2:2005.

- O critério para definição da aceitação ou rejeição do lote das características físicas (massa seca (m_s); índice de absorção d'água (AA)), devem atender ao disposto na Tabela 3.7.

Tabela 3.7 Número de unidades mínimas para aceitação ou rejeição dos lotes

N° de blocos constituintes	Unidades não conformes	
Amostragem simples	N° para aceitação do lote	N° para rejeição do lote
6	1	2

Fonte: NBR 15270-2:2005.

- Na inspeção por ensaios referentes à resistência à compressão, a aceitação ou rejeição do lote fica condicionada à resistência característica à compressão (f_{bk}) ser igual ou maior à especificada pelo comprador, que, por sua vez, deve ser igual ou maior que a do projeto estrutural.

3.2.2 Unidades de concreto

Os blocos de concreto são unidades estruturais vazadas, vibrocompactadas e produzidas por indústrias de pré-fabricação de concreto, encontrados no Brasil com diferentes geometrias e resistências à compressão. Por definição, o termo bloco vazado é empregado quando a unidade possui área líquida igual ou inferior a 75% da área bruta. As unidades são especificadas de acordo com as suas dimensões nominais, ou seja, dimensões comerciais indicadas pelos fabricantes, múltiplas do módulo M = 10 cm e seus submódulos 2M x 2M x 4M (L x H x C). As unidades de concreto são definidas a partir das suas dimensões nominais especificadas pelo fabricante para largura, altura e comprimento (exemplo: 190 mm x 190 mm x 390 mm) e as reais verificadas diretamente no bloco (exemplo: 192 mm x 193 mm x 393 mm). A NBR 6136:2014 fixa os requisitos para a classificação dos blocos vazados de concreto simples destinados à alvenaria com ou sem função estrutural. As classificações gerais de uso das unidades são:

- **Classe A** – blocos com função estrutural, para uso em elementos de alvenaria acima ou abaixo do nível do solo;

Propriedades da alvenaria estrutural e de seus componentes

- **Classe B** – blocos com função estrutural, para uso em elementos de alvenaria acima do nível do solo;

- **Classe C** – blocos com e sem função estrutural, para uso em elementos de alvenaria acima do nível do solo[2];

As características mecânicas dos blocos dependem dos materiais constituintes, umidade do material usado na moldagem, do proporcionamento destes, do grau de compactação e do método de cura. Recomenda-se que a dimensão máxima característica do agregado não ultrapasse a metade da menor espessura de parede de blocos. Os blocos de concreto devem apresentar as propriedades apresentadas a seguir:

Aspecto: os blocos devem apresentar aspecto homogêneo, serem compactos, terem arestas vivas e serem livres de trincas ou outras imperfeições que possam prejudicar o seu assentamento, ou as características mecânicas e de durabilidade da edificação.

Dimensões: os blocos de concreto devem atender às dimensões estabelecidas no contrato entre fornecedor e comprador. Caso isso não ocorra, poderão ficar comprometidas tanto a modulação prevista na fase de projeto, quanto à racionalização do processo construtivo. Pequenos desvios dimensionais podem ser aceitos, desde que estejam dentro dos limites estabelecidos pela NBR 6136:2014, conforme a Tabela 3.8. As dimensões nominais dos blocos vazados de concreto, modulares e submodulares, devem corresponder às dimensões constantes na Tabela 3.9.

Tabela 3.8 Tolerâncias máximas de fabricação

Dimensão	Tolerância (mm)
Largura (L)	±2
Altura (H)	±3
Comprimento (C)	±3

Fonte: NBR 6136:2014.

---

2 Os blocos da classe C com função estrutural, com largura de 90 mm, podem ser usados para edificações de no máximo um pavimento; os blocos de 115 cm de largura, para edificações de no máximo dois pavimentos e os de 140 mm e 190 mm de largura, para edificações de no máximo cinco pavimentos.

Tabela 3.9 Dimensões nominais

		Família	20×40	15×40	15×30	12,5×40	12,5×25	12,5×37,5	10×40	10×30	7,5×40
Medida nominal (mm)		Largura (mm)	190	140			115			90	65
		Altura (mm)	190	190	190	190	190	190	190	190	190
	Comprimento (mm)	Inteiro	390	390	290	390	240	365	390	290	390
		Meio	190	190	140	190	115	–	190	140	190
		2/3	–	–	–	–	–	240	–	190	–
		1/3	–	–	–	–	–	115	–	90	–
		Amarração L	–	340	–	–	–	–	–	–	–
		Amarração T	–	540	440	–	365	–	–	290	–
		Compensador A	90	90	–	90	–	–	90	–	90
		Compensador B	40	40	–	40	–	–	40	–	40
		Canaleta inteira	390	390	290	390	240	365	390	290	–
		Meio canaleta	190	190	140	190	115	–	190	140	–

Fonte: NBR 6136:2014.

Propriedades da alvenaria estrutural e de seus componentes

A espessura mínima de qualquer parede do bloco deve atender à Tabela 3.10, na qual a tolerância das medidas permitidas é de ±1,0 mm para cada valor individual.

Tabela 3.10 Designação por classe, largura dos blocos e espessura mínima das paredes dos blocos

Classe	Largura nominal mm	Paredes longitudinais[1] mm	Paredes transversais	
			Paredes[1] mm	Espessura Equivalente[2] mm
A	190	32	25	188
A	140	25	25	188
B	190	32	25	188
B	140	25	25	188
C	190	18	18	135
C	140	18	18	135
C	115	18	18	135
C	90	18	18	135
C	65	15	15	113

[1] Média das medidas das paredes tomadas no ponto mais estreito.

[2] Soma das espessuras de todas as paredes transversais aos blocos (em milímetros), dividida pelo comprimento nominal do bloco (em metros).

Fonte: NBR 6136:2014.

Absorção de água: a absorção de água dos blocos está indiretamente relacionada com a sua densidade. Quanto mais denso for o bloco, menor será a taxa de absorção. A densidade e a absorção de água afetam a construção, o isolamento térmico e acústico, a porosidade, a pintura, a aparência e a qualidade da argamassa requerida. Para o assentamento de unidades com alta absorção de água, é necessário utilizar argamassa com maior retenção de água ou molhar levemente a superfície de assentamento do bloco. Dessa forma, evita-se a perda de trabalhabilidade, decorrente da absorção de água pelos blocos. A absorção de água média dos blocos para qualquer uma das classes de blocos de concreto deve ser menor ou igual a 10%, quando o agregado constituinte do bloco for de peso normal ou menor e igual a 13% (valor médio) ou 16% (valor individual) para agregado leve.

Retração na secagem: a quantidade excedente de água utilizada na preparação do bloco de concreto permanece livre no interior da massa e evapora posteriormente. A evaporação gera forças capilares equivalentes a uma compressão isotrópica da massa, produzindo redução de volume. Para blocos de concreto com índices de retração inferiores a 0,065% (NBR 6136:2014), as solicitações devidas à retração por secagem podem ser desprezadas.

Resistência à compressão: é a principal característica da unidade para uso em alvenaria estrutural. A resistência deve atingir os requisitos mínimos da norma específica, bem como as exigências do projeto estrutural, conforme especificação mostrada na Tabela 3.11.

Tabela 3.11 Requisito para resistência característica à compressão, absorção e retração

Classificação	Classe	Resistência característica à compressão axial[a] MPa	Absorção %				Retração[d] %
			Agregado normal [b]		Agregado leve [c]		
			Individual	Média	Individual	Média	
Com função estrutural	A	$f_{bk} \geq 8,0$	$\leq 8,0$	$\leq 6,0$	$\leq 16,0$	$\leq 13,0$	$\leq 0,065$
	B	$4,0 \leq f_{bk} < 8,0$	$\leq 10,0$	$\leq 8,0$			
Com ou sem função estrutural	C	$f_{bk} \geq 3,0$	$\leq 12,0$	$\leq 10,0$			

[a] Resistência característica à compressão axial obtida aos 28 dias.

[b] Blocos fabricados com agregado normal.

[c] Blocos fabricados com agregado leve.

[d] Ensaio facultativo.

Fonte: NBR 6136:2014.

A definição dos lotes para a inspeção deve seguir as seguintes condições:

- o lote de inspeção (do comprador) deve ser formado por um conjunto de blocos com as mesmas características, produzido pelo mesmo fabricante, sob as mesmas condições e com os mesmos materiais, competindo ao fornecedor à indicação, no documento de entrega, da data de fabricação, identificação do lote de fábrica, resistência característica à compressão axial (f_{bk}), dimensões nominais e a classe do bloco;
- o lote deve ser composto de no máximo um dia de produção, limitado a 40 mil blocos.

Efetuado o fornecimento dos blocos os compradores deverão verificar se os blocos têm arestas vivas e não apresentam trincas, fraturas ou outros defeitos que possam prejudicar o seu assentamento ou afetar a resistência e a durabilidade da construção, não sendo permitida qualquer pintura que oculte defeitos eventualmente existentes no bloco. Os ensaios a serem executados são o de resistência à compressão, análise dimensional, absorção de água, área líquida, retração linear por secagem e permeabilidade. O tamanho da amostra será definido conforme Tabela 3.12 (NBR 6136:2014). O ensaio de retração é facultativo, sendo que, necessariamente, os ensaios de permeabilidade devem ser realizados para os blocos aparentes.

Propriedades da alvenaria estrutural e de seus componentes **101**

Tabela 3.12 Tamanho da amostra

Quantidade de blocos do lote	Quantidade de blocos da amostra		Quantidade mínima de blocos para ensaio dimensional e resistência à compressão axial		Quantidade de blocos para ensaios de absorção e área líquida
	Prova	Contraprova	Critério estabelecido na equação (3.2)	Critério estabelecido na equação (3.3)	
Até 5.000	7 ou 9	7 ou 9	6	4	3
5.001 a 10.000	8 ou 11	8 ou 11	8	5	3
Acima de 10.000	9 ou 13	9 ou 13	10	6	3

Fonte: NBR 6136:2014.

A estimativa da resistência à compressão da amostra dos blocos referida à área bruta é obtida pela Equação (3.2):

$$f_{bk,est.} = 2 \cdot [(f_{b(1)} + f_{b(2)} + \ldots f_{b(i-1)}) / (i-1)] - f_{bi} \tag{3.2}$$

onde: $f_{bk,est.}$ = a resistência característica estimada da amostra, em MPa;

$f_{b(1)}, \ldots f_{b(2)}, \ldots f_{bi}$ = os valores de resistência à compressão individual dos corpos de prova da amostra, em ordem crescente;

$i = n/2$, se n for par;

$i = (n-1)/2$, se n for ímpar;

n = a quantidade de blocos da amostra.

O valor do f_{bk} será igual a $f_{bk,est.}$, não sendo admitido valor de f_{bk} inferior a $\psi \cdot f_{b(1)}$, ou seja, se o resultado for inferior, adota-se para $f_{bk} = \psi \cdot f_{b(1)}$. Os valores de ψ estão indicados na Tabela 3.13 e $f_{b(1)}$ é o menor valor individual da amostra.

Tabela 3.13 Valores de ψ em função da quantidade de blocos

Quantidade de blocos	6	7	8	9	10	11	12	13	14	15	16	18
ψ	0,89	0,91	0,93	0,94	0,96	0,97	0,98	0,99	1,00	1,01	1,02	1,04

Fonte: NBR 6136:2014.

Assim, se $f_{bk,est.} < (\psi \cdot f_{b(1)})$, então $f_{bk} = \psi \cdot f_{b(1)}$, senão $f_{bk} = f_{bk,est.}$. Se existir, por parte do fabricante, um valor conhecido de desvio padrão utiliza-se a Equação (3.3).

$$f_{bk} = f_{bm} - 1,65 \cdot s \tag{3.3}$$

onde: f_{bm} é a resistência média da amostra em MPa e s é o desvio padrão do fabricante (o cálculo do desvio padrão do fabricante deverá levar em consideração, pelo menos, 30 corpos de prova, retirados em intervalos regulares de produção para cada faixa de resistência adotada).

3.2.3 Unidades silicocalcário

Os blocos de silicocalcário são classificados por tipo, o qual deve atender à modulação de 12,5 cm e a de 20 cm de altura e comprimento, incluindo 1 cm referente à dimensão teórica da junta de argamassa, podendo ter variação em sua altura. Quanto a sua aplicação, são divididas em blocos para alvenaria de vedação, para alvenaria estrutural armada e alvenaria estrutural não armada. Os blocos devem ter seu aspecto homogêneo, compacto, com arestas vivas e ser livres de trincas, fissuras ou outras imperfeições que possam prejudicar seu assentamento ou afetar a resistência e a durabilidade da construção (NBR 14974-1:2003). Os blocos de silicocalcário são divididos em classes de resistência, conforme a Tabela 3.14.

Tabela 3.14 Classes de blocos silicocalcários e resistência à compressão

Classes de blocos silicocalcários	Resistência à compressão
Classe A	4,5 MPa
Classe B	6,0 MPa
Classe C	7,5 MPa
Classe D	8,0 MPa
Classe E	10,0 MPa
Classe F	12,0 MPa
Classe G	15,0 MPa
Classe H	20,0 MPa
Classe I	25,0 MPa
Classe J	35,0 MPa

Fonte: NBR 14974-1:2003.

O valor da resistência característica à compressão dos blocos silicocalcários é calculada pela Equação (3.4), onde f_{bk} é a média aritmética das resistências à compressão da amostra em MPa e s é o desvio padrão da resistência à compressão da amostra.

$$f_{bk} = f_b - s \tag{3.4}$$

Os valores de absorção de água para todas as classes de blocos silicocalcários deve estar entre 10% e 18%. A tolerância dimensional dos blocos deve ser

Propriedades da alvenaria estrutural e de seus componentes

de ±2 mm em qualquer dimensão. Os blocos silicocalcários possuem formas e dimensões padronizadas de acordo com o seu tipo, conforme as Tabelas 3.15 e 3.16.

Tabela 3.15 Formas e dimensões do bloco modular de 12,50 cm

Tipo	Largura (cm)	Altura (cm)	Comprimento (cm)
Maciço (a)	11,50	7,10	24,00
Maciço (b)	11,50	5,20	24,00
Furado, perfurado ou vazado (c)	11,50	11,30	24,00
Furado, perfurado ou vazado (d)	14,00	11,30	24,00
Furado, perfurado ou vazado (e)	17,50	11,30	24,00

Fonte: NBR 14974-1:2003.

Tabela 3.16 Formas e dimensões do bloco modular de 20,0 cm

Tipo	Largura (cm)	Altura (cm)	Comprimento (cm)
Vazado (a)	9,00	19,00	39,00
Vazado (b)	14,00	19,00	39,00
Vazado (c)	19,00	19,00	39,00

Fonte: NBR 14974-1:2003.

3.3 ARGAMASSAS DE ASSENTAMENTO PARA ALVENARIA ESTRUTURAL

Além das unidades, é importante destacar o comportamento da argamassa de assentamento, pois é por meio desta que se garantem o monolitismo e a solidez necessária à parede. A função principal da argamassa é transmitir todas as ações verticais e horizontais atuantes de forma a solidarizar as unidades, criando uma estrutura única. Outras funções que deve exercer são a absorção das deformações e a compensação das irregularidades causadas pelas variações dimensionais das unidades. As argamassas são materiais fundamentais para a alvenaria. Normalmente, são compostas por cimento, cal, areia e água suficiente para produzir uma mistura plástica de boa trabalhabilidade. A cal pode ser substituída por saibro, caulim ou barro. A principal responsabilidade mecânica da argamassa é transmitir as tensões verticais por meio das unidades e acomodar as deformações concentradas, de modo a não provocar fissuras. Durante muito tempo, a principal finalidade da argamassa era somente a de unir as unidades e ser a válvula de escape para as deformações concentradas, pois o aumento de resistência da argamassa não produzia um significativo incremento na resistência da alvenaria. Por isso, a resistência da argamassa sempre foi deixada em segundo plano pelo meio técnico em geral. Somente na década de 1970, pesquisadores como Khoo e Hendry (1973) começaram a realizar testes para avaliar o comportamento triaxial da argamassa e, com isso, explicar os mecanismos de ruptura das alvenarias à compressão. Os requisitos básicos para as argamassas de assentamento de blocos ou tijolos no estado fresco e endurecido são apresentados na Tabela 3.17.

Tabela 3.17 Requisitos para a argamassa no estado fresco e endurecido

Estado fresco	Estado endurecido
Consistência	Resistência à compressão
Retenção de água	Aderência superficial
Coesão da mistura	Durabilidade
Exsudação	Capacidade de acomodar deformações (resiliência)

Fonte: KHOO e HENDRY, 1973.

3.3.1 Materiais constituintes da argamassa

Cimento: em geral, utiliza-se cimento portland comum, mas podem ser usados outros tipos de cimento, tais como o pozolânico e o alto-forno. O aumento da proporção de cimento da argamassa, no estado fresco, acarreta maior exsudação, menor tempo de endurecimento e aumento da retração e coesão. No estado endurecido, acontece o aumento da resistência à compressão e da aderência superficial, bem como a diminuição na capacidade de acomodar as deformações.

Cal: é utilizada no preparo da argamassa de assentamento, com uma porcentagem de componentes ativos, C_aO e M_gO, superior a 88%. Normalmente, utiliza-se a cal hidratada para as argamassas de assentamento. Podem também ser utilizados cales extintos em obra. A cal nas argamassas possibilita, no estado fresco, um aumento na trabalhabilidade, retenção de água e coesão. Também gera a diminuição na exsudação e retração na secagem. No estado endurecido, o aumento na proporção de cal provoca um aumento na aderência superficial, na capacidade de deformação e da resistência no tempo. No estado fresco e endurecido, as relações entre os componentes da argamassa no desempenho final do produto são fundamentais para as necessidades de cada obra.

Areia: é o agregado inerte na mistura e tem a função de reduzir a proporção dos aglomerantes, bem como de diminuir os efeitos nocivos do excesso de cimento. O ensaio de análise granulométrica permite determinar o tamanho dos grãos de areia por meio das porcentagens retidas ou passantes em cada peneira. Com a análise granulométrica, verifica-se a distribuição dos grãos de areia em diferentes peneiras, determinando se a areia é contínua ou descontínua. Isso pode influenciar as propriedades da argamassa no estado fresco, tais como a consistência, a coesão e a retenção de água. Poderá, igualmente, ter influência em propriedades

Propriedades da alvenaria estrutural e de seus componentes

da argamassa no estado endurecido, tais como a porosidade, a permeabilidade e a densidade. O estabelecimento de exigências para a granulometria da areia é fundamental para a formulação de argamassas adequadas para o uso em alvenaria estrutural. As normalizações fixam que as areias devem estar dentro de faixas granulométricas em função dos tamanhos dos grãos de agregados. Essas normas para assentamento de alvenarias são a NBR 7211:2009, BS 1200 (1976) e ASTM C 144 (2004). As normas BS 1200 (1976) e ASTM C 144 (2004) especificam as porcentagens passantes das areias, em função das peneiras, estabelecendo os limites granulométricos inferiores (LI) e superiores (LS) adequados ao uso em argamassas de assentamento. A Tabela 3.18 apresenta as respectivas porcentagens passantes em cada peneira, estabelecidas pela BS 1200 (1976) e ASTM C 144 (2004).

Tabela 3.18 Porcentagem passante de areia nas peneiras

Peneira (abertura em mm)	Porcentagem passante BS 1200:1976		Porcentagem passante ASTM C 144:2004	
	LI	LS	LI	LS
4,80	100	100	100	100
2,40	90	100	95	100
1,20	70	100	70	100
0,60	40	80	40	75
0,30	5	40	10	35
0,15	0	10	2	15

A NBR 7211:2009 fixa os limites das porcentagens, em massa, retida acumulada de agregado miúdo por meio de zonas granulométricas. Isso permite a classificação da areia conforme o tamanho médio dos grãos. A diferença básica entre a BS 1200 (1976), ASTM C 144 (2004) e NBR 7211:2009 está em designar a zona utilizável e ótima para a classificação da areia. As porcentagens retidas nas peneiras da série normal e as zonas de classificação são apresentadas na Tabela 3.19.

Tabela 3.19 Limites granulométricos do agregado miúdo

Peneira com abertura de malha em mm	Porcentagem, em massa, retida acumulada			
	Limites inferiores		Limites superiores	
	Zona utilizável	Zona ótima	Zona utilizável	Zona ótima
9,50	0	0	0	0
6,30	0	0	0	7
4,75	0	0	5	10
2,36	0	10	20	25
1,18	5	20	30	50
0,60	15	35	55	70
0,30	50	65	85	95
0,15	85	90	95	100

Nota 1 – O módulo de finura da zona ótima varia de 2,20 a 2,90.

Nota 2 – O módulo de finura da zona utilizável inferior varia de 1,55 a 2,20.

Nota 3 – O módulo de finura da zona utilizável superior varia de 2,90 a 3,50.

Fonte: NBR 7211: 2009.

Água: a quantidade de água deve ser tal que garanta boa produtividade no assentamento, sem causar a segregação dos constituintes. A água deve ser cristalina e isenta de produtos orgânicos. A adição de água durante o assentamento da alvenaria, para repor a água evaporada e manter constante sua fluidez, deve ser feita com cuidado e, sempre que possível, deve ser evitada.

A Tabela 3.20 apresenta a influência dos materiais constituintes nas propriedades da argamassa no estado fresco e endurecido. As propriedades citadas na Tabela 3.20 são os principais requisitos de desempenho de argamassas de assentamento para alvenaria estrutural no estado fresco e endurecido. Os sinais (+, ++ ou 0) indicam a influência dos materiais nas propriedades da argamassa no estado fresco e endurecido. Por exemplo, quanto mais cal a argamassa possuir, mais aumentam as propriedades de plasticidade, coesão, retenção de água, aderência e durabilidade, havendo pouca influência na resistência à compressão da alvenaria.

Propriedades da alvenaria estrutural e de seus componentes

Tabela 3.20 Influência dos materiais constituintes nas propriedades da argamassa

	Propriedade	Materiais				
		Cimento	Cal	Areia grossa	Areia fina	Água
No estado fresco	1. Fluidez	+	+	0	0	++
	2. Plasticidade	+	++	–	+	0
	3. Coesão	+	++	–	+	0
	4. Retentividade	+	++	–	+	0
No estado endurecido	5. Aderência	+	++	–	+	+
	6. Durabilidade da Aderência	–	++	0	0	0
	7. Resistência à Compressão	++	–	+	–	–

+ : indica que aumenta; ++ : indica um aumento considerável na propriedade; – : indica que diminui; 0: indica que tem pouca influência.

3.3.2 Tipos de argamassa

As argamassas utilizadas para o assentamento das unidades podem ser classificadas segundo os materiais presentes, como: argamassas com base de cal, argamassas de cimento, argamassas mistas de cimento e cal e argamassas industrializadas.

Argamassa de cal: é a argamassa mais tradicional da alvenaria, muito encontrada em construções históricas. Constitui-se de mistura de cal e areia. O endurecimento acontece em razão da carbonatação da cal, formando o carbonato de cálcio ($CaCO_3$) e não por perda de água ou absorção do material ligante. Em função da ausência do cimento, o desenvolvimento da resistência à compressão é lento e pode durar anos. Por isso, os valores de resistências alcançados são baixos, ou seja, menores que 2 MPa.

Argamassa de cimento: é feita com cimento portland e areia. Adquire a resistência com rapidez, garantindo a execução de diferentes fiadas de parede sem o problema de esmagamentos nas argamassas das fiadas inferiores. A resistência é obtida pela quantidade de cimento em relação a areia. São adequadas para o assentamento em regiões em contato com água e para o nivelamento da primeira fiada das alvenarias. As misturas ricas em cimento são antieconômicas e podem facilitar o aparecimento de fissuras por retração.

Argamassas mistas: constituídas de cimento, cal e areia, quando adequadamente dosadas, apresentam a combinação das vantagens das argamassas de cal e das argamassas de cimento. A presença do cimento confere à argamassa um aumento da resistência à compressão nas idades iniciais. A cal melhora a trabalhabilidade da mistura e a retenção de água, diminuindo os efeitos de retração na argamassa. Por essa razão, essas argamassas são as mais adequadas para o uso em alvenaria estrutural. Atualmente, a crescente exigência do meio técnico quanto a ritmo, velocidade e organização da produção, tem deixado as argamassas tradicionais (cimento, cal e areia) em segundo plano, pela dificuldade de manuseio e controle das porcentagens de cada material. De uma maneira geral, isso incentivou o surgimento das argamassas industrializadas, cujos materiais estão prontos e apenas se adiciona água à mistura.

Argamassas industrializadas: nesse tipo de argamassa, a cal é substituída por aditivos, plastificantes ou incorporadores de ar. Esse tipo de argamassa resulta em uma menor resistência de aderência e compressão, comparativamente às produzidas com cal. Nas argamassas com aditivos incorporadores de ar, a resistência à compressão diminui, se o tempo de mistura em betoneira for excessivo, geralmente acima de três minutos (MOHAMAD; RIZZATI; ROMAN, 2000). As argamassas industrializadas possuem, nos seus componentes, diversos materiais que garantem propriedades específicas ao produto, quando no estado fresco. Portanto, para as argamassas industrializadas desenvolvidas por empresas especializadas, antes de se recomendar o uso em alvenarias estruturais, devem-se verificar os ensaios de desempenho do produto, principalmente para obras de maior responsabilidade estrutural.

3.3.3 Especificação dos traços de argamassas

A especificação dos traços de argamassas é definida, basicamente, pelas recomendações normativas ASTM C 270 (2008), BS 5628-1 (1992) e EN 998-2 (2003). As exigências estabelecidas por essas normalizações para as argamassas no estado fresco estão relacionadas com os ensaios de consistência e de retenção de água. A Tabela 3.21 apresenta os valores recomendados pela ASTM C 270 (2008) para as propriedades da argamassa no estado fresco. Na execução dos prismas e das paredes, os valores da consistência devem ser definidos de forma que o assentador consiga manter constante a espessura da junta horizontal, de maneira a ajustar as unidades conforme as tolerâncias geométricas, resultando em relações água/cimento variáveis.

Tabela 3.21 Exigências estabelecidas para as argamassas de assentamento

Propriedade	Argamassa
Consistência (abatimento) medido na mesa de consistência	230 ± 10 mm
Retenção de água (%)	≥ 75 %

Fonte: ASTM C 270, 2008.

A norma ASTM C 270 (2008) especifica os traços de argamassas a partir da proporção entre os volumes de materiais, como mostra a Tabela 3.22.

Propriedades da alvenaria estrutural e de seus componentes

Tabela 3.22 Especificação dos traços de argamassas (ASTM C 270, 2008)

Tipo	Cimento portland ou com adição	Cal hidráulica ou leite de cal	Proporção de agregado
M	1	0,25	Maior que 2,25 e menor que três vezes a soma dos volumes de aglomerantes
S	1	0,25 a 0,50	
N	1	0,50 a 1,25	
O	1	1,25 a 2,50	

Fonte: ASTM C 270, 2008.

As argamassas são designadas por tipos de acordo com a sua aplicação da seguinte forma:

- **Argamassa do tipo M**: é o tipo de argamassa de alta resistência à compressão, recomendada para alvenarias armadas e não armadas, sujeitas a valores altos de compressão.

- **Argamassa do tipo S**: é o tipo de argamassa recomendado para estruturas sujeitas a cargas de compressão, mas que necessitam atender a flexão provocada por cargas laterais provenientes do solo, do vento ou de sismos. Além disso, pode ser aplicada em estruturas em contato com o solo (fundações).

- **Argamassa do tipo N**: é o tipo de argamassa de uso geral, com uma boa relação entre a resistência à compressão e a flexão, trabalhabilidade e economia. É a argamassa mais empregada para assentamento de alvenarias em geral.

- **Argamassa do tipo O**: é o tipo de argamassa com baixa resistência à compressão e recomendada para áreas internas não sujeitas a umidade. É utilizada em edificações de um e dois pavimentos.

As exigências estabelecidas para as propriedades físicas e mecânicas das argamassas de assentamento devem satisfazer os requisitos da Tabela 3.23.

Tabela 3.23 Propriedades físicas e mecânicas das argamassas

Tipo	Resistência média à compressão aos 28 dias (MPa)	Retenção de água (%)	Ar na mistura (%)
M	17,2	≥ 75	≤ 12
S	12,4	≥ 75	≤ 12
N	5,2	≥ 75	≤ 14*
O	2,4	≥ 75	≤ 14*

* Quando houver armadura incorporada à junta de argamassa, a quantidade de ar incorporado não poderá ser maior que 12%.

Fonte: ASTM C 270, 2008.

Os traços de argamassas da BS 5628-1 (1992) são apresentadas na Tabela 3.24. A Tabela 3.25 mostra os limites de resistência à compressão das argamassas.

Tabela 3.24 Especificação dos traços de argamassas em volume

Designação da argamassa	Tipo de argamassa		
	Cimento:Cal:Areia	Cimento alv.:Areia	Cimento:Areia plastificante
(I)	1: 0 a 0,25: 3	–	–
(II)	1: 0,5: 4 a 4,5	1: 2,5 a 3,5	1: 3 a 4
(III)	1:1: 5 a 6	1: 4 a 5	1: 5 a 6
(IV)	1:2: 8 a 9	1: 5,5 a 6,5	1: 7 a 8

Fonte: BS 5628-1, 1992.

Tabela 3.25 Propriedades mecânicas das argamassas

Resistência à compressão média aos 28 dias (MPa)		
Designação da argamassa	Testes laboratoriais	Testes *in loco*
(I)	16,0	11,0
(II)	6,5	4,5
(III)	3,6	2,5
(IV)	1,5	1,0

Fonte: BS 5628-1, 1992.

Comparando os resultados de resistência à compressão apresentados pela ASTM C 270 (2008) e pela BS 5628-1 (1992), nota-se uma diferença da resistência à compressão para os traços "S", "N" e "O" em relação aos traços "II", "III" e "IV" de quase 100%.

A EN 998-2 (2003) estabelece que os materiais das argamassas podem ser proporcionados em volume ou peso e todos os constituintes devem ser declarados pelo fabricante, juntamente com a classe de resistência à compressão, conforme a Tabela 3.26. A classificação das argamassas deve ser expressa pela letra M, seguida pela resistência à compressão em N/mm^2.

Tabela 3.26 Classe de resistência das argamassas

Classe	M 1	M 2,5	M 5	M 10	M 15	M 20	M d
Resistência à compressão (N/mm^2)	1	2,5	5	10	15	20	D

Nota: D é uma resistência à compressão maior que 25 N/mm^2, declarada pelo fabricante.

O Eurocode 6 (2002) cita que as argamassas de assentamento para uso em alvenaria estrutural armada não deve ter resistência à compressão menor que 2 N/mm^2 e a medida de resistência deve ser determinada de acordo com a EN 1015-11 (1999) em amostras de 4 cm × 4 cm × 16 cm submetidos a flexão.

Propriedades da alvenaria estrutural e de seus componentes

A NBR 15812-1:2010 e NBR 15961-1:2011 designam as argamassas destinadas ao assentamento, sendo que devem atender aos requisitos estabelecidos na NBR 13281:2005. Para a resistência à compressão, deve ser atendido o valor mínimo de 1,5 MPa e o máximo limitado a 0,7 f_{bk} (resistência característica do bloco) referida à área líquida. A resistência da argamassa deve ser determinada de acordo com a NBR 13279:2005. Alternativamente, a moldagem dos corpos de prova pode ser feita empregando-se moldes metálicos de 4 cm × 4 cm × 4 cm, com adensamento manual, em duas camadas, com 30 golpes de soquete.

3.4 GRAUTES PARA ALVENARIA ESTRUTURAL

O graute é um concreto ou argamassa com suficiente fluidez para preencher os vazios dos blocos completamente e sem separação dos componentes. Tem a finalidade de aumentar a capacidade de resistência à compressão da parede e de solidificar as ferragens com a alvenaria, preenchendo as cavidades em que se encontram. Pode também ser usado como material de enchimento em reforços estruturais e em zonas de concentração de tensões.

O graute para alvenaria é composto de uma mistura de cimento e agregado, os quais devem possuir módulo de finura em torno de quatro (areias grossas). O graute é composto dos mesmos materiais usados para produzir concreto convencional. As diferenças estão no tamanho do agregado graúdo (mais fino, 100% passando na peneira 12,5 mm) e na relação água/cimento.

No início, como se desejava uma elevada trabalhabilidade, o graute era muito fluido. Atualmente, o graute é colocado em duas etapas: a primeira quando meio pé-direito da parede for executado, e a segunda quando toda a parede do pavimento está erguida. Por essa razão, pode ser usado abatimento em torno de sete. A fixação do abatimento nessa faixa dependerá fundamentalmente da taxa de absorção inicial das unidades e da dimensão dos alvéolos. Quanto mais absorventes forem as unidades e menores forem os alvéolos, maior deverá ser a fluidez da mistura. Ao se colocar o graute na alvenaria, as unidades retiram grande parte do excesso de água, deixando-o com uma relação água/cimento final entre 0,5 e 0,6.

Para definição dos traços e, consequentemente, das resistências, deve-se considerar dois fatores: a resistência à compressão dos blocos usados e a dosagem da argamassa utilizada na parede. A norma BS 5628-1 (1992) especifica que o graute deve ter a mesma resistência à compressão na área líquida do bloco. Esse valor de resistência otimiza o desempenho estrutural da parede.

A NBR 15812-1:2010 e NBR 15961-1:2011 especificam que a influência do graute na resistência da alvenaria deve ser devidamente verificada em laboratório, nas condições de sua utilização, sendo que a avaliação da influência do graute na compressão deve ser feita mediante o ensaio de compressão de prismas.

3.4.1 Propriedades do graute nos estados fresco e endurecido

As principais propriedades que o graute deve apresentar são:

a) consistência: a mistura deve apresentar coesão e, ao mesmo tempo, ter fluidez suficiente para preencher todos os furos dos blocos;

b) retração: a retração não deve ser tal que possa ocorrer separação entre o graute e as paredes internas dos blocos;

c) resistência à compressão: a resistência à compressão do graute, combinada com as propriedades mecânicas dos blocos e da argamassa, definirá as características à compressão da alvenaria.

3.4.2 Materiais constituintes

Os grautes são compostos por cimento, areia, pedrisco, água e, em certos casos, pode ser adicionada cal na mistura para diminuir a sua rigidez. As Tabelas 3.27 e 3.28 indicam as granulometrias recomendadas para as areias e pedriscos de acordo com ASTM C 404 (2007).

Tabela 3.27 Faixas granulométricas recomendadas para areias: porcentagens retidas acumuladas

Abertura da peneira (mm)	Tipo 1	Tipo 2
9,5	0	0
4,8	0 – 5	0
2,4	0 – 20	0 – 5
1,2	15 – 50	0 – 30
0,6	40 – 75	25 – 60
0,3	70 – 90	65 – 90
0,15	90 – 98	85 – 98
0,075	95 – 100	95 – 100

Tabela 3.28 Granulometria recomendada para os pedriscos: porcentagens retidas acumuladas

Abertura da peneira (mm)	% retida acumulada
12,5	0
9,5	0 – 15
4,8	70 – 90
2,4	90 – 100
1,2	95 – 100

Propriedades da alvenaria estrutural e de seus componentes

3.4.3 Dosagem

O graute deve ser dosado para que atinja as características físicas e mecânicas necessárias para o bom desempenho estrutural da parede. É recomendável que seja sempre realizado ensaio de prismas feitos com material a ser utilizado na obra, para verificar se a especificação de materiais proporciona o resultado de resistência desejado. Em caso de obras pouco carregadas, no entanto, podem-se utilizar alguns traços clássicos de grautes. Estes podem ser vistos na Tabela 3.29.

Tabela 3.29 Proporções recomendadas para a dosagem do graute em volume e materiais secos

	Materiais constituintes		
	Cimento	Areia	Pedrisco
Sem pedrisco	1	3 a 4	–
Com pedrisco	1	2 a 3	1 a 2

O Eurocode 6 (2002) cita que o graute deve ter uma adequada resistência à compressão e trabalhabilidade, conforme a necessidade de projeto. Também, sua resistência à compressão não deve ser menor que 12 a 15 N/mm². O tamanho máximo do agregado não deve exceder 20 mm para os grautes de enchimento. No entanto, quando os grautes forem usados para preencher vazios de tamanhos menores que 100 mm ou quando as unidades possuírem vazios, cujo cobrimento da armadura seja menor que 25 mm, o tamanho máximo do agregado não deve exceder 10 mm.

3.4.4 Proporcionamento, mistura e lançamento

O proporcionamento dos materiais componentes do graute deve ser feito de tal forma que as quantidades especificadas possam ser controladas e mantidas com uma precisão da ordem de ±5%. A mistura dos materiais constituintes deve ser efetuada mecanicamente por um tempo não menor que cinco minutos e suficiente para proporcionar boa homogeneidade. O lançamento do graute geralmente é realizado em duas ou três camadas ao longo da altura da parede, conforme a fluidez do material. O aumento no número de camadas de lançamento permite que se use um graute com menor teor de água/cimento, propiciando um maior controle no preenchimento dos furos verticais dos blocos e diminuindo a possibilidade de segregação e de ocorrência de vazios na parede. Geralmente, a própria pressão hidráulica gerada pela coluna líquida é, muitas vezes, suficiente para o adensamento. Em alguns casos, no entanto, pode ser necessário vibrá-lo (com vibradores de agulha de pequeno diâmetro) ou compactá-lo manualmente (com barras de aço). Pode-se encontrar, no mercado, produtos à base de cimento de alta resistência inicial, com agregados graduados, adições, aditivos plastificantes e compensadores de retração para o grauteamento dos furos do bloco e solidarização da armadura. Esses grautes possuem como características principais alta fluidez, baixa retração na secagem e resistências iniciais superiores a 30 MPa aos três dias de idade.

3.5 RUPTURA DA ALVENARIA À COMPRESSÃO

A alvenaria estrutural não armada pode ser considerada como um sistema formado por materiais distintos que interagem para responder às cargas verticais e horizontais produzidas pelo peso próprio, pelo vento e por sismos, durante a sua vida útil, cuja natureza resistente é frágil à tração. Cabe salientar que o comportamento do conjunto depende não somente da qualidade de cada material empregado, mas também das interações físico-químicas que se processam entre os materiais. Assim, deve-se tratar a parede de alvenaria estrutural não em função das características de seus materiais isoladamente, mas sim como um material compósito fruto da interação da unidade, da argamassa e, quando também usado, do graute. Dessa forma, é importante que se entenda perfeitamente o comportamento do "material alvenaria", comportamento que varia de unidade para unidade e com os diferentes tipos de argamassa e graute. Por essa razão, o desempenho estrutural de paredes de alvenaria não pode ser estimado sem a realização de testes com paredes ou prismas dos materiais que serão utilizados. As principais propriedades mecânicas que devem apresentar as paredes de alvenaria são as resistências à compressão, à tração, à flexão e ao cisalhamento. De todas essas propriedades, a mais importante é a resistência à compressão, pois, geralmente, as paredes de alvenaria estão submetidas a carregamentos verticais mais intensos que os horizontais, produzidos pelo vento e por sismos.

3.5.1 Envoltória de ruptura da alvenaria, bloco e argamassa

Para a alvenaria estrutural, por ser uma composição entre componentes (blocos, argamassas e grautes) e suas respectivas propriedades mecânicas, é de suma importância o estudo dos modos de ruptura para poder propor composições de melhor desempenho estrutural. O comportamento geral dos prismas sujeitos à compressão uniforme é apresentado no gráfico da Figura 3.4, que relaciona a evolução das tensões de tração no bloco e as tensões de confinamento da argamassa em função da tensão uniaxial aplicada ao conjunto, ou seja, à medida que se aplica uma força vertical de compressão na alvenaria, surgem tensões de tração no bloco e tensões de compressão na argamassa. A ruptura pode acontecer no bloco por atingir o limite da resistência à tração ou na junta de argamassa se atingir sua resistência à compressão confinada. Portanto, é importante compatibilizar o traço de argamassa em função do tipo (cerâmico ou concreto) e da resistência da unidade

Propriedades da alvenaria estrutural e de seus componentes

escolhida no projeto, de forma que o processo de ruptura aconteça por tração no bloco, podendo eventualmente ocorrer esmagamentos localizados.

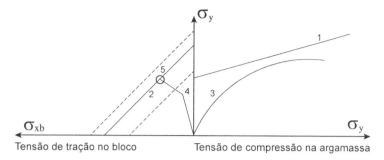

Figura 3.4 Comportamento geral dos prismas sujeitos a carga de compressão.

Fonte: MOHAMAD, 1998.

A linha "1" é a envoltória de ruptura da argamassa sob compressão triaxial; a linha "2" é a envoltória de ruptura dos blocos sob compressão e tração biaxial; a linha "3" é a curva de carregamento da argamassa; a linha "4" é a curva de carregamento do bloco; já a "5" é o ponto em que a ruptura ocorreu por tração no bloco, antes de atingir o esmagamento da junta de argamassa. Com isso, o modo de ruptura da alvenaria se dá basicamente pelo esmagamento da argamassa, tração do bloco ou efeito combinado de tração e compressão. A Figura 3.5 apresenta os resultados experimentais do comportamento triaxial da argamassa, conforme os resultados experimentais de Atkinson, Noland e Abrams (1985) e Mohamad (1998). De acordo com a Figura 3.5, é possível concluir que a argamassa aumenta a sua resistência à compressão em função do aumento da tensão lateral confinante, provocado pelo impedimento ao deslocamento lateral que a aderência produz entre a unidade e a argamassa. Nos resultados experimentais dos dois autores podem-se aproximar, por uma função linear, os resultados de resistência à compressão triaxial.

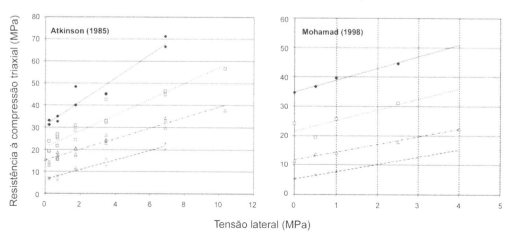

Figura 3.5 Relação entre a resistência à compressão triaxial e a tensão lateral confinante.

Fonte: adaptado de ATKINSON, NOLAND e ABRAMS (1985) e MOHAMAD (1998).

Para Afshari e Kaldjan (1989), o comportamento biaxial das unidades de alvenaria com diferentes proporções entre a área líquida (A_n) e a área bruta (A_g) segue o comportamento mostrado na Figura 3.6. Nesta figura, σ_y é a tensão uniaxial aplicada na unidade, f_t é a resistência à tração uniaxial das unidades, e f_c é a resistência à compressão uniaxial das unidades. A envoltória detalhada na Figura 3.6 permite que esta seja corrigida, conforme a relação área líquida e bruta, ou seja, para A_n/A_g igual a 0,5, o valor de $D = 1,0$; e para A_n/A_g igual a 1,0, o valor $D = 2/3$.

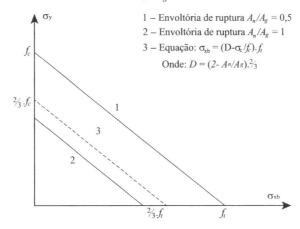

Figura 3.6 Envoltória de ruptura proposta para as unidades de alvenaria com proporções entre área líquida e bruta.

Fonte: MOHAMAD, 1998.

3.5.2 Surgimento das tensões responsáveis pela ruptura da alvenaria

A alvenaria, quando submetida à compressão, produz tensões biaxiais (compressão e tração)[3] no bloco ou nos tijolos e tensões triaxiais de compressão na argamassa e no graute, caso os furos sejam preenchidos com concreto. A Figura 3.7 apresenta o esquema da distribuição das tensões verticais e horizontais que surgem nos materiais, quando submetidos à compressão simples. Basicamente, as deformações laterais máximas impedidas servem para explicar o surgimento das tensões e, por consequência, dos mecanismos que levam a alvenaria à ruptura. Parte-se do princípio da compatibilidade de deformações laterais entre os componentes (bloco, argamassa e graute). Por esse critério, quanto maior a diferença entre o módulo de elasticidade da argamassa, do bloco e do graute, maiores são as tensões laterais de tração e de compressão geradas nos componentes.

---

[3] σ_y é a tensão vertical atuante no prisma; σ_{yb}, σ_{ym}, σ_{yg} é a parcela da tensão vertical atuante no bloco, argamassa e graute, respectivamente; $\sigma_{x,z\,m}$, $\sigma_{x,z\,b}$, $\sigma_{x,z\,g}$ são as tensões horizontais atuantes na argamassa, no bloco e no graute, respectivamente nas direções x e z, geradas pelas diferentes características dos materiais.

Propriedades da alvenaria estrutural e de seus componentes

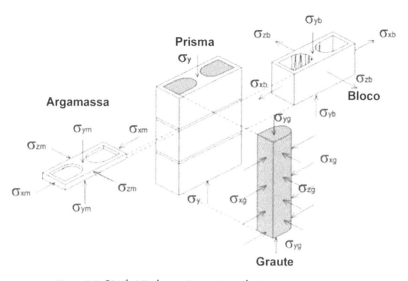

Figura 3.7 Distribuição das tensões verticais e horizontais nos materiais.

Fonte: MOHAMAD, 1998.

3.5.3 Resistência à compressão das alvenarias, blocos e argamassas utilizados no Brasil

É importante destacar que a resistência à compressão e o modo de ruptura dos componentes das alvenarias são importantes para a especificação dos materiais apropriados para a execução de uma edificação. Assim, para os diferentes tipos de unidades, argamassas e grautes, o comportamento do "material alvenaria" apresenta diferenças, seja no modo de ruptura, seja na resistência desta comparada com a resistência dos componentes que a constituem (unidade, argamassa e graute). Um conceito muito usado para definir essa relação chama-se fator de eficiência. Esse fator é obtido dividindo-se a resistência à compressão do prisma de alvenaria pela resistência à compressão da unidade. Geralmente é menor que um e diminui à medida que aumenta a resistência da unidade do mesmo material. Algumas investigações foram realizadas nos últimos anos, na Universidade Federal de Santa Catarina (UFSC), pelo Grupo de Desenvolvimento de Sistemas em Alvenaria (GDA), para estabelecer a resistência das alvenarias à compressão e os modos de ruptura, com a finalidade de compreender os fenômenos internos e externos que levam o material (cerâmico, concreto, argamassa e graute) a romper. Tais investigações são resumidas a seguir.

Mohamad (1998) realizou estudos experimentais em prismas de três blocos de concreto não grauteados. Os prismas construídos tiveram diferentes modos de rupturas, de acordo com a resistência da argamassa. As características visuais do modo de ruptura, durante os ensaios em prismas, permitiram concluir que a argamassa induz no bloco tensões laterais. Essas tensões são diferenciadas, conforme as características físicas da interface superior e inferior. Normalmente, o esfacelamento aconteceu na face superior do bloco intermediário. Após o esfacelamento, verificou-se uma perda de aderência entre a argamassa e o bloco, gerando o esmagamento da junta de assentamento. O esmagamento não levou o prisma a perder a capacidade resistente, apenas gerou fissuras ao longo do comprimento do bloco, tendendo, posteriormente, a esfacelar o bloco superior em contato com a junta. A Figura 3.8 apresenta os resultados individuais de duas resistências de blocos (B1 e B2) na área líquida, quatro resistências de argamassas (A1, A2, A3 e A4) e as resistências das diferentes combinações de prismas na área líquida.

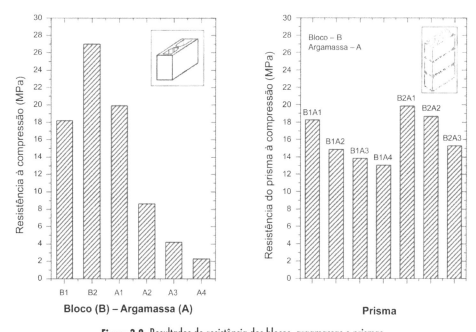

Figura 3.8 Resultados de resistência dos blocos, argamassas e prismas.

Fonte: MOHAMAD, 1998.

Romagna (2000) também avaliou o comportamento mecânico dos prismas de bloco de concreto de dois furos à compressão, incluindo na pesquisa o comportamento de prismas grauteados, como mostra a Figura 3.9. As fissuras aconteceram, na maioria das vezes, na interseção entre as paredes transversais e longitudinais. Aconteceram, também, fendilhamentos na parede do bloco (região demarcada como "1" na Figura 3.9). As rupturas caracterizadas visualmente demonstraram uma perda da capacidade resistente da argamassa em pontos específicos, por onde se propagaram tensões laterais causadas pela sobreposição das unidades. Foram verificadas fissuras distribuídas na direção paralela ao carregamento, no sentido do comprimento do bloco. Os prismas grauteados apresentaram fissuras distribuídas na direção vertical, provocados pela expansão do graute de enchimento. Não foram verificadas quebras dos septos transversais dos blocos, como mostra a Figura 3.10.

Propriedades da alvenaria estrutural e de seus componentes

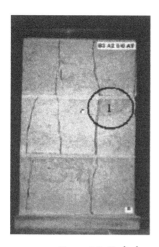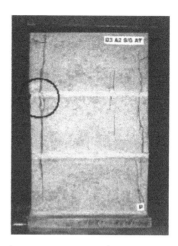

Figura 3.9 Modo de ruptura dos prismas de blocos de concreto não grauteados.

Fonte: ROMAGNA, 2000.

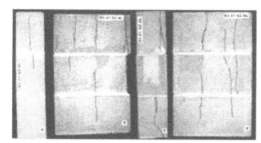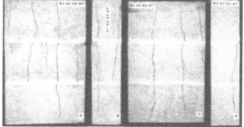

Figura 3.10 Modo de ruptura dos prismas de blocos de concreto grauteados
(a) Ruptura prisma grauteado; (b) Ruptura prisma.

Fonte: ROMAGNA, 2000.

Nos resultados experimentais de Romagna (2000) foram estudadas diferentes composições entre bloco, argamassa e graute, avaliando a influência da resistência de seus componentes no conjunto. Para os blocos de concreto, foram estudados três níveis de resistência, que foram designados (B1, B2, B3), um traço de argamassa (A1) e quatro resistências à compressão de grautes (G1, G2, G3 e G4). Os resultados de resistência à compressão do bloco, argamassa, graute e dos prismas com as diferentes combinações entre componentes são apresentados na Figura 3.11. A designação B1A1 indica a combinação do bloco B1, argamassa A1 e sem a presença do graute nos vazios do bloco. A designação B1A1G1 indica a combinação do bloco B1, argamassa A1 e graute G1. Com os resultados experimentais verifica-se a importância de se ter uma adequada combinação na resistência entre o bloco, o graute e a argamassa, pois isso pode afetar significativamente os resultados de resistência à compressão dos prismas, como mostra a Figura 3.11. As resistências dos blocos e prismas não grauteados foram obtidas na área líquida.

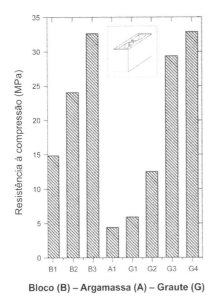 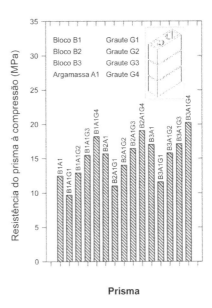

Figura 3.11 Resultados de resistência do bloco, argamassa, graute e prismas grauteados e não grauteados.

Fonte: Romagna, 2000.

Ensaios similares, porém com blocos cerâmicos estruturais de paredes maciças, foram realizados por Kuerten (1998). Prismas de três blocos vazados cerâmicos grauteados e não grauteados foram ensaiados à compressão. Nos estudos experimentais de Kuerten (1998) foram empregados uma resistência de bloco (B1), duas resistências de argamassas (A1 e A3) e três resistências de grautes (G1, G2 e G3).

A relação entre a área líquida pela bruta do bloco cerâmico foi de 0,52. Após o assentamento da argamassa e seu endurecimento, os prismas foram preenchidos com grautes de diferentes resistências à compressão.

A Figura 3.12 apresenta os resultados individuais do bloco (B1), argamassas (A1 e A3), grautes (G1, G2 e G3) e as diferentes combinações de resistência entre os prismas não grauteados (A1 e A3) e grauteados (A1G1, A1G2, A1G3, A3G1, A3G2, A3G3). Os prismas não grauteados foram calculados na área líquida, a fim de comparar com os prismas grauteados. A resistência do bloco cerâmico era de aproximadamente 50% da resistência do bloco na área líquida.

A geometria e os modos de ruptura dos prismas grauteados e não grauteados podem ser visualizados na Figura 3.13. Pode-se observar, nos prismas não grauteados, que o início da trinca começa com o esmagamento da junta de argamassa, gerando concentrações de tensões no bloco e o fendilhamento da superfície do bloco no contato com a argamassa. O tipo de ruptura dos prismas não grauteados foi brusco para os ensaios com argamassa mais resistente (A1) e por meio de "descascamento" do bloco para argamassa de resistência mais baixa (A3).

Propriedades da alvenaria estrutural e de seus componentes 121

Nos prismas grauteados, houve uma separação de todas as paredes do bloco cerâmico, provocada pelas deformações laterais de expansão do graute. Com isso, pode se verificar, pelos resultados experimentais, a importância da compatibilização entre as resistências do bloco, da argamassa e do graute no valor da resistência à compressão dos prismas.

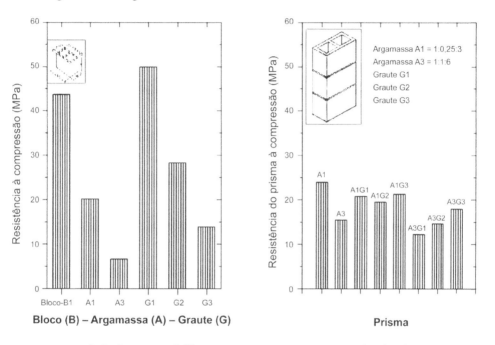

Figura 3.12 Resultados de resistência do bloco, argamassa, graute e prismas grauteados, além de não grauteados.
Fonte: KUERTEN, 1998.

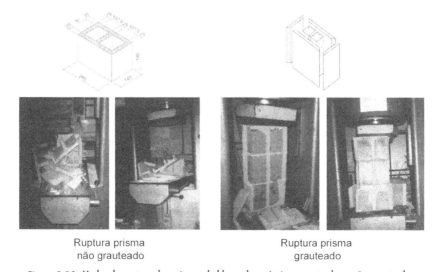

Figura 3.13 Modos de ruptura dos prismas de blocos de cerâmicos grauteados e não grauteados.
Fonte: KUERTEN, 1998.

Também com unidades cerâmicas, Rizzati (2003) analisou a influência da geometria do bloco na resistência à compressão da alvenaria. O autor estudou quatro tipos de geometria de bloco em escala reduzida 1:3, para simular o bloco de escala real igual a 14 × 19 × 29 cm (largura × altura × comprimento), e dois traços de argamassas. As geometrias designadas por A, B, C e D possuíam vazados com diferentes formatos: bloco A: vazados de forma quadrada (relação área líquida/área bruta = 0,51); bloco B: vazados de forma elíptica (relação área líquida/área bruta = 0,57); bloco C: vazados de forma circular (relação área líquida/área bruta = 0,48); bloco D: vazados quadrados em que a espessura da parede interna é dupla com um espaço interno da espessura de uma junta de argamassa (relação área líquida/área bruta = 0,57).

A Figura 3.14 mostra as dimensões e formas dos blocos ensaiados, juntamente com os dois tipos de prismas de três blocos testados.

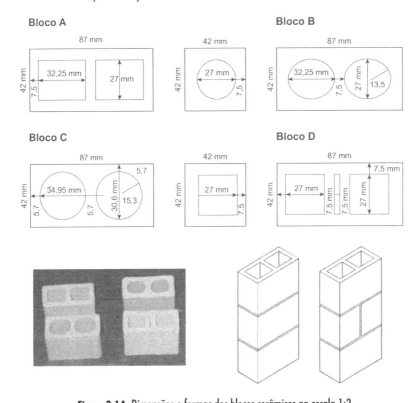

Figura 3.14 Dimensões e formas dos blocos cerâmicos na escala 1:3.

Fonte: RIZZATI, 2003.

A Figura 3.15 apresenta os resultados individuais de resistência à compressão dos diferentes blocos (A, B, C e D), argamassas do tipo 1:1:6 e 1:0,5:4 (proporção entre cimento:cal e areia em volume) e as diferentes combinações de resistência dos prismas não grauteados. A Figura 3.16 apresenta o modo de ruptura dos prismas de três blocos e paredes.

Propriedades da alvenaria estrutural e de seus componentes

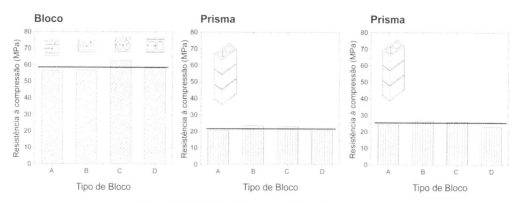

Figura 3.15 Resistência à compressão dos blocos e prismas.

Fonte: RIZZATI, 2003.

Figura 3.16 Modo de ruptura dos prismas e paredes de alvenarias cerâmicas.

Fonte: RIZZATI, 2003.

Mohamad (2007) analisou a resistência à compressão e eficiência dos componentes de alvenaria, denominados da seguinte forma: prismas de três blocos inteiros (prisma (a)), prismas de dois blocos inteiros e uma junta vertical (prisma (b)) e paredes com dimensão de 0,80 m de comprimento por 1 m de altura (parede (c)). A Figura 3.17 apresenta os resultados de resistência do bloco, argamassa e alvenaria em função do tipo de elemento (a), (b) e (c). Os resultados de resistência à compressão dos prismas do tipo (a) foram significativamente diferentes dos prismas (b) e paredes (c). No entanto, verificaram-se resultados semelhantes de resistência para os prismas do tipo (b) e paredes (c). Pode-se concluir que, nesses casos, os prismas de dois blocos inteiros e uma junta vertical (b) podem representar, em termos de valores de resistência à compressão, as características da alvenaria.

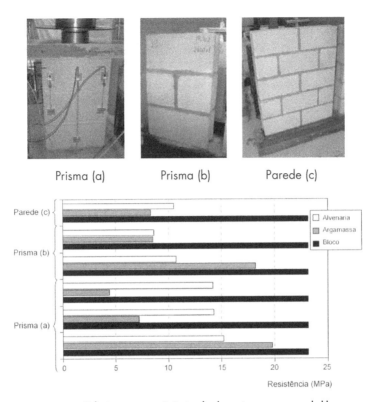

Figura 3.17 Relação entre as resistências da alvenaria, argamassa e do bloco.

Fonte: MOHAMAD, 2007.

A resistência à compressão e o modo de ruptura das unidades cerâmicas são significativamente diferentes quando comparados com os de concreto. Os materiais cerâmicos possuem uma faixa de resistência à compressão maior, um modo de ruptura mais frágil, fissuras normalmente localizadas nos encontros entre as paredes longitudinais e transversais do bloco e um fator entre a resistência do componente e unidade (fator de eficiência) menor comparado ao concreto. O bloco de concreto possui uma faixa de resistência menor, uma ruptura mais dúctil, uma fissuração distribuída e um fator de eficiência maior do que as unidades cerâmicas. Portanto, a avaliação do modo de ruptura e da resistência à compressão deve acontecer juntamente com a observação do início da perda da capacidade resistente do conjunto bloco-argamassa e da forma de propagação das trincas, pois a ruptura está relacionada com fenômenos internos inerentes à natureza quasi-frágil do material. Visualmente, o modo de ruptura é por indução de tensões de tração no bloco ou por esmagamentos da junta de assentamento, podendo, muitas vezes, ser a associação dos dois modos de ruptura. Essa afirmação trata a ruptura como uma combinação de efeitos consecutivos e dependentes. Por isso, é necessário, para os critérios de especificação de resistência das alvenarias, o conhecimento da resistência última do conjunto (componente) e do modo de ruptura obtido nos experimentos.

Propriedades da alvenaria estrutural e de seus componentes

3.6 CARACTERIZAÇÃO FÍSICA E MECÂNICA DAS ALVENARIAS

O Eurocode 6 (2002) cita que a capacidade resistente da alvenaria pode ser determinada experimentalmente ou por uma equação que relaciona as resistências dos componentes. De acordo com a norma EN 1052-1 (1999) o tamanho da amostra para testes de resistência compressão das alvenarias deve ser observado de acordo com a Tabela 3.30.

Tabela 3.30 Dimensões das amostras de alvenaria para ensaio de compressão

Tamanho da Unidade		Tamanho da amostra da alvenaria para o ensaio de compressão			
l_u (mm)	h_u (mm)	Comprimento (l_s)	Altura (h_s)		Espessura (t_s)
≤ 300	≤ 150	$\geq (2 \cdot l_u)$	$\geq 5 \cdot h_u$	$\geq 3 \cdot t_s$	$\geq t_u$
	>150		$\geq 3 \cdot h_u$	e	
>300	≤ 150	$\geq (1,5 \cdot l_u)$	$\geq 5 \cdot h_u$	$\leq 15 \cdot t_s$	
	>150		$\geq 3 \cdot h_u$	e $\geq l_s$	

onde: l_u = é o comprimento da unidade; h_u = a altura da unidade; t_u = é a espessura da unidade e l_s = é o comprimento da alvenaria; h_s = a altura da alvenaria; t_s = é a espessura da alvenaria.

Além dos resultados experimentais, o valor da resistência característica pode ser obtido pela Equação (3.5).

$$f_k = K \cdot f_b^{\alpha} \cdot f_m^{\beta} \qquad (3.5)$$

onde: f_k = a resistência à compressão característica da alvenaria em N/mm²;

K = uma constante determinada a partir da porcentagem de vazios, material e argamassa;

f_b = a resistência de compressão média normalizada da unidade na direção da ação aplicada (a resistência à compressão normalizada das unidades é a resistência à compressão seca ao ar de um equivalente 100 mm × 100 mm entre a largura e a altura, respectivamente, obtida conforme EN 772-1, 2000);

f_m = a resistência à compressão das argamassas em N/mm².

Como limitantes para o uso da Equação (3.5) está a determinação da resistência normalizada das unidades, das argamassas (argamassas de uso geral, camada fina (0,5 mm à 3 mm) e peso específico da argamassa) e do grupo em que as unidades se encontram, em relação ao volume de vazios e espessuras das paredes internas e externas das unidades, sejam cerâmicos, silicocalcário ou concreto. A Equação (3.5) pode ser reescrita conforme as características da junta de argamassa. Para junta de argamassas com espessura de 10 mm, ou seja, de uso geral, as constantes $\alpha = 0,7$ e $\beta = 0,3$. Também, no Eurocode 6 (2000) constam adaptações da Equação (3.5) para a espessura de junta de 0,5 à 3 mm e os diferentes grupos de unidade.

A NBR 15812-1:2010 e NBR 15961-1:2011 especificam que a resistência característica à compressão simples da alvenaria f_k deve ser determinada com base no ensaio de paredes ou ser estimada como 70% da resistência característica de compressão simples de prisma f_{pk} ou 85% da pequena parede f_{ppk}. Se as juntas horizontais tiverem argamassamento parcial, a resistência característica à compressão simples da alvenaria deve ser corrigida multiplicando-a pela razão entre a área de argamassamento parcial e a área de argamassamento total. Opcionalmente, se o argamassamento parcial for feito apenas nas faces longitudinais do bloco, esse fator de correção pode ser obtido por 1,15 vezes a citada razão, empregando-se, neste caso, as áreas de efetivo contato entre argamassa e material do bloco. A NBR 15812-2:2010 e NBR 15961-1:2011 determinam que a caracterização da alvenaria deve ser feita por meio de ensaios de prisma (12 unidades) ou pequena parede (seis unidades), ou paredes (três unidades), executados com blocos, argamassas e grautes de mesma origem e características dos que serão efetivamente utilizados na estrutura. A determinação da resistência característica do elemento de alvenaria obtida nos ensaios deve ser igual ou superior à resistência característica especificada pelo projetista estrutural. Para amostragem menor do que 20 e maior do que seis corpos de prova, a resistência característica deve seguir os critérios determinados a seguir:

$$f_{ek,est.} = 2 \cdot [(f_{e(1)} + f_{e(2)} + \dots f_{e(i-1)}) / (i-1)] - f_{ei} \tag{3.6}$$

Sendo:

$i = n/2$, se n for par;

$i = (n-1)/2$, se n for ímpar.

onde: $f_{ek,est}$ é a resistência característica estimada da amostra, expressa em megapascals;

$f_{e(1)}, f_{e(2)}, \dots, f_{ei}$ são os valores de resistência à compressão individual dos corpos de prova da amostra, ordenados crescentemente;

n é igual à quantidade de corpos de prova da amostra.

O valor do f_{ek} não deve ser inferior ao resultado da expressão: $\psi \times f_{e(1)}$, sendo os valores de ψ dados a seguir.

Assim, se $f_{ek,est} < \psi \times f_{e(1)}$, então $f_{ek} = \psi \times f_{e(1)}$; caso contrário: $f_{ek} = f_{ek,est}$ (não se adotando $f_{ek,est}$ maior que 85% da média f_{em}).

Número de elementos	3	4	5	6	7	8	9	10	11	12	13	14	15	16 e 17	18 e 19
ψ	0,80	0,84	0,87	0,89	0,91	0,93	0,94	0,96	0,97	0,98	0,99	1,00	1,01	1,02	1,04

Para os ensaios de parede com n menor do que 6, a resistência característica deve ser calculada conforme segue:

$$f_{pak} = \psi \cdot f_{pa(1)}$$

Para os ensaios com número de elementos maior ou igual a 20:

$$f_{ek} = f_{em} - 1,65 \, S_n$$

onde:

f_{em} = resistência média dos exemplares;

S_n = desvio padrão da amostra.

3.7 EFEITO DO NÃO PREENCHIMENTO DE JUNTAS VERTICAIS NO DESEMPENHO DA ALVENARIA ESTRUTURAL

No Brasil é frequente verificar nas construções em alvenaria estrutural a ausência do preenchimento das juntas verticais de argamassas. Algumas justificativas do meio técnico para esse procedimento é do aumento da produtividade e da pouca influência desta no comportamento mecânico da alvenaria. A NBR 15812-2:2010 especifica que as juntas verticais devem ser preenchidas mediante a aplicação de dois filetes de argamassa na parede lateral dos blocos, garantindo-se que cada um dos filetes tenha espessura não inferior a 20% da largura dos blocos.

Santos (2001) realizou um amplo estudo do efeito do preenchimento da junta vertical e cita que existem trabalhos técnicos de avaliação da influência do bloco, argamassa, taxa de absorção inicial e fator água/cimento na resistência à compressão das alvenarias, mas não há informação na literatura nacional ou internacional que ampare a eliminação das argamassas das juntas verticais de assentamento. O mesmo autor cita que:

> Isto tem levado a uma grande discussão nos meios acadêmico e da construção civil sobre a necessidade de preenchimento ou não das juntas verticais. Tais discussões são, quase sempre, fundamentadas em modelos teóricos nem sempre aplicáveis a materiais que apresentam um comportamento complexo, como é o caso da alvenaria estrutural, dadas suas propriedades de anisotropia e heterogeneidade.

Pretende-se aqui apresentar os principais resultados experimentais obtidos por Santos (2001). As configurações dos experimentos de Santos (2001) foram denominadas da seguinte forma:

F01, F1A, F02 e F03: estruturas com juntas verticais de argamassa preenchidas, sob pré-compressão de 0,4 MPa; 1,3 MPa; 1,6 MPa; 2,1 MPa, respectivamente.

U01, U02, U03: estruturas em alvenaria com juntas verticais não preenchidas, sob pré-compressão de 0,4 MPa; 1,7 MPa; 2,2 MPa, respectivamente.

A Figura 3.18 apresenta a geometria dos ensaios experimentais realizados por Santos (2001), junto com a modulação da primeira e segunda fiada das paredes e o esquema de aplicação das cargas de pré-compressão e lateral. O assentamento dos blocos foi feito com argamassamento total e em juntas alternadas. As juntas verticais dos flanges de todas as paredes foram preenchidas com argamassa. Um vazio de aproximadamente 3 mm foi deixado entre os blocos nas paredes com juntas verticais não preenchidas. Sob as paredes, foram colocadas as lajes construídas com armadura dupla e a fixação da laje à parede era feita por argamassa à base de epóxi para evitar a ruptura naquela interface durante a aplicação da força horizontal.

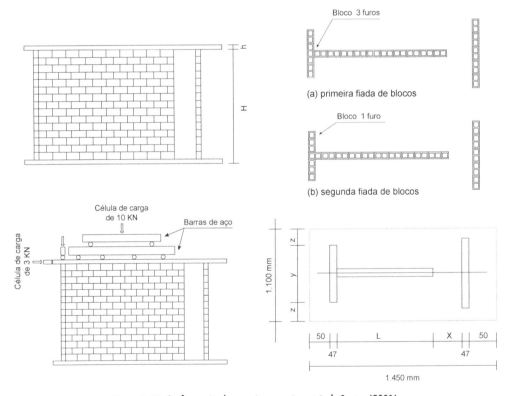

Figura 3.18 Configuração dos ensaios experimentais de Santos (2001).

No trabalho experimental realizado por Santos (2001) o autor concluiu que:
- o deslocamento ao longo da altura das estruturas construídas com paredes sem o preenchimento das juntas verticais é aproximadamente 40% à 60% maior, comparando-se a aquelas com juntas verticais preenchidas;

Propriedades da alvenaria estrutural e de seus componentes

- o aumento da pré-compressão reduz consideravelmente os deslocamentos ao longo da altura das paredes de contraventamento;

- as deformações na base das paredes para estruturas com juntas não preenchidas são maiores que as suas deformações com juntas verticais preenchidas e proporcional a seus módulos de elasticidade longitudinal;

- Para estruturas com juntas verticais não preenchidas, a resistência ao cisalhamento é menor em relação as juntas preenchidas. Essa diferença se deve, principalmente, à diferença na aderência inicial, variando de 25% a 5%, à medida que se aumenta a pré-compressão na parede.

3.8 CONCLUSÃO

Como pode ser observado, o estudo do "material alvenaria" para uso estrutural está muito disseminado e, como consequência, o uso desse processo construtivo é cada dia maior. O Brasil é um dos países que mais pesquisas estão sendo realizadas sobre o tema, e os resultados podem ser vistos nos prédios em alvenaria estrutural de até 16 pavimentos (alvenaria não armada) e acima de 20 pavimentos (alvenaria armada).

É muito importante entender o comportamento da parede como um todo e jamais limitar a resistência da alvenaria à resistência da unidade. Fatores como qualidade da mão de obra por meio do seu constante treinamento pode minimizar os problemas de execução, de forma a evitar que a parede rompa por eventuais excentricidades provocadas pelo desaprumo. Também, devem-se realizar estudos entre os materiais (unidades, argamassas e grautes) de modo a adequar a necessidade técnica e estética de cada empreendimento aos requisitos de desempenho do sistema construtivo. Cabe salientar que recentes pesquisas estão sendo realizadas de modo a conhecer as interações entre os materiais e a estrutura, de maneira a potencializar o uso da alvenaria estrutural como sistema construtivo alternativo ao concreto armado, proporcionando segurança, simplicidade e economia.

3.9 BIBLIOGRAFIA

AFSHARI, F.; KALDJIAN M. J. Finite element analysis of concrete masonry prisms. **American Concrete Institute – ACI Materials Journal**, v. 86, n. 5, p. 525-530, set.-out. 1989.

AMERICAN STANDARD TEST METHOD. **ASTM C 144.** Aggregate for masonry mortar. Philadelphia: ASTM, 2004.

_____. **ASTM C 270.** Mortar for unit masonry. Philadelphia: ASTM, 2008.

_____. **ASTM C 404.** Aggregates for masonry grout. Philadelphia: ASTM, 2007.

ASSOCIAÇÃO BRASILEIRA DE CONSTRUÇÃO INDUSTRIALIZADA (ABCI). **Manual técnico de alvenaria**. São Paulo: ABCI, 1990.

ASSOCIAÇÃO BRASILEIRA DE NORMAS TÉCNICAS. **NBR 6136**. Bloco vazado de concreto simples para alvenaria estrutural – especificação. Rio Janeiro: ABNT 2014.

_____. **NBR 7211**: Agregado para concreto – especificação. Rio de Janeiro: ABNT, 2009.

_____. **NBR 15270-2**. Componentes cerâmicos. Parte 2: blocos cerâmicos para alvenaria estrutural – terminologia e requisitos. Rio de Janeiro: ABNT, 2005.

_____. **NBR 14974-1**: Bloco de silicocalcário para alvenaria. Parte 1: requisitos, dimensões e método de ensaio. Rio de Janeiro: ABNT, 2003.

_____. **NBR 15812-1**: Alvenaria estrutural – blocos cerâmicos. Parte 1: projetos. Rio de Janeiro: ABNT, 2010.

_____. **NBR 15961-1**: Alvenaria estrutural – blocos de concreto. Parte 1: projeto. Rio de Janeiro: ABNT, 2011.

_____. **NBR 13281**: Argamassa para assentamento e revestimento de paredes e tetos – Requisitos. Rio de Janeiro: ABNT, 2005.

_____. **NBR 13279**: Argamassa para assentamento e revestimento de paredes e tetos – determinação da resistência à tração na flexão e à compressão. Rio de Janeiro: ABNT, 2005.

ATKINSON, R. H.; NOLAND, J. L.; ABRAMS, D. P. A deformation failure theory for stack-bond brick masonry prism in compression. In: INTERNATIONAL BRICK MASONRY CONFERENCE, 7, 1985, Melbourne, **Proceedings**. v. 1, Melbourne: IBMAC, 1985. p. 577-592.

BRITISH STANDARD INSTITUTION. **BS 1200**: Specification for buildings sand from natural sources. London: BSI, 1976.

_____. **BS 5628-1**: Code of practice for use of masonry – Part 1: Structural use of unreinforced masonry. London: BSI, 1992.

CERÂMICA BOSSE. **Produtos**. 2012. Disponível em: <http://www.ceramicabosse.com.br/home/home.asp>. Acesso em 23 fev. 2013.

EUROPEAN STANDARD. **EN 998-2**: Specification for mortar for masonry – Part 2: Masonry mortar. Brussels: European Commission, 2003.

_____. **Eurocode 6**: Design of Masonry Structures – Part-1-1: Common rules for reinforced and unreinforced masonry structures. Brussels: European Comission, 2002.

Propriedades da alvenaria estrutural e de seus componentes

_____. **EN 1015**: Methods of tests for mortar for masonry – Part 11: Determination of flexural and compressive strength of hardened mortar. Brussels: European Comissions, 1999.

_____. **EN 1052-1**: Methods of tests for masonry – Part 1: Determination of compressive strength. Brussels: European Comission, 1999.

INDÚSTRIA GLASSER. **Produtos**. Disponível em: <http://www.glasser.com.br/site2008/NBI/per/INI/default.asp>. Acesso em: 23 fev. 2013.

KHOO, C. L.; HENDRY, A. W. A failure criterion for brickwork in axial compression. In: INTERNATIONAL BRICK MASONRY CONFERENCE, 3, 1973, Essen. **Proceedings**, 1973, p. 139-145.

KUERTEN, R. J. **Resistência à compressão de alvenarias de blocos cerâmicos estruturais**. 1998. Dissertação (Mestrado em Engenharia Civil) – Departamento de Engenharia Civil, Universidade Federal de Santa Catarina, Florianópolis, 1998.

MOHAMAD, G. **Mecanismo de ruptura da alvenaria de blocos à compressão**. 2007. Tese (Doutorado em Engenharia Civil) – Departamento de Engenharia Civil da Universidade do Minho, Guimarães, Portugal, 2007.

_____. **Comportamento mecânico na ruptura de prismas de blocos de concreto**. 1998. Dissertação (Mestrado em Engenharia Civil) – Departamento de Engenharia Civil, Universidade Federal de Santa Catarina, Florianópolis, 1998.

_____; RIZZATI, E.; ROMAN, H. R. Estudo das argamassas de revestimento aditivadas em relação as de cal. In: CONGRESSO DE ENGENHARIA CIVIL, 4, 2000, Juiz de Fora – MG. **Anais**. Juiz de Fora: UFJF, 2000.

PRENSIL. **Produtos**. Disponível em: <http://www.prensil.com.br>. Acesso em: 23 fev. 2013.

RIZZATTI, E. **Influência da geometria do bloco cerâmico no desempenho mecânico da alvenaria estrutural sob compressão**. 2003. Tese (Doutorado em Engenharia Civil) – Departamento de Engenharia Civil, Universidade Federal de Santa Catarina, Florianópolis, 2003.

ROMAGNA, R. H. **Resistência à compressão de prismas de blocos de concreto grauteados e não grauteados**. 2000. Dissertação (Mestrado em Engenharia Civil). Departamento de Engenharia Civil, Universidade Federal de Santa Catarina, Florianópolis, 2000.

SANTOS, F. A. dos. **Efeito do não-preenchimento de juntas verticais no desempenho de edifícios em alvenaria estrutural**. 2001. Tese (Doutorado em Engenharia de Produção) – Departamento de Engenharia de Produção e Sistemas, Universidade Federal de Santa Catarina, Florianópolis, 2001.

CAPÍTULO 4

Juntas de movimentação na alvenaria estrutural

Gihad Mohamad, Eduardo Rizzatti e Humberto Ramos Roman

4.1 INTRODUÇÃO

O uso de juntas de movimentação é prática comum nos projetos em alvenaria estrutural, nos quais existe a necessidade de uma melhor compreensão dos mecanismos de funcionamento e formas de sua execução estrutural. Este capítulo pretende discutir os princípios básicos que norteam o uso da junta de controle em projetos em alvenaria estrutural, servindo como fonte de informação técnica aos projetistas arquitetos e engenheiros civis.

4.2 JUNTA DE DILATAÇÃO

A NBR 15812-1:2010 e a NBR 15961-1:2011 definem que deve ser prevista junta de dilatação a cada 24 m da edificação em planta, onde este limite pode ser alterado conforme avaliação precisa dos efeitos de variação de temperatura e expansão estrutural. A junta de dilatação é um espaço deixado entre duas paredes estruturais, a fim de permitir com que aconteçam todas as movimentações sem concentrar tensões entre os elementos estruturais. Este tipo de junta de movimentação deve ser posicionado sempre que houver mudanças de rigidez que levam a edificação a se separar, como mostrado no edifício no formato "L" da Figura 4.1. Para o caso em questão, mesmo tendo uma edificação com dimensões menores que 24 m, no encontro do "L" deve ser prevista a colocação da junta de dilatação na posição "01" ou na posição "02", a fim de seccionar e evitar o surgimento de fissuras de separação, como mostrado na planta baixa da Figura 4.1. A junta de dilatação deve ser preenchida com um material deformante, como o isopor, e suas extremidades vedadas com um material impermeável e elástico.

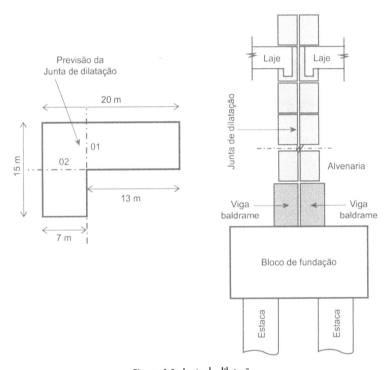

Figura 4.1 Junta de dilatação.

Fonte: autores.

4.3 DEFINIÇÃO DE JUNTAS DE CONTROLE

Ao longo de sua vida útil a edificação pode estar sujeita as variações nas dimensões, em razão das suas características físicas, químicas e mecânicas. As principais ações causadoras desses movimentos estruturais são: variações de temperatura; variação de umidade; absorção de vapor de água; ações químicas, como a carbonatação e ataque por sulfatos; deflexão por carregamento e movimentação do solo por recalques diferenciais. Neste capítulo, pretende-se discutir as principais características de projeto para as juntas de controle nas alvenarias, considerando apenas as movimentações causadas pela variação de temperatura e umidade.

As juntas de controle são espaços definidos em projeto, com o objetivo de permitir movimentos relativos de partes da estrutura sem prejudicar a sua integridade funcional e estrutural. As juntas de controle devem ser projetadas para absorver as expansões e retrações da alvenaria, permitindo o deslizamento entre os diferentes planos, sem produzir tensões de cisalhamento entre eles. Essas juntas devem ser preenchidas com um material compressível resiliente (isopor, plásticos e borrachas) e ser vedada por um material impermeabilizante para impedir a entrada de água no estado líquido e vapor, como mostra a Figura 4.2.

Figura 4.2 Junta de controle.

Fonte: autores.

4.4 CONDIÇÕES DE ESTABILIDADE ESTRUTURAL E ISOLAMENTO

O sistema construtivo em alvenaria estrutural deve ser projetado para ter resistência, rigidez e estabilidade adequadas às totalidades das ações, incluindo as variações de temperatura e umidade. Para tanto, o projetista deve considerar as interações globais e locais dos elementos estruturais, perante todas as condicionantes de projeto, a fim de garantir a integridade estrutural. A rigidez e a estabilidade na alvenaria estrutural são garantidas, tendo-se em vista os seguintes aspectos construtivos:

- espessura em relação ao comprimento e a altura da parede;
- peso próprio da construção;
- presença de pilaretes de reforço grauteados ou colunas;
- interação com outras paredes e lajes.

Os projetistas devem ter cuidado especial no momento de definir uma junta de controle em projetos em alvenaria estrutural, pelos aspectos visuais que a mesma proporciona ao usuário da edificação e pela descontinuidade estrutural que ela proporciona ao elemento resistente. Sempre que possível, deve ser evitada a especificação de juntas de controle nos projetos, controlando-se o tamanho do painel de alvenaria e reforçando com armaduras as áreas por onde possam surgir trincas. Caso não se consiga eliminar a necessidade do uso destas juntas, devem ser verificadas todas as condicionantes estruturais do elemento. Com o uso de juntas de controle nos projetos, devem ser tomados cuidados especiais para garantir o desempenho estrutural da construção, de forma que a sua presença não afete a segurança estrutural e a estanqueidade da parede, como:

- A junta de controle não pode afetar a estabilidade ou a transmissão de carga da parede ou qualquer outra função.

- O posicionamento da junta de controle não pode reduzir a resistência ao fogo do elemento estrutural ou ser o local por onde os gases quentes e chama se propagam no andar.

- Nas paredes externas, as juntas de controle devem ser seladas, de forma a prevenir a entrada de umidade.

4.5 CARACTERÍSTICAS FÍSICAS DOS MATERIAIS (CONCRETO E CERÂMICO)

Aqui serão discutidas as propriedades físicas dos materiais mais usualmente empregados na alvenaria estrutural no Brasil. Deve ser observado que é extremamente difícil prever todos os graus de movimentos da alvenaria com exatidão, pelo fato de a alvenaria corresponder a um material compósito sob um estado de tensões complexas e dependentes do grau de restrição das suas extremidades. A movimentação total da alvenaria pode ser causada por fatores como a temperatura, a umidade e suas variações. Esse movimento é dependente do grau de restrição ao qual a alvenaria está sujeita, destacando-se a importância de se conhecer as características físicas de cada material a fim de estimar a sua variação com maior exatidão. A BS 5628-3 (1985) apresenta algumas referências para os coeficientes de dilatação térmica e as porcentagens de retração para os diferentes materiais, bloco cerâmico ou concreto, argamassas, como mostra a Tabela 4.1. A BS 5628-3 (1985) cita, ainda, valores estimados para o efeito da carbonatação do cimento em contato com o dióxido de carbono do ar atmosférico. Esse efeito depende da permeabilidade do concreto e da umidade ambiente. Como recomendação da BS 5628-3 (1985) para alvenarias aparentes, a retração em razão da carbonatação pode ser estimada entre 20% e 30% da retração linear livre por umidade.

Tabela 4.1 Características físicas dos materiais

Coeficiente de Dilatação Térmica	
Bloco Cerâmico	$\alpha = 4$ a 8.10^{-6} / °C
Bloco de Concreto	$\alpha = 7$ a 14.10^{-6} / °C
Argamassa	$\alpha = 11$ a 13.10^{-6} / °C
Porcentagem de Retração das Unidades	
Bloco de Concreto	0,02 a 0,06%
Bloco Cerâmico	< 0,02%
Argamassa	Retração por secagem: 0,04 a 0,10%
	Retração pelos ciclos de umidade: 0,03 a 0,06%

Fonte: BS 5628-3, 1985.

Juntas de movimentação na alvenaria estrutural

A norma brasileira NBR 15812-1:2010 cita que nas alvenarias de blocos cerâmicos, na ausência de dados experimentais, pode ser estimado o coeficiente de expansão por umidade de 0,03%, assim como o coeficiente de dilatação térmica linear igual a $6.10^{-6}/^{o}C$. Já para a norma brasileira NBR 15961-1:2011 para alvenarias de blocos de concreto define que, na ausência de dados experimentais, pode ser estimado o coeficiente de expansão por umidade de 0,05%, assim como o coeficiente de dilatação térmica linear igual a $9.10^{-6}/^{o}C$.

No momento de definirem o espaço da junta de controle, os projetistas não devem considerar a soma da variação no comprimento da parede pela temperatura e umidade, pois, à medida que a parede está mais úmida, a variação no comprimento pela temperatura é menor.

4.6 RECOMENDAÇÕES NORMATIVAS

As recomendações normativas NBR 15812-1:2010 e NBR 15961-1:2011 citam a necessidade da colocação de juntas verticais de controle de fissuração em elementos de alvenaria de blocos cerâmicos e concreto, com a finalidade de prevenir o aparecimento de fissuras provocadas por: variação de temperatura, expansão, variação brusca de carregamento e variação da altura ou da espessura da parede. Para painéis de alvenaria contidos em um único plano e na ausência de uma avaliação precisa das condições específicas do painel, devem ser dispostas juntas verticais de controle com espaçamento máximo que não ultrapasse os limites da Tabela 4.2 para os blocos cerâmicos e da Tabela 4.3 para os blocos de concreto.

Tabela 4.2 Valores máximos de espaçamento entre juntas verticais de controle

Localização do elemento	Limite (m)	
	$t \geq 14$ cm	$t = 11,5$ cm
Externa	10	8
Interna	12	10

Nota 1: A espessura mínima da junta de controle é determinada como 0,13% do espaçamento das juntas.

Nota 2: Os limites apresentados nesta tabela serão reduzidos em 15%, caso a parede tenha abertura.

Nota 3: Os limites estabelecidos nesta tabela podem ser alterados mediante inclusão de armaduras horizontais adequadamente dispostas em juntas de assentamento horizontais, desde que tecnicamente justificados.

Fonte: NBR 15812-1:2010.

Tabela 4.3 Valores máximos de espaçamento entre juntas verticais de controle

Localização do elemento	Limites (m)	
	Alvenaria sem armadura horizontal	Alvenaria com taxa de armadura horizontal maior ou igual a 0,04 % da altura vezes a espessura
Externa	7	9
Interna	12	15

Nota 1: Os limites anteriores devem ser reduzidos em 15 % caso a parede tenha abertura.

Nota 2: No caso de paredes executadas com blocos não curados a vapor, os limites devem ser reduzidos em 20%, caso a parede não tenha abertura.

Nota 3: No caso de paredes executadas com blocos não curados a vapor, os limites devem ser reduzidos em 30%, caso a parede tenha abertura.

Fonte: NBR 15961-1:2011.

A NBR 15812-1:2010 e NBR 15961-1:2011 não especificam em seu texto que o valor máximo de espaçamento entre as juntas verticais de controle pode ser alterado, conforme a tensão de compressão atuante na parede. As Tabelas 4.2 e 4.3 definem apenas os limites de espaçamento da junta de controle em relação a localização do elemento estrutural (externa ou interna), se possui aberturas no seu comprimento e armaduras horizontais.

Recomendações normativas da BS 5628-3 (1985):

- **Blocos cerâmicos:** as juntas de controle, normalmente não são exigidas nas paredes internas das edificações. Para as alvenarias não restringidas ou amarradas, mas sem a presença de grauteamento e armadura, a expansão da parede durante a sua vida útil será de 1 mm/m em virtude da variação da temperatura e da umidade. Em termos de projeto, deve ser consultado pelo projetista, sempre que possível, o fabricante do selante, a fim de se projetar um material com capacidade de deformabilidade condizente com o movimento da parede. A BS 5628-3 (1985) especifica que a espessura da junta em milímetros deve ser 30% maior que a distância de eixo a eixo de parede em metros. Assim, uma parede de alvenaria de blocos cerâmicos com 12 m de comprimento necessitará de uma junta de controle de 16 mm. Para paredes de múltiplos pavimentos, os efeitos das movimentações diminuem nos andares inferiores, em decorrência do aumento nas cargas de compressão, podendo esse valor ser menor que 1 mm/m. A norma BS 5628-3 (1985) cita que o tamanho do painel parede não deve exceder 15 m para evitar o surgimento de fissuras por variação térmica.

- **Bloco de concreto:** como regra geral, é conveniente prever intervalos para a junta vertical para acomodar os movimentos horizontais em paredes em um intervalo máximo de 7 m. Diante da natureza e variabilidade das resistências do concreto, algumas variações no espaçamento das juntas de controle são aceitáveis, em situações em que o risco de fissuração aumente quando a relação entre o comprimento e altura do painel for superior a dois. A partir desse valor existe a necessidade de se armar a alvenaria para se evitar a abertura de fissuras ao longo da parede, principalmente em paredes externas contendo aberturas. Quando no painel de alvenaria existir aberturas, serão necessárias previsões de juntas de controle em intervalos mais frequentes, prevendo-se reforços nas aberturas como portas e janelas, com a utilização de armaduras verticais e grauteamentos ou armaduras horizontais na altura da junta de argamassa, para restringir os movimentos da parede pela redução na área da seção transversal da alvenaria. A Figura 4.3 ilustra as prováveis linhas de fissuração em uma parede restringida lateralmente pela coluna armada e grauteada em seus cantos. Esta figura é meramente ilustrativa, mostrando as linhas prováveis de fissuração por retração ou expansão da parede restringida lateralmente.

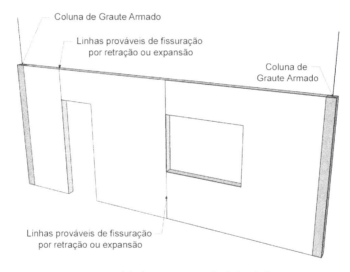

Figura 4.3 Modelo de representação das linhas de fissuras.

Fonte: autores.

O uso de armaduras de reforço para controlar a fissuração por retração ou expansão que ocorrem, normalmente, acima ou abaixo das aberturas em função da diminuição da área da seção transversal da alvenaria é fundamental para se evitar trincas de separação e servem de solução para o surgimento de fissurações por movimentações higroscópicas ou térmicas na parede estrutural. Um exemplo de reforço são as armaduras horizontais na altura das juntas de assentamento da argamassa. Essas armaduras devem ser longas o suficiente para distribuir as tensões de tração nas proximidades das aberturas. A Figura 4.4 mostra as imagens de dois tipos de armaduras planas (treliça ou tipo escada) para serem posicionadas na junta de assentamento da argamassa para evitar a fissuração por retração e, além disso, promover o enrijecimento à flexão.

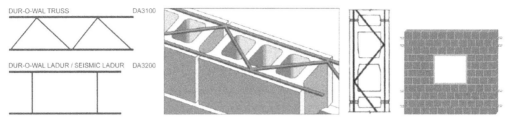

Figura 4.4 Aplicações com o uso de treliçamento DUR-O-WAL e MURFOR®.

Fonte: Arcelor Mittal.

4.7 CRITÉRIOS DE PROJETO

O emprego da junta de controle em paredes estruturais é de difícil determinação em função da natureza dos materiais que podem ser empregados, das condições de vínculos nas bordas e do carregamento vertical atuante. Pretende-se aqui, discutir alguns métodos para a execução, que podem servir de guia aos projetistas.

Um dos pontos mais vulneráveis do surgimento de fissuras são as aberturas nas alvenarias, principalmente se existirem bordas laterais que restringem o deslocamento em razão da amarração entre as paredes. Os casos mais críticos são as alvenarias de blocos de concreto. Para estas alvenarias, quando a relação entre o comprimento (l) e a altura (h) da parede for maior que 2,0, deve-se ter o extremo cuidado, pois poderá ocorrer a abertura de fissura por movimentação de expansão ou retração. Abaixo dessa relação não existe a necessidade de armar os contornos das aberturas. Algumas recomendações sugerem que o tamanho máximo de um painel em alvenaria estrutural de blocos de concreto não deva ultrapassar os 7,62 m (TEK 10-2C da NCMA).

Quando se trabalha com relações entre comprimento e altura (l/h) acima de dois, para tamanhos de aberturas menores que 1,83 m, sem armadura no seu entorno, a junta de controle deve ser prevista em um dos lados do vão, na linha de finalização da verga e a contornando. Abaixo da verga, deve ser previsto um material deslizante ou de quebra de ligação para permitir a sua movimentação. Para garantir a estabilidade lateral do elemento estrutural, devem ainda ser previstas armaduras ou barras de transferência, como mostra a Figura 4.5(a). Quando no projeto existir a necessidade da utilização de aberturas maiores que 1,83 m, a junta de controle deve ser posicionada em ambos os lados da alvenaria. Nesse caso, deverão ser previstas barras de transferência para garantir a estabilidade lateral do elemento estrutural, em ambos os lados. A Figura 4.5(b) mostra o detalhamento estrutural da junta de controle, o plano de deslizamento no contorno da verga e o posicionamento da barra de transferência.

Juntas de movimentação na alvenaria estrutural

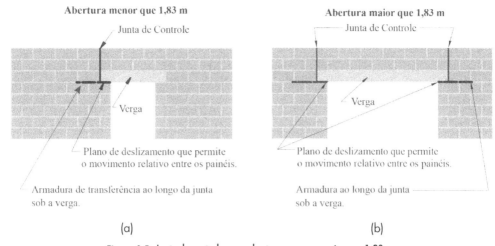

Figura 4.5 Junta de controle para abertura menor e maior que 1,83 m.

Fonte: autores.

A barra de transferência é um elemento liso que garante a vinculação por aderência de uma extremidade da alvenaria, deixando a outra extremidade livre para deslocar na direção do comprimento da parede, servindo como garantia para a estabilidade lateral da alvenaria, como mostra a Figura 4.6. A Figura 4.6 mostra um exemplo da execução de junta de controle em uma parede construída com blocos de concreto, destacando as barras de transferência a cada duas fiadas da alvenaria e a descontinuidade entre as paredes de fechamento do prédio de laboratório das engenharias da Universidade Federal de Viçosa em Minas Gerais.

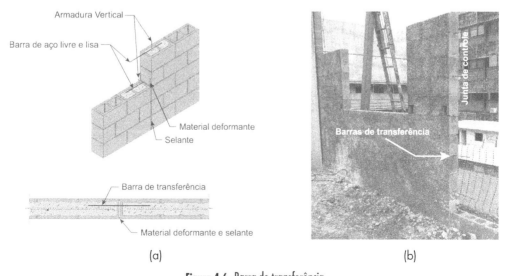

Figura 4.6 Barra de transferência.

Fonte: autores.

Quando, por decisão do projetista, não se optar pela execução de junta de controle no entorno das aberturas, para as alvenarias com relações entre l/h (comprimento/altura) acima de 2,0, deverá ser realizado um reforço nas laterais do vão da abertura, com o grauteamento vertical e a armação. Nesse caso específico, na região da contraverga deve ser posicionada uma treliça plana horizontalmente distribuída na primeira e segunda fiada abaixo da contraverga, a fim de absorver eventuais movimentações, ou armá-la com ferros longitudinais. A Figura 4.7 detalha as alvenarias com relação l/h acima de 2,0, com o reforço no entorno da abertura para o não surgimento das fissuras.

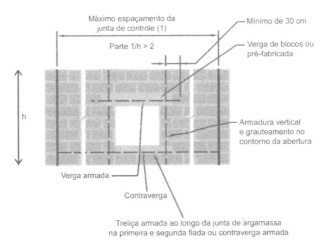

Figura 4.7 Alvenarias com l/h acima de 2,0, sem junta de controle no entorno da abertura.

Fonte: autores.

Outra maneira de se executar uma alvenaria com relação l/h maior que 2, sem a junta de controle no entorno da abertura, seria a substituição da verga armada pela colocação de duas treliças planas acima da verga, na altura da junta horizontal, como mostra a Figura 4.8.

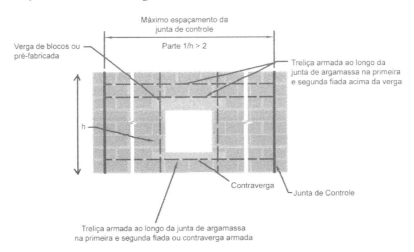

Figura 4.8 Alvenarias com l/h acima de 2,0, sem junta de controle no entorno da abertura.

Fonte: autores.

A seguir, é mostrado um exemplo de uma parede de fechamento de um galpão industrial, com um vão único de 35 m de comprimento por 6 m de altura. Por existir uma sequência de aberturas, tomou-se, como referência para a distância entre as juntas de controle, a relação comprimento pela altura (l/h) de 2,0. Com isso, o comprimento da parede não poderá exceder os 12 m. Mas, para as alvenarias de blocos de concreto, seguindo as recomendações do material técnico disponibilizado pela National Concrete Masonry Association (TEK 10-2C), o espaçamento entre as juntas de controle deve respeitar a relação entre l/h de 2,0 e não exceder 7,62 m. Com isso, o espaçamento entre juntas de controle é de 7,62 m. Para esse tipo de parede deve ser prevista a colocação de barras de transferência entre as camadas para restringir os deslocamentos horizontais, como mostra a Figura 4.9.

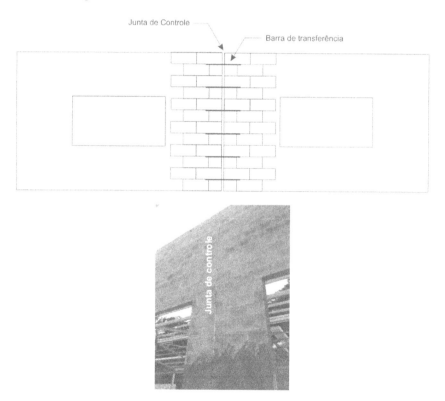

Figura 4.9 Detalhamento das alvenarias.

Fonte: autores.

Nas edificações residenciais, quando existir a necessidade de se utilizar juntas de controle, deve-se observar o completo isolamento térmico do espaço entre os blocos, a fim de evitar a propagação de chama e a transmissão de vapores quentes pela junta de controle. Para isso, pode ser empregado um material como um feltro cerâmico e fibra ou outros materiais isolantes e não combustíveis, como mostra a Figura 4.10.

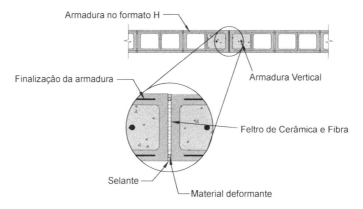

Figura 4.10 Detalhamento da junta de controle – proteção ao fogo.

Fonte: autores.

Há, no mercado da construção civil, alguns dispositivos que servem para o fechamento das juntas de controle, sem criar o impacto visual que o vão da junta produz nas paredes. Os exemplos mostrados na Figura 4.11 foram obtidos de pesquisas pela internet.

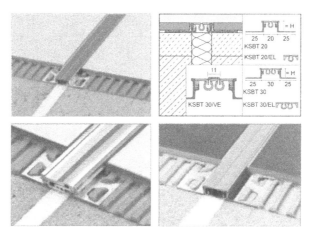

Figura 4.11 Dispositivos para junta de controle.

Fonte: Shag Tools e Shuluter Systems.

No mercado brasileiro foram encontrados dispositivos que permitem a movimentação das juntas na tração, compressão e cisalhamento em concreto que, muitas vezes, devem ser utilizados para o uso em juntas de controle de paredes estruturais. Estes dipositivos devem ser posicionados nas fiadas das juntas de assentamento de argamassa, entre as paredes estruturais, evitando a concentração de tensões em razão das movimentações diferenciadas, em que as abas do dispositivo podem dificultar a percolação de água pela junta, devendo a mesma, necessariamente, ser vedada com silicone ou mastique. A Figura 4.12 exemplifica a colocação dos dispositivos nas fiadas da alvenaria, na junta de controle deixada, preferencialmente, no encontro entre a parede da escada e do pavimento.

Juntas de movimentação na alvenaria estrutural

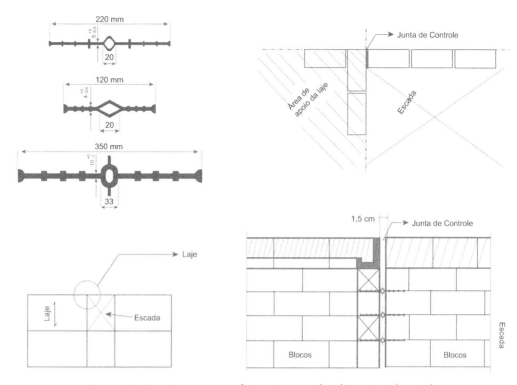

Figura 4.12 Dispositivos para a vinculação entre as paredes e laje na junta de controle.

Fonte: adaptado do Manual Técnico Vedacit – 43º ed. (2007).

A seguir é apresentado um exemplo de como se deve utilizar a junta de controle ou os reforços no entorno das aberturas, para uma alvenaria de blocos de concreto. A parede P1 da Figura 4.13 possui um comprimento total de 7,90 m e três amarrações, sendo uma em L e duas amarrações em T. Nesse caso específico, a distância entre a primeira amarração em L e a T é de 2,15 m e entre as duas amarrações em T é de 5,61 m, medidos de eixo a eixo de parede. Para o nosso exemplo, consideraremos os encontros entre as paredes armadas, grauteadas e com um pé-direito de 2,69 m. Para a parede P1, mantendo-se uma relação l/h (comprimento/altura) de dois, o comprimento máximo sem junta de controle é de 5,38 m e considerando os valores máximos de espaçamento entre juntas verticais de controle da NBR 15961-1:2011 – para parede externa sem armadura horizontal, com abertura e blocos não curados à vapor – o limite de comprimento da parede é reduzido em 30% (7 m), sendo seu valor final de 4,9 m. Como o vão entre os nós grauteados e armados é de 5,61 m, existe a necessidade do reforço no entorno da abertura de comprimento de 1,6 m, do modo detalhado nos exemplos das Figuras 4.7 e 4.8. Para o trecho de parede de comprimento 2,15 m, sendo esta menor que 5,38 m (l/h = 2) e o recomendado pela NBR 15961-1:2011, não há a necessidade de reforço no entorno da abertura.

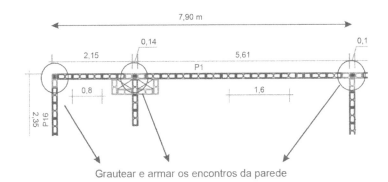

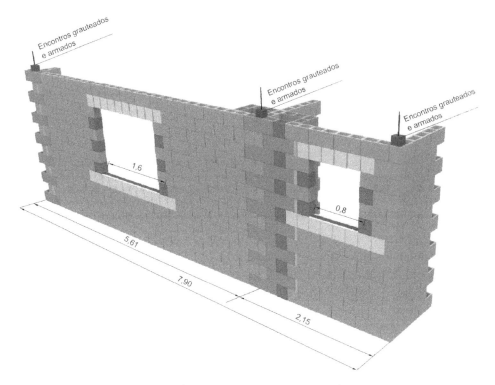

Figura 4.13 Parede P1 – com grauteamento e armação dos encontros.

Fonte: autores.

Caso se tenha optado pelo não grauteamento e armação das amarrações em L e T da parede P1, esta passa a ter um comprimento único de 7,90 m. Nesse caso, para se evitar o surgimento de fissuras, há a necessidade de reforço no entorno das aberturas, com o grauteamento e a colocação de armaduras verticais ou o uso de treliças horizontais nas juntas de argamassa de assentamento, como detalhado anteriormente nas Figuras 4.7 e 4.8, principalmente para as paredes dos últimos pavimentos que estão sobre pequenas tensões de compressão, conforme mostra a Figura 4.14.

Juntas de movimentação na alvenaria estrutural

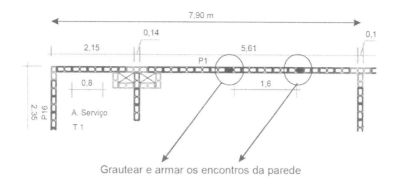

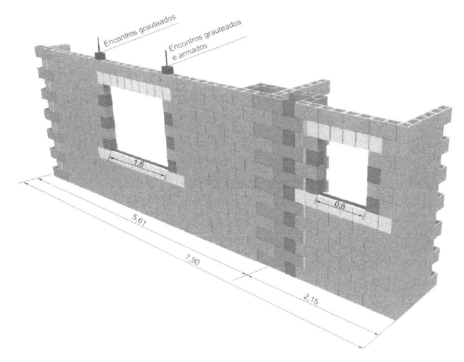

Figura 4.14 Parede P1 – sem grauteamento e armação dos encontros.

Fonte: autores.

O valor da relação entre o comprimento pela altura (l/h) igual a dois (2) é uma recomendação técnica sugerida pelas associações internacionais na área de alvenaria de blocos de concreto. Esse valor pode ser superior a dois, dependendo de fatores como o nível das tensões de pré-compressão existentes, do prolongamento das vergas e contravergas, da presença de aberturas como janelas e portas e das armações e grauteamento dos encontros, cabendo ao projetista de estruturas sua análise e verificação das necessidades para cada tipo de projeto.

4.8 BIBLIOGRAFIA

AMERICAN SOCIETY FOR TESTING AND MATERIALS. **ASTM C90-09.** Standard specifications for loadbearing concrete masonry units. West Conshohocken, PA: ASTM International, 2009.

ARCELOR MITTAL. **Catálogo Murfor.** Reforço de aço para alvenaria. Disponível em: <https://www.belgo.com.br/produtos/construcao_civil/murfor/pdf/murfor.pdf>. Acesso em 23.02.2013

ASSOCIAÇÃO BRASILEIRA DE NORMAS TÉCNICAS. **NBR 15812-1.** Alvenaria estrutural – blocos cerâmicos. Parte 1: projetos. Rio de Janeiro: ABNT, 2010.

_____. **NBR 15812-2.** Alvenaria estrutural – blocos cerâmicos. Parte 2: execução e controle de obras. Rio de Janeiro: ABNT, 2010.

_____. **NBR 15961-1.** Alvenaria estrutural – blocos de concreto. Parte 1: projeto. Rio de Janeiro: ABNT, 2011.

_____. **NBR 15961-2.** Alvenaria estrutural – blocos de concreto. Parte 2: execução e controle de obras. Rio de Janeiro: ABNT, 2011.

_____. **BS 5628-1.** Code of practice for use of masonry – Part 1: Structural use of unreinforced masonry. London: BSI, 1992.

_____. **BS 5628-2.** Code of practice for use of masonry – Part 2: Structural use of reinforced and prestressed masonry. London: BSI, 1995.

_____. **BS 5628-3.** Code of practice for use of masonry – Part 3: Materials and components, design and workmanship. London: BSI, 1985.

NATIONAL CONCRETE MASONRY ASSOCIATION. **TEK 5-2A.** Clay and concrete masonry banding details. Herdon, VA: NCMA, 2002.

_____. **TEK 10-3.** Control joints for concrete masonry walls – alternative engineered method. Herdon, VA: NCMA, 2003.

_____. **TEK 10-4.** Crack control for concrete brick and other concrete masonry veneers. Herdon, VA: NCMA, 2001.

_____. **TEK 7-1C.** Fire resistance rating of concrete masonry assemblies. Herdon, VA: NCMA, 2009.

_____. **TEK 19-6.** Joint sealants for concrete masonry walls. Herdon, VA: NCMA, 2008.

_____. **TEK 10-2C.** Control joints for concrete masonry walls – empirical methods. Herdon, VA: NCMA, 2010.

SHAG TOOLS. **Dilex-KSBT 30.** 2012. Disponível em: <http://www.shagtools.com/category/Dilex-KSBT-30.cfm>. Acesso em 25 ago. 2012.

SHULUTER SYSTEMS. **Dilex-KSBT.** Disponível em: <http://www.schluter.com/4_19_dilex_ksbt_4030.aspx>. Acesso em: 25 ago. 2012.

5

CAPÍTULO

Dimensionamento de paredes à compressão e ao cisalhamento

Gihad Mohamad, Aldo Leonel Temp e Rafael Pires Portella

5.1 INTRODUÇÃO

Pretende-se, aqui neste capítulo, tratar de alguns exemplos para o dimensionamento de paredes estruturais à compressão e ao cisalhamento, utilizando a filosofia dos estados limites últimos de ruptura, tendo como referências a BS 5628-1 (1992), o Eurocode 06 (2002), a NBR 15812-1:2010 e NBR 15961-1:2011. Antes de iniciar a descrição dos aspectos relativos ao dimensionamento, pretende-se introduzir alguns conceitos dos estados limites últimos de projeto.

5.2 CRITÉRIOS DE SEGURANÇA NAS ESTRUTURAS

Em um projeto, quando se trabalha com segurança estrutural, devem ser estabelecidas as características de carregamento e resistência dos componentes e elementos, perante todas as ações que porventura possam acontecer ao longo da vida útil da construção. Os resultados de resistências, por exemplo, devem reproduzir com fidelidade as características exigidas no projeto pelo calculista, em que o desvio padrão demonstra a variabilidade dos resultados das amostras durante a fase de execução da edificação. Os valores característicos permitem ao projetista estabelecer um intervalo de confiança, cujos valores das resistências dos componentes não serão inferiores aos fixados em projeto. Por isso, existe a necessidade de se trabalhar com valores de resultados característicos e não médios. A Figura 5.1 mostra a curva de resultados de resistências *versus* o número de amostras ensaiadas, onde pode-se verificar as diferentes dispersões nos valores e, com isso, avaliar a qualidade dos materiais empregados nas obras. No exemplo da Figura 5.1 são apresentadas duas curvas de distribuição das resistências, podendo-se observar que uma delas possui um menor desvio padrão, portanto, uma melhor qualidade de fabricação, em razão da dispersão dos seus resultados. Quanto maior o valor do desvio padrão dos resultados, menor é a qualidade do produto utilizado e, portanto, menor será a resistência característica das amostras.

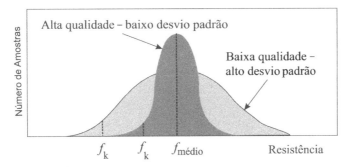

Figura 5.1 Curva de distribuição amostral.

Fonte: autores.

Os resultados experimentais nas alvenarias podem ser representados por uma distribuição amostral normal (simétrica), na qual, se considerarmos uma variabilidade de uma vez o desvio padrão para ambos os lados em relação à média, aproximadamente 70% de todos os resultados estarão dentro da área estabelecida, como mostra a Figura 5.2(a). Se aumentarmos essa distância para 1,96 vezes o desvio padrão em relação à média, tem-se que 95% dos resultados de resistência estarão dentro desse intervalo de confiança, como se visualiza na Figura 5.2(b). Esta porcentagem é o que se chama índice de confiabilidade estrutural, valor este aceitável para a construção civil.

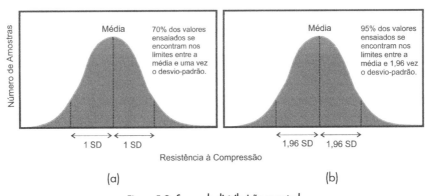

Figura 5.2 Curvas de distribuição amostral.

Fonte: autores.

Dimensionamento de paredes à compressão e ao cisalhamento

A segurança estrutural em um projeto é garantida quando se majoram as cargas médias e minoram as resistências características por um fator de segurança. O critério básico para o dimensionamento dos elementos estruturais é estabelecido quando as cargas totais atuantes de cálculo forem iguais ou menores que à resistência de cálculo dos materiais empregados na execução. A Figura 5.3 mostra a distribuição amostral das cargas atuantes e as resistências dos materiais.

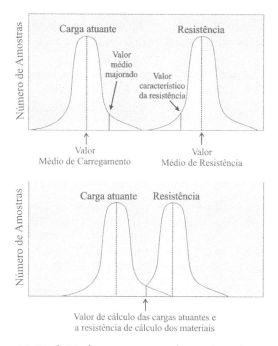

Figura 5.3 Distribuição das cargas atuantes e das resistências dos materiais.

Fonte: autores.

Para os projetos estruturais de edificações, um nível de confiaça razoável para os resultados das ações ou resistências é de 95%. Com isso, existe uma probabilidade de apenas 5% dos valores das ações serem maiores e das resistências menores dos estabelecidos em projeto pelo calculista, como mostra a Figura 5.4.

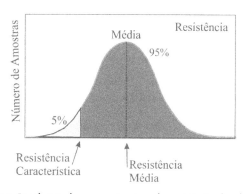

Figura 5.4 Distribuição das cargas atuantes e das resistências dos elementos.

Fonte: autores.

5.3 AÇÕES E RESISTÊNCIA DE ACORDO COM A NBR 15812-1:2010 E NBR 15961-1:2011

A NBR 15812-1:2010 e NBR 15961-1:2011 estabelecem, para a análise estrutural das tensões atuantes nos elementos estruturais, que deve ser considerada a influência de todas as ações que possam produzir efeitos significativos para a segurança da estrutura, levando-se em conta os estados limites últimos e os de serviço. As ações a serem consideradas no projeto são: ação permanente, ação variável e excepcional, como mostra a Tabela 5.1.

Tabela 5.1 Ações permanentes, variáveis e excepcionais

Permanentes	Diretas	Peso específico.
		Elementos construtivos fixos e instalações permanentes.
		Empuxos permanentes dos materiais granulosos ou líquidos não removíveis.
	Indiretas	Imperfeições geométricas locais, considerados quando do dimensionamento dos diversos elementos estruturais.
		Imperfeições geométricas globais, como o desaprumo.
Variáveis		Cargas acidentais de ocupação de acordo com a NBR 6120:1980.
		Ações de vento de acordo com a NBR 6123:1990.
Excepcionais		Ações decorrentes de explosões, impactos e incêndios etc.

Fonte: NBR 15812-1:2010; NBR 15961-1:2011.

A NBR 15812-1:2010 e a NBR 15961-1:2011 citam que, na ausência de uma avaliação precisa sobre o peso específico da alvenaria de blocos cerâmicos e de concreto, podem ser considerados os valores de 12 kN/m³ e 14 kN/m³, respectivamente, devendo-se acrescentar, quando existir, o peso do graute. As combinações de ações atuantes devem considerar os seus respectivos coeficientes de ponderação e redução, dependendo das diversas situações de projeto. As combinações últimas de carregamentos permanentes e variáveis devem ser obtidas usando a Equação (5.1). Os valores das ações são quantificados por seus valores representativos, de acordo com a NBR 8681:2004.

$$F_d = \gamma_g \cdot F_{G,k} + \gamma_q \cdot (F_{Q1,k} + \Sigma \Psi_{0j} \cdot F_{Qj \cdot k}) \tag{5.1}$$

onde: F_d = valor de cálculo para a combinação última;

γ_g = ponderador das ações permanentes;

Dimensionamento de paredes à compressão e ao cisalhamento

$F_{G,k}$ = valor característico das ações permanentes;

γ_q = ponderador das ações variáveis;

$F_{Q1,k}$ = valor característico da ação variável considerada principal;

$\Psi_{0j} \cdot F_{Qi \cdot k}$ = valores característicos reduzidos das demais ações variáveis.

Devem ser consideradas todas as combinações necessárias para que se obtenha o maior valor de F_d, alternando-se as ações variáveis que são consideradas como principal e secundária.

Os coeficientes de ponderação para as combinações normais são apresentados na Tabela 5.2. As ações variáveis podem ser reduzidas considerando-se a baixa probabilidade da ocorrência simultânea desses coeficientes. Os coeficientes para a redução dessas ações variáveis (Ψ_{0j}) são apresentados na Tabela 5.3.

Tabela 5.2 Coeficientes de ponderação das combinações normais

Categoria da ação	Tipo de estrutura	Efeito	
		Desfavorável	Favorável
Permanente	Edificações Tipo 1[a] e pontes em geral	1,35	0,90
	Edificações Tipo 2[b]	1,40	0,90
Variáveis	Edificações Tipo 1[a] e pontes em geral	1,50	–
	Edificações Tipo 2[b]	1,40	–

[a] Edificações Tipo 1 são aquelas em que as cargas acidentais superam 5 kN/m².

[b] Edificações Tipo 2 são aquelas em que as cargas acidentais não superam 5 kN/m².

Fonte: NBR 15812-1:2010; NBR 15961-1:2011.

Tabela 5.3 Coeficiente de redução das ações variáveis

	Ações	Ψ_0
Cargas acidentais em edifícios	Edifícios residenciais	0,5
	Edifícios comerciais	0,7
	Bibliotecas, arquivos, oficinas e garagens	0,8
Vento	Pressão de vento para edificações	0,6

Fonte: NBR 15812-1:2010; NBR 15961-1:2011.

As combinações últimas das ações atuantes de cálculo e da resistência de cálculo da alvenaria definirão os critérios de segurança estrutural para a edificação. A resistência à compressão de cálculo da parede em alvenaria estrutural deve ser obtida utilizando-se a expressão da Equação (5.2).

$$N_{rd} = f_d \cdot A \cdot R \tag{5.2}$$

onde: N_{rd} = força normal resistente de cálculo da alvenaria;

f_d = resistência à compressão de cálculo (resistência à compressão característica (f_k / γ_m) dividida pelo coeficiente de ponderação das resistências da Tabela 5.4);

A = área da seção resistente;

$R = \left[1 - \left(\dfrac{\lambda}{40} \right)^3 \right]$ é o coeficiente redutor da resistência em razão da esbeltez da parede.

O índice de esbeltez ($\lambda = h_{ef} / t_{ef}$) deve ser menor ou igual a 24 para a alvenaria não armada e menor ou igual a 30 para alvenaria armada (NBR 15812-1:2010 e NBR 15961-1:2011).

Os valores da resistência de cálculo para o dimensionamento são obtidos pela divisão entre a resistência característica e o coeficiente de ponderação (γ_m). Os coeficientes de ponderação das resistências são determinados de acordo com a Tabela 5.4. A NBR 15812-1:2010 e a NBR 15961-1:2011 estabelecem que devem ser fornecidas, nos projetos em alvenaria estrutural, as resistências características dos prismas e dos grautes, bem como as resistências médias à compressão das argamassas. Podem, também, ser sugeridos os valores de resistências para os blocos, de forma que as resistências dos prismas especificadas no projeto sejam atingidas.

Tabela 5.4 Valores do coeficiente de ponderação (γ_m)

Combinações	Alvenaria	Graute	Aço
Normais	2,0	2,0	1,15
Especiais ou de construção	1,5	1,5	1,15
Excepcionais	1,5	1,5	1,0

Fonte: NBR 15812-1:2010; NBR 15961-1:2011.

Para verificações do estado limite de serviço deve ser utilizado o valor $\gamma_m = 1,0$. Para alvenarias apoiadas em elementos estruturais como viga e laje, os deslocamentos não devem ser superiores à L/500, 10 mm ou $\theta = 0,0017$ rad. Em edificações que existirem pilotis, é necessário a verificação das flechas máximas por parte do projetista do concreto armado, para se evitar o surgimento de patologias por fissuração dos painéis estruturais.

Dimensionamento de paredes à compressão e ao cisalhamento

5.4 AÇÕES E RESISTÊNCIA DE ACORDO COM A BS 5628-1 (1992)

As cargas de cálculo no estado limite último devem considerar as ações de peso próprio, acidentais, vento, cargas de terra e água. Algumas combinações são apresentadas na Tabela 5.5, sendo que, no projeto, devem ser escolhidas as combinações de carregamentos mais severas durante a vida útil da construção.

Tabela 5.5 Coeficientes ponderadores e as combinações de ações

Combinações das Ações	Tipo de Carga	Coeficientes ponderadores
Permanente + Acidental	Carga permanente	$0,9 \cdot G_k$ ou $1,4 \cdot G_k$
	Carga acidental	$1,6 \cdot Q_k$
	Cargas de terra e água	$1,4 \cdot E_n$
Permanente + Vento	Carga permanente	$0,9 \cdot G_k$ ou $1,4 \cdot G_k$
	Carga de vento	$1,4 \cdot W_k$ ou $0,015 \cdot G_k$ o maior dos dois valores
	Cargas de terra e água	$1,4 \cdot E_n$
Permanente + Acidental + Vento	Carga permanente	$1,2 \cdot G_k$
	Carga acidental	$1,2 \cdot Q_k$
	Carga de vento	$1,2 \cdot W_k$ ou $0,015 \cdot G_k$ o maior dos dois valores
	Cargas de terra e água	$1,2 \cdot E_n$

Fonte: BS 5628-1, 1992.

A norma britânica define que a resistência à compressão de cálculo é obtida a partir da divisão da resistência à compressão característica por um coeficiente de ponderação dos materiais (γ_m). Esse fator ponderador considera a categoria de fabricação das unidades e do controle de execução do processo construtivo. Assim, caso a empresa tenha cuidados na escolha do produto (tijolos ou blocos) e um controle tecnológico para a execução das alvenarias, o projetista poderá levar isso em consideração, utilizando um coeficiente ponderador da resistência menor. A Tabela 5.6 apresenta os fatores de segurança parciais para a resistência dos materiais.

Tabela 5.6 Fatores de segurança parciais para a resistência dos materiais (γ_m)

		Categoria no controle da construção	
		Especial	Normal
Tipo de controle na fabricação das unidades estruturais	Especial	2,5	3,1
	Normal	2,8	3,5

Fonte: BS 5628-1, 1992.

A resistência de cálculo da parede em alvenaria deve ser obtida utilizando a expressão da Equação (5.3):

$$N_{rd} = (\beta \cdot t \cdot f_k)/ \gamma_m \qquad (5.3)$$

onde: N_{rd} = carga vertical de cálculo por unidade de comprimento;

β = fator de redução da capacidade resistente da parede em função da excentricidade de topo (e_x) em relação ao índice de esbeltez da parede;

t = espessura da parede;

f_k / γ_m = é a resistência à compressão de cálculo, ou seja, a resistência à compressão característica, dividida pelo coeficiente de ponderação das resistências.

O fator de redução da capacidade resistente da parede em função do índice de esbeltez é obtido utilizando-se a Tabela 5.7. A BS 5628-1 (1992) cita que o índice de esbeltez para edificações acima de dois pavimentos não deverá exceder o valor de 20. Onde a altura efetiva da parede deve considerar as condições de vínculos na parte superior e inferior da mesma, podendo este índice de esbeltez ser reduzido, conforme a situação da parede ser apoiada ou engastada.

Tabela 5.7 Fator de redução da capacidade (β)

Índice de esbeltez (h_{ef}/t_{ef})	Fator de redução de carga (β) Excentricidade de carregamento (e_x)			
	$\geq 0{,}05 \cdot t$	$0{,}1 \cdot t$	$0{,}2 \cdot t$	$0{,}3 \cdot t$
0	1,00	0,88	0,66	0,44
6	1,00	0,88	0,66	0,44
8	1,00	0,88	0,66	0,44
10	0,97	0,88	0,66	0,44
12	0,93	0,87	0,66	0,44
14	0,89	0,83	0,66	0,44
16	0,83	0,77	0,64	0,44
18	0,77	0,70	0,57	0,44
20	0,70	0,64	0,51	0,37
22	0,62	0,56	0,43	0,30
24	0,53	0,47	0,34	–
26	0,45	0,38	–	–
27	0,40	0,33	–	–

Fonte: BS 5628-1, 1992.

No dimensionamento estrutural deve ser considerada uma excentricidade total (e_t) atuante na parede, que é o somatório das excentricidades de carregamento ou topo (e_x) mais as excentricidades acidentais (e_a) em decorrência da esbeltez. A excentricidade devida à esbeltez é calculada de acordo com a expressão da Equação (5.4).

$$e_a = \left[\left(\frac{1}{2400}\right) \cdot \left(\frac{h_{ef}}{t_{ef}}\right)^2 - 0,015\right] \cdot t \qquad (5.4)$$

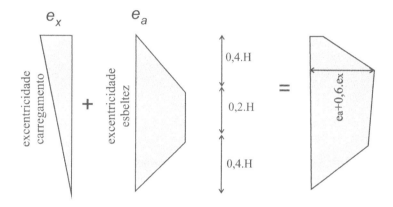

Figura 5.5 Excentricidade de carregamento ou topo, acidental e a total.

Fonte: autores.

A excentricidade total (e_t) calculada deve ser determinada a uma altura de 0,40 do pé-direito do pavimento, conforme a Equação (5.5). Portanto, o valor de β deve ser calculado conforme a excentricidade total atuante na parede pela Equação (5.6). Onde, a excentricidade final da parede (e_m) é o maior valor entre e_x e e_t.

$$e_t = 0,6 \cdot e_x + e_a \qquad (5.5)$$

$$\beta = 1,1 \cdot \left(1 - \frac{2 \cdot e_m}{t}\right) \qquad (5.6)$$

Para o Eurocode 6 (2002), o valor da excentricidade é calculado por um método simplificado baseado na análise da rigidez do sistema formado pela parede superior (2), inferior (1), pelas lajes adjacentes (3 e 4) e pelos seus respectivos comprimentos, de acordo com o tipo de vínculo ser fixo ou livre, como mostra a Figura 5.6. A Equação (5.7) apresenta a expressão para determinação do momento resultante total (M_1), em que n é quatro para os vínculos extremos fixos ou três para os vínculos extremos livres.

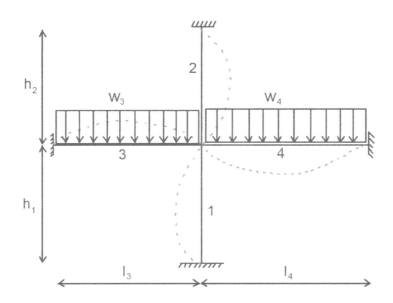

Figura 5.6 Determinação das excentricidades de carregamentos Eurocode 6.

Fonte: autores.

$$M_1 = \frac{n \cdot \dfrac{E_1 \cdot I_1}{h_1}}{n \cdot \dfrac{E_1 \cdot I_1}{h_1} + n \cdot \dfrac{E_2 I_2}{h_2} + n \cdot \dfrac{E_3 \cdot I_3}{l_3} + n \cdot \dfrac{E_4 \cdot I_4}{l_4}} \cdot \left(\frac{w_3 \cdot L_3^2}{12} - \frac{w_4 \cdot L_4^2}{12} \right) \quad (5.7)$$

onde:

– E_i e I_i são os módulos de elasticidade e os momentos de inércia para cada elemento. O padrão europeu de codificação permite a redução da excentricidade por um fator: $1 - \dfrac{k}{4}$.

onde:

– k é um fator de rigidez determinado por $k = \dfrac{E_c \cdot I_c \cdot h}{E_w \cdot I_w \cdot L}$;

– w_3 e w_4 são os carregamentos distribuídos, atuantes nas lajes (carga/m).

Como referência, a BS 5628-1 (1992) especifica as resistências características das alvenarias, em função do traço de argamassa e da relação entre a altura e a espessura do bloco. Para alvenaria construída com bloco, cuja proporção altura e espessura (h/t) ficar entre 0,6 e 2,0, o valor da resistência característica da alvenaria deve ser obtida pela interpolação entre os valores fornecidos pelas Tabelas 5.8 e 5.9.

Dimensionamento de paredes à compressão e ao cisalhamento

Tabela 5.8 Resistência característica à compressão da parede (N/mm²)

Alvenaria de bloco vazado, com proporção entre a altura e a menor dimensão horizontal de 0,6							
Designação das argamassas	***Resistência à compressão do bloco em N/mm²**						
	2,8	**3,5**	**5,0**	**7,0**	**10**	**15**	**20**	**Maior que 35**
(i)	1,4	1,7	2,5	3,4	4,4	6,0	7,4	11,4
(ii)	1,4	1,7	2,5	3,2	4,2	5,3	6,4	9,4
(iii)	1,4	1,7	2,5	3,2	4,1	5,0	5,8	8,5
(iv)	1,4	1,7	2,2	2,8	3,5	4,4	5,2	7,3

*A resistência à compressão média dos blocos.

Tabela 5.9 Resistência característica à compressão da parede (N/mm²)

Alvenaria de bloco vazado, com proporção entre a altura e a menor dimensão horizontal entre 2,0 e 4,0							
Designação das argamassas	***Resistência à compressão do bloco em N/mm²**						
	2,8	**3,5**	**5,0**	**7,0**	**10**	**15**	**20**	**Maior que 35**
(i)	2,8	3,5	5,0	5,7	6,1	6,8	7,5	11,4
(ii)	2,8	3,5	5,0	5,5	5,7	6,1	6,5	9,4
(iii)	2,8	3,5	5,0	5,4	5,5	5,7	5,9	8,5
(iv)	2,8	3,5	4,4	4,8	4,9	5,1	5,3	7,3

*A resistência à compressão média dos blocos.

Quando os blocos vazados são preenchidos por concreto com resistência à compressão não menor que a resistência do bloco, a alvenaria deve ser tratada como sólida e a resistência à compressão deve ser obtida pela Tabela 5.10.

Tabela 5.10 Resistência característica à compressão da parede (N/mm²)

Alvenaria de bloco de concreto sólido, com proporção entre a altura e a menor dimensão horizontal entre 2,0 e 4,0							
Designação das argamassas	***Resistência à compressão do bloco em N/mm²**						
	2,8	**3,5**	**5,0**	**7,0**	**10**	**15**	**20**	**Maior que 35**
(i)	2,8	3,5	5,0	6,8	8,8	12,0	14,8	22,8
(ii)	2,8	3,5	5,0	6,4	8,4	10,6	12,8	18,8
(iii)	2,8	3,5	5,0	6,4	8,2	10,0	11,6	17,0
(iv)	2,8	3,5	4,4	5,6	7,0	8,8	10,4	14,6

*A resistência à compressão média dos blocos.

Para uma melhor visualização das diferenças entre os fatores redutores das resistências de acordo com a BS 5628-1 (1992), NBR 15812-1:2010 e NBR 15961-1:2011, elaborou-se um gráfico combinando o fator redutor da resistência em função do índice de esbeltez (h_{ef}/t_{ef}), para diferentes excentricidades de carregamento de topo, como mostra a Figura 5.7. Observa-se uma diferença significativa nos valores dos fatores redutores da resistência para índices de esbeltez acima de 15.

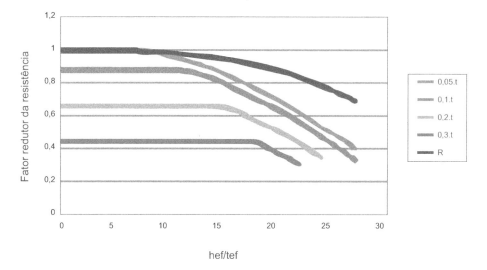

Figura 5.7 Fator redutor da resistência em relação ao índice de esbeltez.

Fonte: autores.

5.5 DIMENSIONAMENTO DA ALVENARIA

A seguir são apresentados alguns exemplos de dimensionamentos dos elementos estruturais em alvenaria sob compressão, de acordo com as normas NBR 15812-1:2010, NBR 15961-1:2011, BS 5628-1 (1992) e Eurocode 6.

EXEMPLO 5.1:

Uma parede de alvenaria estrutural de blocos cerâmicos de 14 cm de largura deve ser projetada, seguindo as características de carregamento fornecidas em projeto. Como o pé-direito da parede é igual a 2,60 m mais a altura do compensador do bloco J de 0,09 m. O pé-direito total é de 2,69 m e comprimento de 2,50 m. Vão da laje de 4 m e assumindo os seguintes fatores de seguranças parciais: para os materiais: $\gamma_m = 2,50$ e 3,50 para a BS 5628-1 (1992) e $\gamma_m = 2,0$ para a NBR 15812-1:2010; para as ações permanentes (G_k): $\gamma_g = 1,40$; para as ações acidentais (Q_k): $\gamma_q = 1,40$. Calcular a resistência característica da alvenaria necessária.

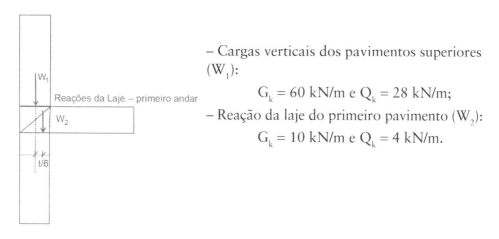

– Cargas verticais dos pavimentos superiores (W_1):

$G_k = 60$ kN/m e $Q_k = 28$ kN/m;

– Reação da laje do primeiro pavimento (W_2):

$G_k = 10$ kN/m e $Q_k = 4$ kN/m.

Dimensionamento segundo a norma BS 5628-1 (1992):

- Cálculo das cargas de projeto:

$W_1 = 1,4 \cdot 60 + 1,6 \cdot 28 = 129$ kN/m
$W_2 = 1,4 \cdot 10 + 1,6 \cdot 4 = 21$ kN/m
Total de carregamento ($N_d = W_1 + W_2$) = 150 kN/m

- Levantamento das excentricidades de carregamento:

Com o cálculo do momento atuante em relação ao centro da parede, se determina a excentricidade de topo em razão do carregamento (e_x), provocado pela reação da laje sob a parede do primeiro andar:

$W_2 \cdot t/6 = N_d \cdot e_x$
$21 \cdot (t/6) = 150 \cdot e_x$
$e_x = 21 \cdot (140/6)/150 =$ **3,27** mm

ou seja, $e_x = 0,023 \cdot t$, portanto, menor que $0,05 \cdot t$.

- Levantamento das excentricidades por causa da esbeltez (h_{ef}/t_{ef}):

A situação entre os apoios da parede no topo da laje e na fundação é de apoio e apoio, ou seja, a altura efetiva é igual à altura da parede. Com isso, tem-se que:

$h_{ef}/t_{ef} = 2,69/0,14 = 19,2$, ou seja, 19
$e_a = [(1/2.400) \cdot (h_{ef}/t_{ef})^2 - 0,015] \cdot t =$
$e_a = [(1/2.400) \cdot (19)^2 - 0,015] \cdot 140 = 18,95$ mm
$e_t = 0,6 \cdot e_x + e_a = 0,6 \cdot 3,27 + 18,95 =$
$e_t = 1,96 + 18,95 = 20,91$ mm

A norma britânica determina que o valor da excentricidade e_m, para o cálculo do fator redutor β, é obtido pelo maior valor entre a excentricidade de carregamento (e_x) e a excentricidade medida no meio da parede (e_t).

$$\beta = 1{,}1 \cdot (1 - 2 \cdot e_m/t) = 1{,}1 \cdot (1 - 2 \cdot 20{,}91/140) = 0{,}77$$

Portanto, a carga vertical de projeto por metro linear (N_d) é igual à ($\beta \cdot t \cdot f_k$)/γ_m e a resistência característica de projeto da alvenaria é de:

$$150 \text{ kN/m} = (0{,}77 \cdot 0{,}14 \cdot f_k)/3{,}5, \text{ ou seja:}$$

$$f_k = 4{,}87 \text{ N/mm}^2$$

Considerando um controle de execução e fabricação das unidades como especiais, tem-se γ_m igual a 2,50, portanto, 150 kN/m = (0,77 · 0,14 · f_k)/2,5, ou seja:

$$f_k = 3{,}48 \text{ N/mm}^2$$

Dimensionamento segundo o Eurocode 6 (2002):

A excentricidade na parede pode ser determinada pelo modelo do Eurocode 6 (2002), considerando a rigidez da laje, da parede e dos seus respectivos comprimentos.

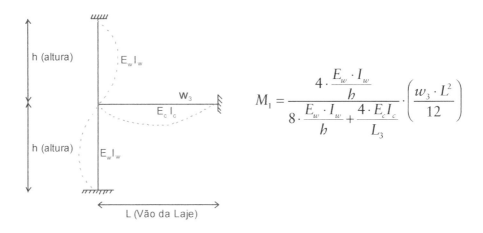

Inércias da parede (I_w) e da laje (I_c) e obtenção dos respectivos módulos de elasticidade:

Inércia da Parede	Inércia da laje
$I_w = \dfrac{b \cdot h^3}{12} = \dfrac{2{,}50 \cdot 0{,}14^3}{12} = 0{,}000572 \text{ m}^4$	$I_c = \dfrac{b \cdot h^3}{12} = \dfrac{2{,}5 \cdot 0{,}15^3}{12} = 0{,}0007 \text{ m}^4$

Previsão do módulo de elasticidade da alvenaria, para uma resistência à compressão estimada do prisma de 10 MPa:

$$E_w = 600 \cdot f_{pk} = 600 \cdot 10 = 6.000 \text{ MPa ou } 6 \cdot 10^6 \text{ kN/m}^2$$

Dimensionamento de paredes à compressão e ao cisalhamento

163

Previsão do módulo de elasticidade do concreto, para um f_{ck} estimado de 20 MPa, obtido pela equação da NBR 6118:2007:

$$E_c = 0,85 \cdot 5.600 \cdot \sqrt{f_{ck}} = 0,85 \cdot 5.600 \cdot \sqrt{20} = 21 \cdot 287 \, \text{MPa} = 21,2 \cdot 10^6 \, \text{kN/m}^2$$

Características geométricas e de carregamento:

- Pé-direito da parede: h = 2,69 m;
- Vão da laje: L = 4,00 m;
- Reação da laje: W_2 = 21 kN/m.

$$M_1 = \frac{4 \cdot \dfrac{6 \cdot 10^6 \cdot 0,000572}{2,69}}{8 \cdot \dfrac{6 \cdot 10^6 \cdot 0,000572}{2,69} + \dfrac{4 \cdot 21,2 \cdot 10^6 \cdot 0,0007}{4,00}} \cdot \left(\frac{21 \cdot 4^2}{12}\right) = 0,20333 \cdot 28 = 5,69 \, \text{kN.m}$$

Cálculo da excentricidade total na parede: $e_i = e_x + e_a$

$$e_x = \frac{M_1}{N_1} = \frac{5,69}{150 \cdot 2,5} = 0,01517 \, \text{m}$$

$$e_a = \frac{h_{ef}}{450} = \frac{2,69}{450} = 0,006 \, \text{m}$$

$$e_i = e_x + e_a = 0,01517 \, \text{m} + 0,006 \, \text{m} = 0,021170 \, \text{m}$$

O padrão europeu de codificação permite a redução da excentricidade pelo seguinte fator: $1 - \dfrac{k}{4}$

onde: $k = \dfrac{E_c \cdot I_c \cdot h}{E_w \cdot I_w \cdot L}$

Como são duas paredes (superior e inferior) e uma laje de concreto, deve ser contabilizado a rigidez da parede superior mais a da parede inferior, portanto, o valor de $E_w.I_w.L$ deve ser multiplicado por 2;

$$= \frac{21,2 \cdot 10^6 \cdot 0,000700 \cdot 2,69}{2 \cdot 6 \cdot 10^6 \cdot 0,000572 \cdot 4} = \frac{39.919,6}{27.360} = 1,46$$

$$1 - \frac{k}{4} = 1 - \frac{1,46}{4} = 0,635$$

A excentricidade total na parede é:

$$e_i = e_x \cdot k + e_a = 0,01517 \text{ m} \cdot 0,635 + 0,006 \text{ m} = 0,01563 \text{ m}$$

$$\Phi_i = 1 - 2 \cdot \frac{e_i}{t} = 1 - 2 \cdot \frac{0,01563}{0,14} = 0,78$$

Portanto, a carga vertical de projeto por metro linear (N_d) é igual à ($\Phi \cdot t \cdot f_k$)/γ_m e a resistência característica de projeto é de:

$$N_{Rd} = \frac{\Phi \cdot t \cdot f_k}{\gamma_m} = 150 \text{ kN/m} = (0,78 \cdot 0,14 \cdot f_k)/3,0$$

$$f_k = 4,12 \text{ N/mm}^2$$

Dimensionamento com a NBR 15812-1 (2010):

Cálculo das cargas totais de cálculo atuante na parede:

$$N_d = \gamma_{g,q} \cdot L \cdot (G_k + Q_k)$$

$$N_d = \gamma_{g,q} \cdot L \cdot (G_k + Q_k) = 1,4 \cdot 2,5 \cdot (70 \text{ kN/m} + 32 \text{ kN/m}) = 357 \text{ kN}$$

onde:

L é o comprimento da parede;

$\gamma_{g,q}$ é o coeficiente majorador das cargas permanentes e acidentais;

A = Área da parede = $2,50 \cdot 0,14 = 0,35$ m²;

$h_{ef}/t_{ef} = 269/14 = 19,21$ ou 19.

$R = (1 - (h_{ef}/40 \cdot t_{ef})^3) = (1 - (2,69/40 \cdot 0,14)^3) = 0,89$

$$N_d \leq (1 \cdot f_k \cdot R \cdot A)/\gamma_m$$

$$357 \leq (1 \cdot f_k \cdot 0,89 \cdot 0,35)/2,0$$

$$f_k \geq 2.292 \text{ kN/m}^2 \text{ ou 2,3 MPa}$$

Os resultados de resistências características das paredes obtidos conforme a NBR 15812-1 (2010), BS-5628-1 (1992) e Eurocode (2002), demonstraram uma disparidade nos valores de resistências características necessárias para atender as tensões atuantes na alvenaria. Para determinar a resistência da parede em relação ao prisma ($f_k = 0,7.f_{pk}$). Já a norma britânica fornece os valores de resistência da parede de acordo com a resistência do bloco, argamassa e a relação altura e espessura (h/t), demonstrados nas Tabelas 5.8, 5.9 e 5.10. Enquanto a norma Eurocode (2002) define que os valores de resistência à compressão das paredes são obtidos

Dimensionamento de paredes à compressão e ao cisalhamento

a partir de ensaios experimentais de componentes, de acordo com as dimensões mostradas na Tabela 3.30, ou seja, para esse exemplo, com um bloco cerâmico de comprimento de 30 cm, seria o suficiente para a determinação da resistência da parede o ensaio de um componente composto por dois blocos de comprimento e três blocos de altura.

EXEMPLO 5.2:

Uma parede de alvenaria de blocos cerâmicos de 14 cm de largura deve ser projetada com as características a seguir, seguindo os carregamentos fornecidos. A altura da parede é igual a 2,60 m mais a altura do compensador do bloco J de 0,09 m. Portanto, o pé-direito total é de 2,69 m e o seu comprimento é de 2,50 m. Assumindo os seguintes fatores de seguranças parciais, ficando para os materiais: $\gamma_m = 2,50$ e $3,50$ para a BS 5628-1 (1992) e $\gamma_m = 2,0$ para a NBR 15812-1:2010; para as ações permanentes (G_k): $\gamma_g = 1,40$; para as ações acidentais (Q_k): $\gamma_q = 1,40$. Calcular a resistência característica da alvenaria necessária.

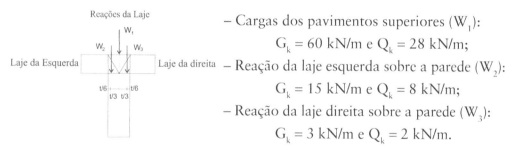

– Cargas dos pavimentos superiores (W_1):
$G_k = 60$ kN/m e $Q_k = 28$ kN/m;
– Reação da laje esquerda sobre a parede (W_2):
$G_k = 15$ kN/m e $Q_k = 8$ kN/m;
– Reação da laje direita sobre a parede (W_3):
$G_k = 3$ kN/m e $Q_k = 2$ kN/m.

Dimensionamento segundo a norma BS 5628-1 (1992):

- Cálculo das cargas de projeto:

$W_1 = 1,4 \cdot 60 + 1,6 \cdot 28 = 129$ kN/m
$W_2 = 1,4 \cdot 15 + 1,6 \cdot 8 = 34$ kN/m
$W_3 = 1,4 \cdot 3 + 1,6 \cdot 2 = 7$ kN/m
Total de carregamento ($N_d = W_1 + W_2 + W_3$) = 170 kN/m

- Levantamento das excentricidades de carregamento:

Com o cálculo do momento atuante em relação ao centro da parede, se determina a excentricidade de topo em razão do carregamento (e_x):

$34 \cdot (t/3) - 7 \cdot (t/3) = 170 \cdot e_x$
$e_x = 0,053 \cdot t = 7,42$ mm

Como a excentricidade calculada é aproximadamente igual à $0,05 \cdot t$, a excentricidade de carregamento adotado é de: $e_x = 0,05 \cdot t$.

- Índice de esbeltez da parede (h_{ef}/t_{ef}):

A situação entre os apoios da parede com a laje e com a fundação no térreo é de apoio e apoio, ou seja, a altura efetiva é igual à altura da parede. Com isso, o índice de esbeltez da parede é:

h_{ef}/t_{ef} = 2,69/0,14 = 19,2, ou seja, 19
$e_a = [(1/2.400) \cdot (h_{ef}/t_{ef})^2 - 0,015] \cdot t =$
$e_a = [(1/2.400) \cdot (19)^2 - 0,015] \cdot 140 = 18,95$ mm
$e_t = 0,6 \cdot e_x + e_a = 0,6 \cdot 7,42 + 18,95 = 4,45 + 18,95 = 23,40$ mm

A norma britânica determina que o valor da excentricidade e_m, para o cálculo do fator redutor β, é obtido pelo maior valor entre a excentricidade de carregamento (e_x) e a excentricidade medida no meio da parede (e_t). Outra maneira, de se obter o valor de β é por meio de tabela. Com o índice de esbeltez e a excentricidade de carga, determina-se o fator de redução de carregamento, entrando-se com as relações: h_{ef}/t_{ef} = 19 e e_x = 0,05 · t, na Tabela 5.7 da BS 5628-1 (1992). Com isso, se obtém um fator de redução de carga (β) igual a 0,73.

$$\beta = 1,1 \cdot (1 - 2 \cdot e_m/t) = 1,1 \cdot (1 - 2 \cdot 23,40/140) = 0,73$$

Portanto, a carga vertical de projeto por metro linear (N_d) é igual à $(\beta \cdot t \cdot f_k)/\gamma_m$

170 kN/m = $(0,73 \cdot 0,14 \cdot f_k)/3,5$, ou seja: f_k = **5,82 N/mm²**:

Considerando um controle especial de execução e fabricação das unidades, tem-se γ_m igual a 2,50

170 kN/m = $(0,73 \cdot 0,14 \cdot f_k)/2,5$, ou seja: f_k = **4,16 N/mm²**:

Dimensionamento segundo o Eurocode 6 (2002):

A excentricidade na parede pode ser determinada pelo modelo do Eurocode 6, considerando-se a rigidez da laje, da parede e dos seus respectivos comprimentos.

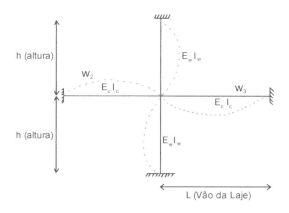

Dimensionamento de paredes à compressão e ao cisalhamento

$$M_1 = \frac{4 \cdot \dfrac{E_w \cdot I_w}{h}}{8 \cdot \dfrac{E_w \cdot I_w}{h} + \dfrac{8 \cdot E_c I_c}{L_3}} \cdot \left(\frac{w_3 \cdot L_2^2}{12} - \frac{w_2 \cdot L_3^2}{12} \right)$$

Determinação das inércias da parede, laje e obtenção dos respectivos módulos de elasticidade:

Inércia da parede	Inércia da laje
$I_w = \dfrac{b \cdot h^3}{12} = \dfrac{2,50 \cdot 0,14^3}{12} = 0,000572 \text{ m}^4$	$I_c = \dfrac{b \cdot h^3}{12} = \dfrac{2,5 \cdot 0,15^3}{12} = 0,0007 \text{ m}^4$

Previsão do módulo de elasticidade da alvenaria, para uma resistência à compressão estimada do prisma de 10 MPa:

$$E_w = 600 \cdot f_{pk} = 600 \cdot 10 = 6.000 \text{ MPa ou } 6 \cdot 10^6 \text{ kN/m}^2\text{:}$$

Previsão do módulo de elasticidade do concreto, para um f_{ck} estimado de 20 MPa, obtido pela equação da NBR 6118:2007:

$$E_c = 0,85 \cdot 5.600 \cdot \sqrt{f_{ck}} = 0,85 \cdot 5.600 \cdot \sqrt{20} = 21 \cdot 287 \text{MPa} = 21,2 \cdot 10^6 \text{ kN/m}^2$$

Características geométricas e de carregamento:

- pé-direito: h = 2,69 m;
- vão da laje esquerda: L_2 = 4,00 m;
- vão da laje direita: L_3 = 4,00 m;
- carga da laje esquerda: W_2 = 34 kN/m;
- carga da laje direita: W_3 = 7 kN/m.

$$M_1 = \frac{4 \cdot \dfrac{6 \cdot 10^6 \cdot 0,000572}{2,69}}{8 \cdot \dfrac{6 \cdot 10^6 \cdot 0,000572}{2,69} + \dfrac{8 \cdot 21,2 \cdot 10^6 \cdot 0,000700}{4,00}} \cdot \left(\frac{34.4^2}{12} - \frac{7.4^2}{12} \right) = 0,2307 \cdot 36 =$$

$$= 4,59 \text{ kN} \cdot \text{m}$$

Cálculo da excentricidade total na parede: $e_i = e_x + e_a$

$$\frac{M_1}{N_1} = \frac{4,59}{170 \cdot 2,5} = 0,0108 \text{ m}$$

$$e_a = \frac{h_{ef}}{450} = \frac{2,69}{450} = 0,006 \text{ m}$$

$$e_i = e_x + e_a = 0,0108 \text{ m} + 0,006 \text{ m} = 0,0168 \text{ m}$$

O padrão europeu de codificação permite a redução da excentricidade pelo seguinte fator: $1 - \dfrac{k}{4}$

onde: $k = \dfrac{E_c \cdot I_c \cdot h}{E_w \cdot I_w \cdot L}$

$$k = \frac{21,2 \cdot 10^6 \cdot 0,000700 \cdot 2,69}{6 \cdot 10^6 \cdot 0,000572 \cdot 4} = \frac{39.919,6}{13.680} = 2,9181$$

$$1 - \frac{2,9181}{4} = 0,27047$$

$$e_i = e_x \cdot k + e_a = 0,0108 \text{ m} \cdot 0,27047 + 0,006 \text{ m} = 0,00892 \text{ m}$$

$$\Phi_i = 1 - 2 \cdot \frac{e_i}{t} = 1 - 2 \cdot \frac{0,00892}{0,14} = 0,87$$

Portanto, a carga vertical de projeto por metro linear (N_d) é igual à $(\Phi \cdot t \cdot f_k)/\gamma_m$ e a resistência característica de projeto é de:

$$N_{Rd} = \frac{\Phi \cdot t \cdot f_k}{\gamma_m} = 170 \text{ kN/m} = (0,87 \cdot 0,14 \cdot f_k)/3,0$$

$$f_k = \textbf{4,19 N/mm}^2$$

Dimensionamento segundo a NBR 15812-1 (2010):

$$N_d = \gamma_{g,q} \cdot L \cdot (G_k + Q_k) = 1,4 \cdot 2,5 \cdot (78 \text{ kN/m} + 38 \text{ kN/m}) = 406 \text{ kN}$$

Área da parede: $2,50 \cdot 0,14 = 0,35 \text{ m}^2$

$h_{ef}/t_{ef} = 269/14 = 19,21$

$$R = (1 - (h_{ef}/40 \cdot t_{ef})^3) = (1 - (2,69/40 \cdot 0,14)^3 = 0,89$$

$$N_d \le (1 \cdot f_k \cdot R \cdot A)/\gamma_m$$

$$406 \le (1 \cdot f_k \cdot 0,89 \cdot 0,35)/2,0$$

$$f_k \ge \textbf{2.606 kN/m}^2 \textbf{ ou 2,6 MPa}$$

Dimensionamento de paredes à compressão e ao cisalhamento

EXEMPLO 5.3:

Um edifício residencial de sete pavimentos está sendo projetado em alvenaria de blocos de concreto com 14 cm de espessura e pé-direito de 2,69 m. A Figura 5.8 mostra as dimensões em planta da construção e o número de pavimentos. A altura total da edificação é de 19,74 m, sendo o peso específico considerado para a alvenaria de bloco de concreto revestida é igual a 1.900 kgf/m³ ou 19 kN/m³.

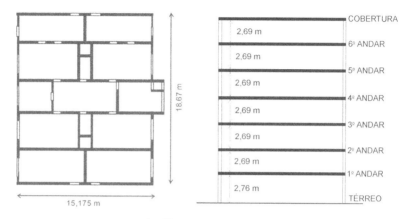

Figura 5.8 Projeto do edifício arquitetônico e o número de pavimentos.

Neste exemplo, as distribuições das paredes estruturais nas direções principais de vento (A e B) foram simplificadas para um melhor entendimento dos procedimentos de dimensionamentos a seguir, considerando as direções dos ventos principais. Para o nosso caso, serão dimensionados alguns elementos estruturais à compressão e ao cisalhamento, sendo também verificada a possibilidade de ocorrência de tração nas paredes, conforme as recomendações da norma brasileira NBR 15961-1:2011 e da norma britânica BS 5628-1 (1992). Na Figura 5.9 são apresentados os arranjos estruturais do projeto com a distribuição das cargas das lajes.

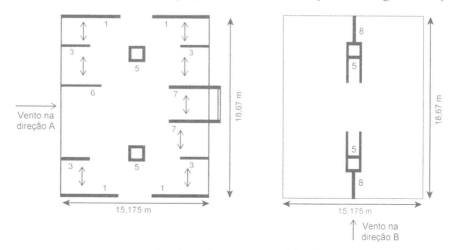

Figura 5.9 Distribuição do arranjo estrutural da edificação.

170   Construções em Alvenaria Estrutural

Para o projeto em análise, adotou-se, como referência, as lajes da empresa Tatu Pré-moldados, com a seção I, vigota tipo 432 e altura total de 14 cm, incluindo a mesa de compressão de 4 cm. De acordo com a sobrecarga atuante (cargas acidentais + revestimentos + impermeabilização + enchimento + parede + telhado), foram obtidos os vãos máximos, conforme as tabelas do fabricante (Figura 5.10) apresentadas a seguir.

SEÇÃO	VIGOTA TIPO	Conc. (cm²)	Peso (KN/m²)	M.R.U. KN.m/m	1,0	1,5	2,0	2,5	3,0	3,5	4,0	4,5	5,0	5,5	6,0	6,5	7,0	7,5	8,0	8,5	9,0	9,5	10,0	0 ESCORA	1 ESCORA	2 ESCORA
	421	46	1,90	9,6	445	410	382	359	339	323	308	296	285	275	266	258	250	243	237	231	226	221	216	3,06	5,20	
	431	46	1,90	12,9	517	476	443	416	394	375	358	344	331	319	309	299	290	283	275	268	262	256	251	3,20	5,51	
I	432	46	1,90	15,7	570	525	489	459	434	413	395	379	364	352	340	330	320	311	303	296	289	282	276	3,20	6,00	
	442	46	1,90	18,5	618	568	529	497	471	448	428	410	395	381	369	357	347	337	329	321	313	306	299	3,20	6,20	
	443	46	1,90	20,9		605	563	529	501	476	455	437	420	405	392	380	369	359	350	341	333	326	319	3,20	6,20	
	E443	45	1,90	20,9		605	563	529	501	476	455	437	420	405	392	380	369	359	350	341	333	326	319	4,21	6,20	
I - Dupla	432D	54	2,15	25,6			605	571	541	515	494	475	458	442	428	415	403	393	383	374	365	357	349	3,20	6,20	
	442D	54	2,15	29,7				615	583	556	532	511	493	476	461	447	434	423	412	402	393	384	376	3,20	6,20	
	443D	54	2,15	33,1					615	586	561	539	520	502	486	472	458	446	435	424	415	405	397	3,20	6,20	
	E443D	46	2,15	33,1					615	586	561	539	520	502	486	472	458	446	435	424	415	405	397	5,00	6,20	
II	631	46	1,96	27,2				600	568	541	517	496	478	461	446	432	420	409	398	388	379	371	363	4,34	6,20	

Figura 5.10 Tabela de dimensionamento da empresa Tatu Pré-moldados.

Para fins de dimensionamento, utilizando as tabelas do fabricante, o peso próprio do piso cerâmico mais a regularização considerada foi de 1 kN/m². Para a cobertura, foi utilizado o peso do telhado de fibrocimento de 0,5 kN/m². Para facilitar o dimensionamento deste exemplo, os valores das cargas acidentais foram uniformizados, com os seguintes valores:

- cobertura: $Q_k = 1,5$ kN/m²;
- tipo: $Q_k = 2,0$ kN/m².

Na Tabela 5.11 são resumidas as cargas permanentes e acidentais para o dimensionamento das alvenarias.

Tabela 5.11 Resumo das cargas totais atuantes

Cobertura	$G_k = 1,9$ kN/m² + 0,5 kN/m² = 2,4 kN/m²
	Qk = 1,5 kN/m²
Tipo	$G_k = 1,9$ kN/m² + 1,0 kN/m² = 2,9 kN/m²
	$Q_k = 2,0$ kN/m²
Peso próprio da parede revestida	$G_k = 19$ kN/m³ . 0,16* = 3,04 kN/m²

*Largura total da parede é igual à largura do bloco (0,14 m) mais o revestimento em ambos os lados da parede de 0,01 m.

Determinação das inércias das paredes estruturais:

Foram determinados os momentos de inércia das paredes estruturais, somatório das inércias e as respectivas proporções de inércia, nas duas direções principais de vento A e B, como mostra a Tabela 5.12. A Figura 5.11 apresenta a geometria da parede na direção B, juntamente com o cálculo da inércia total.

Tabela 5.12 Inércia e geometria das paredes estruturais na direção A

Parede	Inércia (m⁴)	n	n. Inércia (m⁴)	Proporção de inércia para cada parede (I/I$_{TOTAL}$)
1	2,2295	4	8,9180	0,70291/4 = 0,17573
3	0,1288	4	0,5152	0,04061/4 = 0,01015
5	0,5344	2	1,0688	0,08424/2 = 0,04212
6	0,7065	1	0,7065	0,05569/1 = 0,05569
7	0,7394	2	1,4788	0,11656/2 = 0,05828
SOMA		13	12,69	

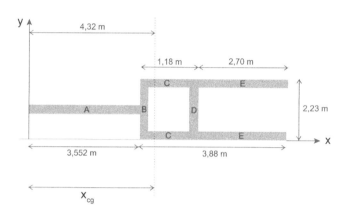

$I_A = I_{xg} + S \cdot d^2 \qquad I_A = 0{,}14 \cdot 3{,}552^3/12 + 0{,}14 \cdot 3{,}552 \cdot (2{,}544)^2 = 3{,}7412 \text{ m}^4$

$I_B = I_{xg} + S \cdot d^2 \qquad I_B = 2{,}23 \cdot 0{,}14^3/12 + 2{,}23 \cdot 0{,}14 \cdot 0{,}698^2 = 0{,}1526 \text{ m}^4$

$I_C = I_{xg} + S \cdot d^2 \qquad I_C = (0{,}14 \cdot 1{,}52^3/12 + 0{,}14 \cdot 1{,}52 \cdot 0{,}132^2) \cdot 2 = 0{,}089358 \text{ m}^4$

$I_D = I_{xg} + S \cdot d^2 \qquad I_D = 2{,}23 \cdot 0{,}14^3/12 + 2{,}23 \cdot 0{,}14 \cdot 0{,}342^2 = 0{,}0370261 \text{ m}^4$

$I_E = I_{xg} + S \cdot d^2 \qquad I_E = (0{,}14 \cdot 2{,}70^3/12 + 0{,}14 \cdot 2{,}70 \cdot 1{,}762^2) \cdot 2 = 2{,}806 \text{ m}^4$

$$= (6{,}82618 \text{ m}) \cdot 2 = 13{,}652368 \text{ m}^4$$

Figura 5.11 Geometria das paredes estruturais na direção B.

Determinação do coeficiente de estabilidade global α, que orienta a necessidade ou não das considerações dos efeitos de segunda ordem no prédio, considerando o peso total da edificação, o módulo de elasticidade da alvenaria e a inércia total das paredes nas duas direções principais de vento, como mostra a Equação (5.8).

$$\alpha = H \sqrt{\frac{N}{E \cdot I}} \leq 0{,}6 \qquad (5.8)$$

onde:

α = coeficiente de estabilidade global;

Para $\alpha < \alpha_1$ » Estrutura de nós fixos; para $\alpha \geq \alpha_1$ » Estrutura de nós móveis, sendo:

$\alpha_1 = 0,2 + 0,1 \cdot n \rightarrow n \leq 3$;

$\alpha_1 = 0,6 \rightarrow n \geq 4$;

H = altura total do edifício;

N = peso total do edifício; pode-se considerar um peso médio por metro quadrado de 10 kN/m²;

E = módulo de deformação longitudinal da alvenaria, igual a 800 f_{pk} segundo a NBR 15961-1:2011, limitado a 16 GPa;

I = somatório dos momentos de inércias das paredes na direção analisada.

então: Área de edificação = 283,32 m²;

Número de pavimentos = 7 pavimentos;

N = 1 ton/m² · 283,32 m² · 7 Pav. = 1.983,24 ton. ou 1.983.240 kgf ou 19.832 kN;

H = 19,74 m;

Inércia na direção A = 12,69 m⁴;

Inércia na direção B = 13,65 m⁴;

E_{alv} = 800 · f_{pk} = 800 · 5* = 4.000 MPa; ou 4 · 10⁸ kgf/m².

*Foi estimado um valor para a resistência característica do prisma para a determinação do módulo de elasticidade de 5 MPa.

Cálculo para a direção A: $\alpha = 19,74\sqrt{\dfrac{1.983.240}{4 \cdot 10^8 \cdot 12,69}} = 0,39 < 0,6$

Cálculo para a direção B: $\alpha = 19,74\sqrt{\dfrac{1.983.240}{4 \cdot 10^8 \cdot 13,65}} = 0,37 < 0,6$

Portanto, não existe a necessidade da consideração dos efeitos de segunda ordem no prédio em consideração. Outro parâmetro que avalia a estabilidade global de um edifício é o parâmetro γ_z. Quando maior o parâmetro γ_z, maiores os efeitos de segunda ordem em relação aos de primeira ordem, portanto, mais instável é a estrutura. Para $\gamma_z = 1,20$, significa que os efeitos de segunda ordem são 20% dos efeitos de primeira ordem. O valor do γ_z pode ser determinado pela expressão da Equação (5.9).

$$\gamma_z = \frac{1}{1 - \dfrac{\Delta M_{tot,d}}{M_{1,tot,d}}} \tag{5.9}$$

onde:

$\Delta M_{tot,d}$ = é a soma dos produtos de todas as forças verticais atuantes na estrutura, com seus valores de cálculo, pelos deslocamentos horizontais de seus respectivos pontos de aplicação, obtidos em primeira ordem;

$M_{1,tot,d}$ = é o momento de tombamento, ou seja, a soma dos momentos de todas as forças horizontais, com seus valores de cálculo, em relação à base da estrutura.

A força horizontal F_H é obtida pela divisão entre o momento atuante no pavimento térreo, na direção A e dividido pela altura da edificação (F_H = 3250,01/19,74 = 164,64 kN). Portanto, o deslocamento horizontal de topo provocado pela carga horizontal:

$$X = \frac{F_H \cdot L^3}{3 \cdot E \cdot I} = \frac{164{,}64 \, kN \cdot (19{,}74)^3 \, m}{3 \cdot 4 \cdot 10^6 \, \frac{kN}{m^2} \cdot 12{,}69 \, m^4} = 0{,}83 \text{ cm}$$

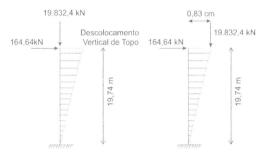

Com o cálculo dos deslocamentos horizontais se tem:

$$\Delta M_{tot,d} = 19.832{,}4 \text{ kN} \cdot 0{,}0083 \text{ m} = 164{,}61 \text{ kN} \cdot \text{m}$$

$$M_{1,tot,d} = 164{,}64 \text{ kN} \cdot 19{,}74 \text{ m} = 3.250 \text{ kN} \cdot \text{m}$$

Então: $\gamma_z = \dfrac{1}{1 - \dfrac{\Delta M_{tot,d}}{M_{1,tot,d}}} = \dfrac{1}{1 - \dfrac{19.832{,}4 \text{ kN} \cdot 0{,}0083 \text{ m}}{164{,}64 \text{ kN} \cdot 19{,}74 \text{ m}}} = 1{,}05$

Como o valor de $\gamma_z \leq 1{,}1$ a estrutura é considerada de nós fixos. O γ_z deve ser determinado para as duas direções de atuação das forças horizontais.

Efeito do desaprumo:

Para edifícios de múltiplos pavimentos deve ser considerado o efeito do desaprumo global, por meio do ângulo de desaprumo em radianos, onde: H é = a altura total da edificação. Pelas atuais normalizações (NBR 15812-1:2010 e NBR 15961-1:2011, passou a ser obrigatória a consideração do efeito do desaprumo. A força horizontal a ser considerada é o peso total do pavimento multiplicado pelo ângulo de desaprumo. Para o peso total do pavimento, é considerado um peso médio de aproximadamente 1 ton./m^2 ou 10 kN/m^2. A área total do pavimento: $18,67 \cdot 15,175 = 283,3$ m^2. Portanto, o peso do pavimento total é de 283.300 kgf ou 2.833 kN.

Para alvenaria estrutural de bloco de concreto:

$$\theta_a = 1 / 100 \cdot H^{1/2} \leq 1 / 40 \, H$$

H	1/100.H$^{1/2}$	1/40.H	θ_a(rad)
19,74	0,00225	0,00127	0,00127
16,98	0,00243	0,00147	0,00147
14,15	0,00266	0,00177	0,00177
11,32	0,00297	0,00221	0,00221
8,49	0,00343	0,00294	0,00294
5,66	0,00420	0,00442	0,00420
2,83	0,00594	0,00883	0,00594

$$F_{horizontal} = \theta_a \cdot \text{Peso do Pav.} = 0,00127 \text{ rad. } 2.833 \text{ kN} = 3,60 \text{ kN}$$

Ações horizontais a serem consideradas na edificação (vento):

Nos projetos em alvenaria estrutural, as principais ações horizontais que devem ser consideradas são os efeitos do vento e do desaprumo das paredes, que podem produzir uma combinação de tensões normais de tração, compressão e cisalhamento. Para a determinação dessas ações de vento nas estruturas dos edifícios deverão ser adotadas as recomendações da NBR 6123:1989. As forças atuantes na edificação são proporcionais ao: coeficiente de arrasto (C_a), pressão dinâmica de vento (q em N/m^2) e área de atuação efetiva de vento (A_e), como mostra a Equação (5.10).

$$F = C_a \cdot q \cdot A_e \qquad (5.10)$$

onde:

$q = 0,613 \cdot V_k^2$;

V_k = velocidade característica de vento (m/s) obtido pelo cálculo da expressão: $V_k = V_0 \cdot S_1 \cdot S_2 \cdot S_3$;

V_0 = velocidade básica de vento, determinado pelo gráfico das isopletas da velocidade de vento da Figura 5.12;

S_1 = fator topográfico;

S_2 = fator de rugosidade e regime;

S_3 = fator estatístico;

C_a = coeficiente de arrasto ou de força.

O coeficiente de arrasto é determinado para seções retangulares e constantes em relação à h/l$_1$ e l$_1$/l$_2$, como mostra a Figura 5.13.

Figura 5.12 Gráfico das isopletas da velocidade básica do vento (V$_0$) em m/s no Brasil.

Fonte: NBR 6123:1989.

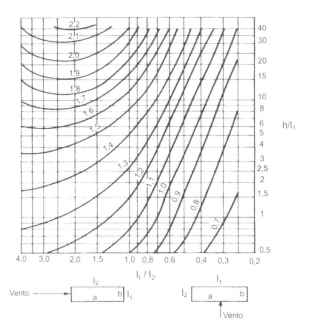

Figura 5.13 Coeficiente de arrasto C$_a$ para edificações em vento de baixa turbulência.

Fonte: NBR 6123:1989.

O fator S$_1$ deve ser considerado conforme a indicação do terreno. Para terrenos planos, o valor de S$_1$ é igual a 1; para vales profundos, o valor de S$_1$ é igual a 0,9 e, para taludes e morros, o valor de S$_1$ depende da inclinação do morro. Para o nosso caso, foi considerado um terreno plano, portanto, o valor de S$_1$ é igual a 1,0.

176 Construções em Alvenaria Estrutural

O fator S_2 considera o efeito combinado da rugosidade do terreno e da variação da velocidade do vento, com a altura acima do terreno e das dimensões da edificação considerada. As classes de rugosidade de terrenos são divididas em cinco categorias:

– Categoria I: superfícies lisas como mar calmo, pântanos e lagos;

– Categoria II: terrenos com poucas ondulações como zonas costeiras planas, pântanos com vegetação rala, campos de aviação, pradarias, fazendas;

– Categoria III: terrenos planos ou ondulados com obstáculos como vilas e subúrbios;

– Categoria IV: terrenos cobertos por obstáculos como parques, bosques e cidades pequenas;

– Categoria V: terrenos com muitos obstáculos como florestas com árvores altas, cidades grandes e complexos industriais.

Em relação à dimensão da edificação, a NBR 6123:1989 classifica a edificação por classe:

– Classe A: toda a edificação na qual a maior dimensão horizontal ou vertical não exceda 20 m

– Classe B: toda a edificação ou parte dela na qual a maior dimensão horizontal ou vertical esteja entre 20 e 50 m;

– Classe C: toda a edificação ou parte dela na qual uma dimensão horizontal ou vertical exceda 50 m.

Na Tabela 5.13 são apresentados os valores de S_2 para as categorias de rugosidade do terreno e as dimensões da edificação. No estudo aqui considerado, a edificação se enquadra na classe A e categoria IV. A altura do pavimento será: 2,69 m mais a espessura da laje de 0,14 m, totalizando: 2,83 m. No térreo da edificação foi considerada uma altura do pavimento de 2,76 m. A Tabela 5.14 apresenta os valores dos coeficientes S_2, obtido por interpolação conforme a altura da edificação.

Tabela 5.13 Fator S_2 para as categorias de rugosidade do terreno e as dimensões da edificação

	CATEGORIA														
	CLASSES			CLASSES			CLASSES			CLASSES			CLASSES		
	I			II			III			IV			V		
Z (m)	A	B	C	A	B	C	A	B	C	A	B	C	A	B	C
≤ 5	1,06	1,04	1,01	0,94	0,92	0,89	0,88	0,86	0,82	0,79	0,76	0,73	0,74	0,72	0,67
10	1,10	1,09	1,06	1,00	0,98	0,95	0,94	0,92	0,88	0,86	0,83	0,80	0,74	0,72	0,67
15	1,13	1,12	1,09	1,04	1,02	0,99	0,98	0,96	0,93	0,90	0,88	0,84	0,79	0,76	0,72

Dimensionamento de paredes à compressão e ao cisalhamento

	CATEGORIA														
	CLASSES			CLASSES			CLASSES			CLASSES			CLASSES		
	I			II			III			IV			V		
Z (m)	A	B	C	A	B	C	A	B	C	A	B	C	A	B	C
20	1,15	1,14	1,12	1,06	1,04	1,02	1,01	0,99	0,96	0,93	0,91	0,88	0,82	0,80	0,76
30	1,17	1,17	1,15	1,10	1,08	1,06	1,05	1,03	0,93	0,98	0,96	0,93	0,87	0,85	0,82
40	1,20	1,19	1,17	1,13	1,11	1,09	1,08	1,06	1,04	1,01	0,99	0,96	0,91	0,89	0,86
50	1,21	1,21	1,19	1,15	1,13	1,12	1,10	1,09	1,06	1,04	1,02	0,99	0,94	0,93	0,89
60	1,22	1,22	1,21	1,16	1,15	1,14	1,12	1,11	1,09	1,07	1,04	1,02	0,97	0,95	0,92
80	1,25	1,24	1,23	1,19	1,18	1,17	1,16	1,14	1,12	1,10	1,08	1,06	1,01	1,00	0,97
100	1,26	1,26	1,25	1,22	1,21	1,20	1,18	1,17	1,15	1,13	1,11	1,09	1,05	1,03	1,01
120	1,28	1,28	1,27	1,24	1,23	1,22	1,20	1,20	1,18	1,16	1,14	1,12	1,07	1,06	1,04
140	1,29	1,29	1,28	1,25	1,24	1,24	1,22	1,22	1,20	1,18	1,16	1,14	1,10	1,09	1,07
160	1,30	1,30	1,29	1,27	1,26	1,25	1,24	1,23	1,22	1,20	1,18	1,16	1,12	1,11	1,10
180	1,31	1,31	1,31	1,28	1,27	1,27	1,26	1,25	1,23	1,22	1,20	1,18	1,14	1,14	1,12
200	1,32	1,32	1,32	1,29	1,28	1,28	1,27	1,26	1,25	1,23	1,21	1,20	1,16	1,16	1,14
250	1,34	1,35	1,33	1,31	1,31	1,31	1,30	1,29	1,28	1,27	0,25	0,23	0,20	0,20	0,18
300	–	–	–	1,34	1,33	1,33	1,32	1,32	1,31	1,29	1,27	1,26	1,23	1,23	1,22
350	–	–	–	–	–	–	1,34	1,34	1,33	1,32	1,30	1,29	1,26	1,26	1,26
400	–	–	–	–	–	–	–	–	–	1,34	1,32	1,32	1,29	1,29	1,29

Fonte: NBR 6123:1989.

Tabela 5.14 Fator S_2 em função da altura da edificação

Pavimento	Altura (m)	S_2
Cobertura	19,74	0,93
6° Andar	16,91	0,91
5° Andar	14,08	0,89
4° Andar	11,25	0,87
3° Andar	8,42	0,84
2° Andar	5,59	0,80
1° Andar	2,76	0,79
Térreo	0	0,79

O fator S_3, de acordo com a descrição da NBR 6123:1989, considera o grau de segurança requerido e a vida útil da edificação, conforme o grupo em que a edificação se enquadra, como mostrado a seguir:

- Grupo 01: Edificações cuja ruína total ou parcial possa afetar a segurança ou a possibilidade de socorro à pessoas, após uma tempestade destrutiva (hospitais, quartéis de bombeiros e forças de segurança, centrais de comunicação etc.) – Fator $S_3 = 1,10$;

- Grupo 02: Edificações para hotéis, residências, comércios e indústrias de alto fator de ocupação – Fator $S_3 = 1,00$;

- Grupo 03: Edificações e instalações industriais com baixo fator de ocupação (depósitos, silos, construções rurais etc.) – Fator $S_3 = 0,95$;

- Grupo 04: vedações (telhas, vidros, painéis de vedação etc.) – Fator $S_3 = 0,88$;

- Grupo 05: Edificações temporárias e estruturas do Grupo 01 e 03, durante a construção – Fator $S_3 = 0,83$.

Para o nosso dimensionamento, o grupo em que a edificação se encontra é 02, cujo fator S_3 é igual a 1,00. Considerando uma velocidade básica de vento de 44 m/s, $S_1 = 1,0$ e $S_3 = 1,0$, têm-se as seguintes velocidades características e pressão de vento, conforme a Tabela 5.15.

Tabela 5.15 Velocidades características de vento e pressão dinâmica de vento

Pavimento	Altura (m)	S_2	V_k (m/s)	$q = 0,613 \cdot V_k^2$
Cobertura	19,74	0,93	40,92	1,03 kN/m²
6° Andar	16,91	0,91	40,04	0,98 kN/m²
5° Andar	14,08	0,89	39,16	0,94 kN/m²
4° Andar	11,25	0,87	38,28	0,90 kN/m²
3° Andar	8,42	0,84	36,96	0,84 kN/m²
2° Andar	5,59	0,80	35,20	0,76 kN/m²
1° Andar	2,76	0,79	34,76	0,74 kN/m²
Térreo	0,00	0,79	34,76	0,74 kN/m²

O coeficiente de arrasto C_a deve ser obtido da Figura 5.13, considerando as duas direções principais A e B e suas relações de dimensões (l_1 e l_2 são as dimensões em planta baixa da edificação e h é a altura da edificação), como mostra a Tabela 5.16. Com as forças horizontais atuantes em decorrência do vento e do desaprumo, já podemos calcular as forças horizontais totais acumuladas e os momentos nas duas direções analisadas A e B. As Tabelas 5.17 e 5.18 apresentam os resultados. O coeficiente de arrasto obtido para a direção A foi de $C_a - 1,18$ e para a direção B foi de $C_a - 1,08$.

Dimensionamento de paredes à compressão e ao cisalhamento

Tabela 5.16 Relações entre h/l_1 e l_1/l_2 para a obtenção do coeficiente de arrasto

Direção A	h/l_1	0,97
	l_1/l_2	1,23
Direção B	h/l_1	1,20
	l_1/l_2	0,81

Tabela 5.17 Velocidades características de vento e pressão dinâmica de vento na direção A

	Pavimento	Altura do pav. (m)	q (kN/m²) $= 0{,}613 \cdot V_k^2$	Área Efetiva (m²) (Altura× 18,67 m)	Força de Vento (kN) $C_a = 1{,}18$	Força de desaprumo $-F_d$ (kN)	Momento Vento $M = F_v \cdot h/2$ (kN·m)	Momento Desaprumo $M = F_d \cdot h$ (kN·m)	Momento Total (kN·m)
Direção A	Cobertura	0	1,03	0	0	3,59	0,00	0,00	0
	6° Andar	2,83	0,98	52,84	61,27	3,59	86,70	10	97
	5° Andar	5,66	0,94	105,67	117,22	3,59	331,72	30	362
	4° Andar	8,49	0,90	158,51	168,01	3,59	713,21	61	774
	3° Andar	11,32	0,84	211,34	208,83	3,59	1181,99	102	1.284
	2° Andar	14,15	0,76	264,18	236,77	3,59	1.675,16	152	1.828
	1° Andar	16,98	0,74	317,02	277,07	3,59	2.352,29	213	2.566
	Térreo	19,74	0,74	371,16	322,10	3,59	3.179,15	284	3.475

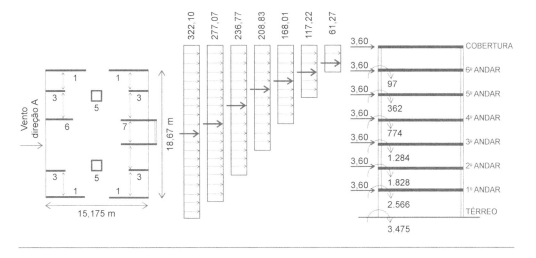

Tabela 5.18 Velocidades características de vento e pressão dinâmica de vento na direção B

	Pavimento	Altura (m)	q (kN/m²) $= 0{,}613 \cdot V_k^2$	Área Efetiva (m²) (Altura× 18,67 m)	Força de Vento – F_v (kN) $C_a = 1{,}08$	Força de desaprumo – F_d (kN)	Momento Vento $M = F_v \cdot h/2$ (kN.m)	Momento Desaprumo $M = Fd \cdot h$ (kN·m)	Momento Total (kN·m)
Direção B	Cobertura	0	1,03	0	0	3,59	0,00	0,00	0,00
	6º Andar	2,83	0,98	42,95	45,58	3,59	64,50	10	75
	5º Andar	5,66	0,94	85,89	87,20	3,59	246,78	30	277
	4º Andar	8,49	0,90	128,84	124,99	3,59	530,57	61	592
	3º Andar	11,32	0,84	171,78	155,35	3,59	879,31	102	981
	2º Andar	14,15	0,76	214,73	176,14	3,59	1.246,18	152	1.399
	1º Andar	16,98	0,74	257,67	206,12	3,59	1.749,92	213	1.963
	Térreo	19,74	0,74	299,55	239,62	3,59	2.365,03	284	2.658

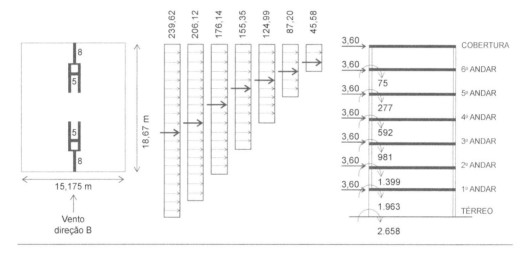

Levantamento das cargas verticais na parede 01:

- o vão da laje entre as paredes 01 e 03 é de 3,45 m mais a espessura da parede de 0,14 m é igual a 3,59 m. As reações da laje nas paredes 01 e 03:
  - Cobertura: $G_k = 2{,}4$ kN/m² e $Q_k = 1{,}5$ kN/m²;
  - Tipo: $G_k = 2{,}9$ kN/m² e $Q_k = 2{,}0$ kN/m²;
  - Peso da parede = $W_1 = 3{,}04$ kN/m² · 2,69 m = 8,18 kN/m

Carga da cobertura:

$G_k = 2{,}4 \cdot 3{,}59/2 = 4{,}31$ kN/m

$Q_k = 1{,}5 \cdot 3{,}59/2 = 2{,}69$ kN/m

Carga do tipo:

$G_k = 2{,}9 \cdot 3{,}59/2 = 5{,}20$ kN/m

$Q_k = 2{,}0 \cdot 3{,}59/2 = 3{,}59$ kN/m

Dimensionamento de paredes à compressão e ao cisalhamento

Parede da W_1:

$W_1 = 8{,}18 \text{ kN/m}$

Distribuição das cargas verticais permanentes e acidentais (kN/m) acumuladas:

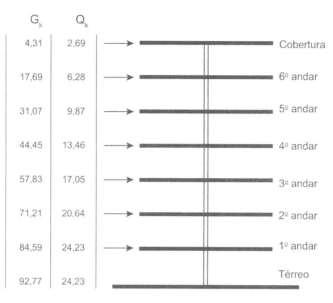

Dados da parede 01:

• Inércia da parede 01: 2,2295 m⁴ • Proporção de inércia: 0,17573 • Posição da linha neutra da parede: 5,76/2 = 2,88	$W_k = \dfrac{PI \cdot M \cdot y}{I}$

				1ª Combinação	2ª Combinação	3ª Combinação	4ª Combinação	5ª Combinação
				$1{,}4 \cdot G_k + 1{,}6 \cdot Q_k$	$0{,}9 \cdot G_k - 1{,}4 \cdot W_k$	$1{,}2 \cdot G_k + 1{,}2 \cdot Q_k + 1{,}2 \cdot W_k$	$0{,}9 \cdot G_k + 1{,}4 \cdot W_k$	$1{,}2 \cdot G_k + 1{,}2 \cdot Q_k - 1{,}2 \cdot W_k$
Pav	G_k (kN/m)	Q_k (kN/m)	M (kN·m)	kN/m²	kN/m²	kN/m²	kN/m²	kN/m²
Cob.	4,31	2,69	0	73,84	27,71	60,00	27,71	60,00
6	17,69	6,28	97	248,67	82,89	231,88	144,55	179,03
5	31,07	9,87	362	423,50	84,69	449,52	314,78	252,30
4	44,45	13,46	774	598,33	39,77	707,21	531,73	285,53
3	57,83	17,05	1284	773,16	−36,30	991,59	779,82	292,06
2	71,21	20,64	1828	947,99	−123,17	1285,24	1038,72	289,33
1	84,59	24,23	2566	1122,81	−271,69	1631,73	1359,28	233,76
Térreo	92,77	24,23	3475	1204,61	−507,99	1949,46	1700,75	56,26

A Figura 5.14 apresenta as distribuições de tensões atuantes ao longo do comprimento da parede em função das combinações de tensões mais críticas.

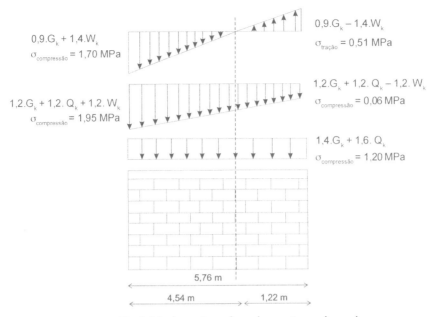

Figura 5.14 Distribuição das tensões ao longo do comprimento da parede.

Fonte: autores.

Pelos resultados das combinações de tensões se pode observar que pela segunda combinação existe o desenvolvimento de tensões de tração na alvenaria da ordem de 0,51 MPa. Para a nossa situação de projeto e admitindo uma argamassa de 7 MPa, o limite da resistência à tração na direção normal à fiada é de 0,15 MPa, como mostra a Tabela 5.19 da NBR 15961-1:2011.

Tabela 5.19 Resistência à tração limite para o dimensionamento

Direção da tração	Resistência média de compressão da argamassa (MPa)		
	1,5 a 3,4[a]	3,5 a 7,0[b]	Acima de 7,0[c]
Normal à fiada	0,08	0,15	0,20
Paralela à fiada	0,20	0,40	0,50

Nota 1: Valores relativos a área bruta.

Nota 2: As faixas de resistência indicadas correspondem às seguintes classes da ABNT NBR 13281:2005 a seguir:

[a] Classes P2 e P3;

[b] Classes P4 e P5;

[c] Classe P6.

Portanto, existe a necessidade de se armar a Parede 1, pois a tensão de tração atuante (0,51 MPa) é maior que a resistência à tração característica dividida pelo coeficiente de segurança ($f_{tk}/\gamma_m = 0,15/2,0 = 0,075$ MPa). Nesse caso, considera-se a estrutura no estádio II de deformação, com apenas o aço resistindo aos esforços de tração e admitindo que a tensão de compressão na alvenaria continua variando de forma linear.

Determinação da armadura de tração:

A força de tração resultante na parede se distribui triangularmente ao longo do comprimento da parede, onde a resultante de força é: $0{,}051 \frac{kN}{cm^2} \cdot \frac{122}{2} \cdot 14 \; cm^2 = 43{,}5 \; kN$

A NBR 15961-1:2011 estabelece que deve ser empregado a metade da resistência de escoamento de cálculo da armadura.

$$f_s = 0{,}5 \cdot f_{yd} = 0{,}5 \cdot \frac{f_{yk}}{\gamma_m}, \text{ para um } \gamma_m = 1{,}15$$

Para o aço CA-50A, o valor de $f_{yk} = 500$ MPa ou 50 kN/cm². Adotando o aço CA-50A com Ø = 10 mm, cuja área de aço: $A_s = 0{,}8 \; cm^2$.

$$f_s = 0{,}5 \cdot f_{yd} = 0{,}5 \cdot \frac{f_{yk}}{\gamma_m} \cdot As = F_{aço}$$

$$f_s = \frac{F}{A_{aço}}; \; 0{,}5 \cdot \frac{f_{yk}}{1{,}15} = \frac{43{,}5}{A_{aço}}$$

$$A_{aço} = 2{,}00 \; cm^2 = 3\phi 10 \; mm$$

A força que cada barra de aço de 10 mm suporta, é obtida por:

$$0{,}5 \cdot f_{yd} = 0{,}5 \cdot \frac{50}{1{,}15} \cdot 0{,}8 = F_{aço}$$

$$F_{aço} = 17{,}39 \; kn$$

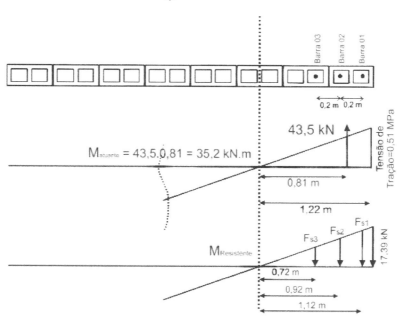

Com as forças de tração das barras verticais de aço determinam-se os momentos que atuam em cada uma das barras, assim é possível comparar o momento atuante na parede ($M_{atuante}$ =35,2 kN.m) com o momento resistente da armadura ($M_{Resistente}$ = 37,32 kN.m). Apesar de o dimensionamento definir uma área de aço necessária para absorver os esforços de tração atuantes, a NBR 15961-1 (2011) estabelece que a área da armadura longitudinal de combate à tração não deve ser menor que 0,10% da área da seção transversal (A_s = 0,10%. 14. 576= 8 cm²).

Barra de aço 01	$M_{R\,01}$ = 15,96 · 1,12 = 17,87 kN.m
Barra de aço 02	$M_{R\,02}$ = 13,11 · 0,92 = 12,06 kN.m
Barra de aço 03	$M_{R\,03}$ = 10,26 · 0,72 = 7,39 kN.m
	M_R = 37,32 kN.m

Caso exista flange em um dos lados, por exemplo o direito da parede, se comparam os momentos produzidos pelas forças atuantes de tração, com o momento produzido pela tensão de tração atuante à 1/3 da base tracionada da parede.

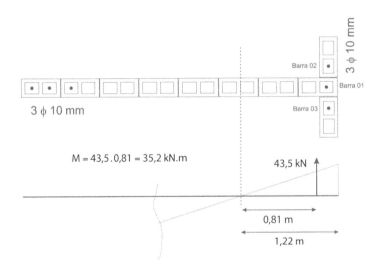

Barra 01	$M_{R\,barra\,01}$ = 15,96 · 1,12 = 17,87 kN.m
Barra 02	$M_{R\,barra\,02}$ = 16,39 · 1,15 = 18,85 kN.m
Barra 03	$M_{R\,barra\,03}$ = 16,39 · 1,15 = 18,85 kN.m
	M_R = 55,57 kN.m

Com as forças de tração das barras verticais de aço determinam-se os momentos que atuam em cada uma das barras, assim é possível comparar o momento atuante na parede ($M_{atuante}$ =35,2 kN.m) com o momento resistente da armadura ($M_{Resistente}$ = 55,57 kN.m). Portanto, para os casos anteriormente demonstrados, a armadura que seria empregada na parede seria a obtida pelo cálculo da área de aço mínima.

DIMENSIONAMENTO PAREDE 01 À COMPRESSÃO

Entre as combinações das tensões de compressão, a mais crítica foi a terceira combinação com um nível de compressão de 1,95 MPa.

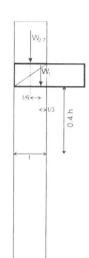

Determinação da carga centrada acima da laje do primeiro pavimeto e o peso da parede do térreo, contabilizando apenas a altura de 0,4h. $W_{2,7} = 1,2 \cdot G_k = 1,2 \cdot (84,59 - 5,20) = 1,2 \cdot 79,39$ kN/m = **95,27 kN/m** $\quad\quad 1,2 \cdot Q_k = 1,2 \cdot (24,23 - 3,59) = 1,2 \cdot 20,64$ kN/m = **24,77 kN/m** $\quad\quad 1,2 \cdot W_k = 1,2 \cdot (PI.M/Z);$ onde: I = 2,2295 m⁴; $\quad\quad$ Prop. de Inércia (PI)= 0,17573; $\quad\quad$ Posição da L.N (Y) = 4,54. $\quad\quad M_{atuante} = 3.475$ kN · m; $\quad\quad$ Z = I/Y = 2,2295/4,54 = 0,49; $\quad\quad 1,2 \cdot W_k = 1,2 \cdot 0,17573 \cdot 3475/0,49 = 1495,5 \cdot 0,14 = $ **209,4 kN/m;**. $W_{2,7}$ – Peso da Parede à 0,4.h: $1,2 \cdot 3,04 \cdot 0,4 \cdot 2,69 =$ **3,92 kN/m**   Determinação da reação da laje do 1° pavimento (W_1): $- 1,2 \cdot G_k = 1,2 \cdot 5,2 = 6,24$ kN/m $- 1,2 \cdot Q_k = 1,2 \cdot 3,59 = 4,31$ kN/m
$W_{2,7} = 1,2 \cdot 79,39 + 1,2 \cdot 20,64 + 209,4 = 95,27 + 24,77 + 209,4 =$ **329,4 kN/m** $W_{2,7} = 1,2 \cdot 0,4 \cdot 3,04$ kN/m² $\cdot 2,69 =$ **3,92 kN/m** $W_1 = 6,24 + 4,31 =$ **10,55 kN/m**   Total = $W_{2,7} + W_1 = 329,4 + 3,92 + 10,55 = 343,9$ kN/m $\quad\quad W_1 \cdot t/6 = 343,9 \cdot e_x$ $\quad\quad 10,55 \cdot t/6 = 343,9 \cdot e_x$ $\quad\quad 10,55 \cdot t/6 = 343,9 \cdot e_x$ $\quad\quad 0,00511 \cdot t = e_x$ $\quad\quad e_x = 0,00511 \cdot t = 0,00511 \cdot 140 = 0,71$ mm $< 0,05 \cdot t$ $e_a = [(1/2.400) \cdot (h_{ef}/t_{ef})^2 - 0,015] \cdot t = e_a = [(1/2.400) \cdot (19,21)^2 - 0,015] \cdot 140 =$ $e_a =$ **19,43 mm** $e_t = 0,6 \cdot e_x + e_a = 0,6 \cdot 0,71 + 19,43 = 0,43 + 19,43 =$ **19,86 mm** $\beta = 1,1 \cdot (1 - 2 \cdot e_m/t) = 1,1 \cdot (1 - 2 \cdot 19,86/140) =$ **0,79** $h_{ef}/t_{ef} = 2,69/0,14 = 19,21$ $\quad\quad \beta = 0,79 \quad\quad N_d = \beta \cdot t \cdot f_k/\gamma_m \quad\quad N_d/t = 0,79 \cdot f_k/3,5$ $\quad\quad\quad\quad\quad\quad f_k = 1,95 \cdot 3,5/0,79 =$ **8,64 MPa**

Dimensionamento ao cisalhamento – BS 5628-1 (1992)

Força de vento + a Força de desaprumo = 322,10 + 3,59 · 8 pav. = 350,82 kN
PI = 0,17572
Força horizontal na parede = PI · FV = 0,17572 · 350,82 = 61,65 kN
$\tau_{projeto}$ = V/A = (61,65 · 10³)/(140 · 5,76 · 10³) = 0,076 N/mm² ou **0,076 MPa**.

Tensão de compreesão de parede = g_a = 0,9 · 84,59/0,14 = 0,54 MPa

Para argamassa de traço *ii* de acordo com a BS 5628-1, tem-se:
f_v = (0,35 + 0,6 · g_a)/γ_{mv} = (0,35 + 0,6 · 0,54)/2,5 = **0,27 MPa**

$\tau_{projeto} < f_v$, a parede 01 **tem** capacidade de suportar os esforços de cisalhamento atuantes.

A seguir, será tratado o dimensionamento pela norma brasileira NBR 15961-1:2011.

Dimensionamento norma brasileira NBR 15961-1:2011

h_{ef}/t_{ef} = 269/14 = 19,21; R = (1 − (h_{ef}/40 · t_{ef})³) = (1 − (2,69/40 · 0,14)³ = 0,89
γ_g = 1,4; γ_q = 1,4; $\psi_{0\ acidental}$ = 0,5; $\psi_{0\ vento}$ = 0,6
G_k = (92,77 kN/m)/0,14 m = 0,66 MPa
Q_k = (24,23 kN/m)/0,14 m = 0,17 MPa

Dimensionamento à compressão simples:

$$1,4 \cdot (0,66 + 0,17) = \frac{f_k}{\gamma_m} \cdot R \quad 1,4 \cdot (0,66 + 0,17) = \frac{f_k}{2} \cdot 0,89 \quad f_k = 2,63 \text{ MPa}$$

Dimensionamento à flexão:

$$W_z = \frac{M \cdot PI \cdot y}{I} = \frac{3.475 \cdot 0,17573 \cdot 4,54}{2,2295} = 1,24 \text{ MPa}$$

onde: M é o momento atuante na direção analisada;
  PI é a proporção de inércia;
  y é a posição da linha neutra;
  I é a inércia da seção analisada;

Deve se combinar as tensões para as seguintes combinações:

$$\frac{\gamma_q \cdot \Psi_o \cdot Q_k + \gamma_g \cdot G_k}{R} + \frac{\gamma_q \cdot W_k}{1,5} \leq \frac{f_k}{\gamma_w} \quad e \quad \frac{\gamma_q \cdot Q_k + \gamma_g \cdot G_k}{R} + \frac{\gamma_q \cdot \Psi_o \cdot W_k}{1,5} \leq \frac{f_k}{\gamma_w}$$

$$\frac{1,4 \cdot 0,5 \cdot 0,17 + 1,4 \cdot 0,66}{0,89} + \frac{1,4 \cdot 1,24}{1,5} \leq \frac{f_k}{2,0} \quad e \quad \frac{1,4 \cdot 0,17 + 1,4 \cdot 0,66}{0,89} + \frac{1,4 \cdot 0,6 \cdot 1,24}{1,5} \leq \frac{f_k}{2,0}$$

$$f_k = 4,66 \text{ MPa} \quad e \quad f_k = 3,98 \text{ MPa}$$

Portanto, pela norma brasileira NBR 15961-1:2011, a resistência característica da parede necessária para atender as duas combinações de tensões é de **4,66 MPa**.

Dimensionamento ao cisalhamento – NBR 15961-1:2011

Força de vento + a Força de desaprumo = 322,10 + 3,59 · 8 pav. = 350,82 kN
PI = 0,17572
Força de vento na parede = PI · FV = 0,17572 · 350,82 = 61,65 kN
$\tau_{projeto}$ = (61,65 · 10³)/(140 · 5,76 · 10³) = 0,076 N/mm² ou **0,076 MPa**

σ = 0,9 · 84,59/0,14 = 0,54 MPa

Para argamassa de resistência acima de 7 MPa:
f_v = 0,35 + 0,5 · σ ≤ 1,7
f_v = (0,35 + 0,5 · σ)/γ_{mv} = (0,35 + 0,5 · 0,54)/2,00 = **0,31 MPa**

A parede 01 tem capacidade de suportar os esforços de cisalhamento atuantes de acordo com a norma brasileira.

5.6 BIBLIOGRAFIA

AMERICAN SOCIETY FOR TESTING AND MATERIALS. **ASTM C90-09**. Standard specifications for loadbearing concrete masonry units. West Conshohocken: ASTM International, 2009.

ASSOCIAÇÃO BRASILEIRA DE NORMAS TÉCNICAS. **NBR 15812-1**: Alvenaria estrutural – blocos cerâmicos. Parte 1: projetos. Rio de Janeiro: ABNT, 2010.

_____. **NBR 15812-2**: Alvenaria estrutural – blocos cerâmicos. Parte 2: execução e controle de obras. Rio de Janeiro: ABNT, 2010.

_____. **NBR 15961-1**: Alvenaria estrutural – blocos de concreto. Parte 1: projeto. Rio de Janeiro: ABNT, 2011.

_____. **NBR 15961-2**: Alvenaria estrutural – blocos de concreto. Parte 2: execução e controle de obras. Rio de Janeiro: ABNT, 2011.

_____. **NBR 6118**: Projeto de estruturas de concreto - procedimento. Rio de Janeiro: ABNT, 2007.

_____. **NBR 6120**: Cargas para o cálculo de estruturas de edificações. Rio de Janeiro: ABNT, 1980.

_____. **NBR 6123**: Forças devidas ao vento em edificações. Rio de Janeiro: ABNT, 1989.

_____. **NBR 13281**: Argamassa para assentamento e revestimento de paredes e tetos – requisitos. Rio de Janeiro: ABNT, 2005.

_____. **NBR 8681**: Ações e segurança nas estruturas – procedimento. Rio de Janeiro: ABNT, 2004.

BRITISH STANDARD INSTITUTE. **BS 5628-1**: Code of practice for use of masonry – Part 1: Structural use of unreinforced masonry. London: BSI, 1992.

_____. **BS 5628-2**: Code of practice for use of masonry – Part 2: Structural use of reinforced and prestressed masonry. London: BSI, 1995.

_____. **BS 5628-3**: Code of practice for use of masonry – Part 3: Materials and Components, design and workmanship. London: BSI, 1985.

EUROPEAN STANDARD. **Eurocode 6**: Design of Masonry Structures – Part-1-1: Common rules for reinforced and unreinforced masonry structures. Brussels: European Comission, 2002.

HENDRY, A. W.; SINHA, B. P.; DAVIES, S. R. **Design of masonry structures**. 3. ed. London: E & FN SPON, 2004.

6

CAPÍTULO

Patologia, recuperação e reforço em alvenaria estrutural

Mônica Regina Garcez e Leila Cristina Meneghetti

6.1 INTRODUÇÃO

As manifestações patológicas em estruturas são fenômenos tão antigos quanto as próprias obras, sendo registradas desde os primórdios da humanidade. Em 1800 a.C., na Mesopotâmia, o código de Hamurabi, o mais antigo conjunto de leis escritas da humanidade, estabelecia regras para punir os responsáveis por defeitos em construções: "se uma casa mal construída causar a morte de um filho do dono da casa, então, o filho do construtor será condenado à morte". Após a Segunda Guerra Mundial ocorreram as primeiras tentativas de classificação sistemática dos danos e do uso do termo patologia para tratar desse assunto na engenharia. Entretanto, a consolidação do tema ocorreu somente a partir da década de 1970, com a realização de conferências, seminários e da publicação de artigos científicos. Atualmente, o tema patologia está consolidado, seja no sentido de evitar erros em novas estruturas ou, até mesmo, de manutenção das estruturas existentes.

Souza e Ripper (1998) conceituam a patologia das estruturas como um novo campo da engenharia das construções que se ocupa do estudo das origens, formas de manifestação, consequências e mecanismos de ocorrências das falhas, bem como dos sistemas de degradação das estruturas. Segundo

Cánovas (1988), a patologia da construção está intimamente ligada à qualidade, e, embora tenha avançado muito e continue progredindo cada vez mais, os casos patológicos não diminuíram na mesma proporção. O autor enfatiza que a vida útil da obra dependerá muito dos cuidados e da fiscalização durante a construção, e que essa fiscalização não se extingue com o término da construção, mas se estende através do tempo de uso, por meio de atividades de manutenção.

As estruturas afetadas por problemas patológicos, geralmente, apresentam sintomas como fissuras, eflorescências, manchas, flechas excessivas, corrosão de armadura, entre outros. Segundo Souza e Ripper (1998), o conhecimento das origens da deterioração é indispensável para que se possa proceder aos reparos exigidos e garantir que a estrutura não volte a se deteriorar.

A rotina de abordagem em uma estrutura que apresenta sintomas de deterioração compreende etapas distintas. A primeira, chamada sintomatologia inicial, analisa visualmente as manifestações externas à estrutura. Nessa análise, com ajuda de instrumentação adequada, avalia-se a gravidade do dano e a possibilidade de colapso, adotando-se medidas emergenciais, quando necessário. Após a análise inicial, realiza-se um estudo mais detalhado da sintomatologia, principalmente por meio de exames visuais, realizados por um especialista. Consumadas as etapas anteriores, passa-se à anamnese, que é o estudo abrangente dos dados históricos da estrutura. Quando necessário, são realizados exames complementares, os quais podem incluir ensaios destrutivos ou não destrutivos, recálculos da estrutura, exames químicos, entre outros. A partir dos dados obtidos na anamnese, obtém-se o diagnóstico da estrutura, que é a identificação das causas da patologia. O diagnóstico pode ser comprovado por meio de simulações, utilizando-se modelos matemáticos. De posse do diagnóstico, passa-se à terapêutica, que é a definição dos procedimentos a serem adotados na recuperação da estrutura, levando-se em conta a relação custo-benefício de cada técnica.

A intervenção em estruturas pode ser exigida quando, por uma série de diferentes tipos de patologias, originadas quer na concepção do projeto, quer na etapa de execução da estrutura ou geradas pelo uso inadequado, ou, ainda, pela falta de um programa de manutenção adequado. Outras ocorrências, tais como catástrofes naturais, adequação das estruturas existentes a novas exigências de normas técnicas ou mudanças de utilização que acarretam aumento nos carregamentos de projeto também motivam a necessidade de intervenções.

Dessa forma, pode-se observar que a necessidade de intervenção em uma estrutura não ocorre apenas para restaurar sua capacidade de carga original, mas também para aumentá-la. A intervenção realizada apenas para restaurar a capacidade de carga de uma estrutura é tratada como um reparo. Quando a intervenção ocorre de forma a aumentar a capacidade de carga de uma estrutura, trata-se de um reforço estrutural.

Patologia, recuperação e reforço em alvenaria estrutural

As intervenções realizadas para reparar estruturas devem ser executadas com muito cuidado, visto que quando as estruturas apresentam manifestações patológicas, há a possibilidade de que ocorram redistribuições de esforços para as partes sãs da estrutura, causando problemas muito mais graves do que os detectados inicialmente. No caso da alvenaria estrutural, funciona ao mesmo tempo como elemento de vedação e elemento estrutural, com função de absorver e suportar cargas, o que a torna muito sensível às redistribuições de esforços ocasionadas por eventuais patologias.

No caso das intervenções que visam à execução de reforços estruturais há de se considerar que estas podem originar um novo sistema estrutural, diferente do que foi concebido originalmente, fazendo com que a estrutura existente suporte novas solicitações de projeto. Essas operações, assim como as descritas no parágrafo anterior, devem ser concebidas com muito cuidado, uma vez que podem exigir, além do reforço dos elementos estruturais danificados, ou que necessitem aumento em sua capacidade de carga, operações de reforço nas fundações.

Ao longo dos anos, diferentes técnicas de reforço de estruturas têm sido estudadas. Sendo assim, para que se possa aplicar, de forma mais segura e eficiente, as técnicas à disposição, é necessário uma compreensão adequada de suas características, detalhes de utilização e limitações. A correta escolha dos materiais e técnicas empregadas é imprescindível para que sejam eficazes e, para tanto, é necessário avaliar o desempenho dos materiais e métodos utilizados, além de dispor de informações referentes ao desempenho obtido em casos semelhantes.

6.2 PATOLOGIAS FREQUENTES EM ALVENARIA ESTRUTURAL

O comportamento mecânico dos diferentes tipos de alvenaria tem, geralmente, uma característica em comum que é sua baixa resistência à tração. Além disso, a alvenaria como um todo, possui baixa ductilidade com consequente modo de ruptura frágil. Quando a alvenaria não armada é solicitada a esforços de cisalhamento e flexão acima da sua resistência, seu comportamento mecânico pode resultar em danos estruturais ou estéticos, principalmente nos edifícios altos que apresentam uma geometria muito mais esbelta. Outra característica norteadora do comportamento mecânico da alvenaria é a baixa resistência à tração que existe nas interfaces entre a argamassa e os blocos. O mecanismo de ruptura da alvenaria inclui, portanto, ruptura por tração dos blocos e juntas, ruptura por cisalhamento das juntas e ruptura por compressão do conjunto. A principal fragilidade da alvenaria é observada contra os esforços de cisalhamento e flexão, em razão de sua baixa resistência à tração (CHAGAS, 2005).

Alguns fatores podem contribuir significativamente para o aparecimento de patologias em estruturas de alvenaria estrutural: (i) aplicação de carregamento excessivo na estrutura, em virtude de mudanças na utilização ou alterações no projeto arquitetônico original do edifício; (ii) ação do vento ou forças adicionais em decorrência de eventos sísmicos; (iii) recalques diferenciais de fundação; (iv) equívocos na concepção estrutural; (v) eventos não previstos, como impactos e explosões, além da degradação natural dos materiais constituintes. Esses fatores surgem, em geral, em decorrência da falta de cuidados na etapa de projeto, na escolha equivocada dos materiais, da falta de controle durante a execução da obra ou, ainda, em virtude da não realização de manutenções preventivas durante a vida útil da edificação.

As fissuras, segundo Bauer (2006), ocupam o primeiro lugar na sintomatologia em alvenarias estruturais de blocos vazados de concreto, podendo ocorrer nas juntas de assentamento ou seccionar os componentes da alvenaria. A Figura 6.1 mostra as diferentes configurações das fissuras comumente encontradas em alvenaria estrutural: fissuras verticais, fissuras horizontais e fissuras inclinadas.

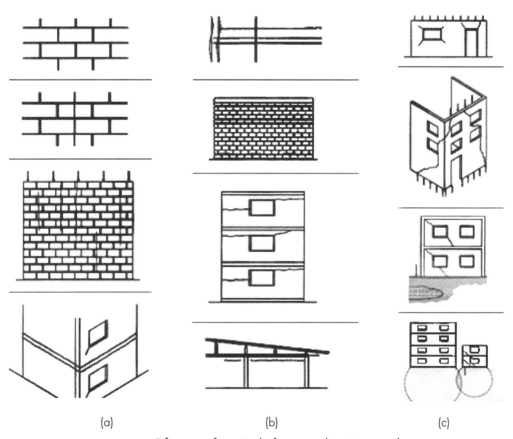

(a) (b) (c)

Figura 6.1 Diferentes configurações das fissuras em alvenaria estrutural.

Fonte: adaptado de BAUER, 2006.

Fissuras verticais decorrem, em geral, em virtude da presença de carregamento excessivo à compressão. A argamassa, ao ser comprimida, deforma mais que os blocos, transmitindo esforços laterais de tração, responsáveis pelas fissuras verticais, que podem até mesmo seccionar os componentes da alvenaria, quando a resistência à tração dos blocos é igual ou inferior à da argamassa. As ilustrações da Figura 6.1(a) mostram fissuras verticais que ocorrem em decorrência da ação de cargas distribuídas ou influenciadas pela movimentação higroscópica dos materiais constituintes da alvenaria.

Fissuras horizontais podem ocorrer quando há sobrecargas verticais atuando axialmente ao plano da parede, pela expansão diferenciada entre fiadas de blocos, por retração por secagem de grandes lajes ou em decorrência de movimentações térmicas na laje de cobertura, como ilustra a Figura 6.1(b). A Figura 6.2 ilustra movimentações em uma laje de cobertura submetida a uma variação de temperatura, que ocorre em virtude da falta de isolamento térmico e de impermeabilização.

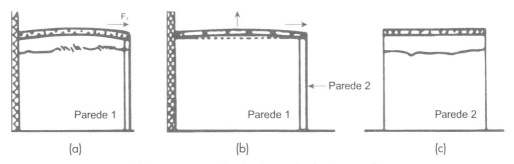

Figura 6.2 (a) Movimentações em laje de cobertura devidas à variação de temperatura; (b) Fissuras que surgem na parede 1; (c) Fissuras que surgem na parede 2.

Fonte: adaptado de ARAÚJO e COSTA, 2010.

Fissuras inclinadas podem ocorrer em virtude da concentração de tensões nos contornos das aberturas, em virtude da presença de sobrecargas verticais concentradas sem elementos que permitam a redistribuição das cargas ou em decorrência de recalques nas fundações, como mostrado na Figura 6.1(c). As fissuras por recalque de fundação tendem a se localizar próximas ao primeiro pavimento; entretanto, podem ser encontradas também em pavimentos superiores. A redistribuição de cargas próximas às aberturas é função das vergas e das contravergas, ilustradas na Figura 6.3.

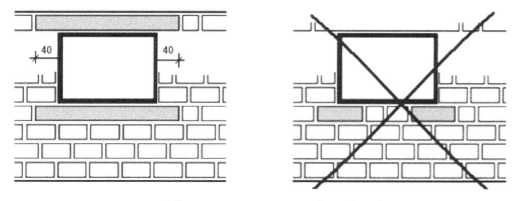

Figura 6.3 Vergas e contravergas no contorno de vãos de janelas.
Fonte: adaptado de THOMAZ e HELENE, 2000.

Além das fissuras, manifestações patológicas como a presença de eflorescências e infiltração de água pelos componentes da alvenaria ou pelas juntas de assentamento são muito comuns. Em geral, as infiltrações causam manchas de umidade, corrosão, desenvolvimento de fungos, algas e até eflorescências, e estão relacionadas a fatores como: defeitos ou não execução de detalhes construtivos como pingadeiras e peitoris, geometria das fachadas que permita que o fluxo de água se dirija a pontos vulneráveis, falta de isolamento térmico e impermeabilização nas lajes ou, ainda, inclinação inadequada nas superfícies horizontais. A ocorrência de eflorescência está relacionada à existência de sais solúveis nos componentes da alvenaria, água e pressão hidrostática, podendo alterar a aparência do local em que se depositam ou causar degradação devida à expansibilidade de alguns sais, gerando fissuras na argamassa de revestimento, como mostra a Figura 6.4(a). Por outro lado, reações químicas provenientes do ataque de sulfatos podem causar fissuras, como as mostradas na Figura 6.4(b).

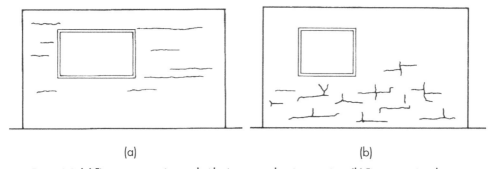

(a)   (b)

Figura 6.4 (a) Fissuras no revestimento devidas à presença de sais expansivos; (b) Fissuras ocasionadas por reações químicas provenientes do ataque de sulfatos.
Fonte: adaptado de ARAÚJO e COSTA, 2010.

Na Figura 6.5 podem ser observados os efeitos da presença de eflorescência em uma parede de alvenaria estrutural.

Patologia, recuperação e reforço em alvenaria estrutural

Figura 6.5 Eflorescência em parede de alvenaria estrutural.

Fonte: adaptado de CORRÊA, 2010.

Corrêa (2010) alerta para outra questão que pode afetar negativamente o comportamento da alvenaria estrutural, ocasionando patologias, como consequência da utilização de blocos defeituosos, seja em virtude de problemas de fabricação, transporte, estocagem ou descuido na hora da execução, conforme ilustrado na Figura 6.6.

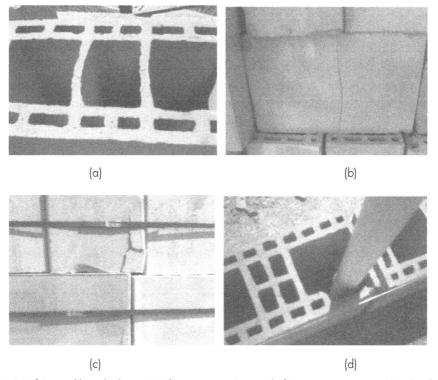

Figura 6.6 Defeitos em blocos de alvenaria (a) fissura na parte interna; (b) fissura na parte externa; (c) quebra devida a falta de cuidados no transporte ou a má estocagem; e (d) quebra do bloco para colocação da tubulação pluvial.

Fonte: adaptado de CORRÊA, 2010.

A quebra dos blocos estruturais para passagem de tubulação, muitas vezes, não ocorre por descuido, mas por erros na locação dos pontos de tubulação elétrica e hidrossanitária, conforme mostra a Figura 6.7.

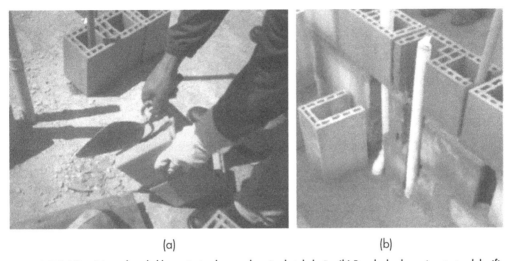

(a) (b)

Figura 6.7 (a) Operário quebrando bloco estrutural para colocação de tubulação; (b) Parede de alvenaria estrutural danificada pela quebra dos blocos, executada para inserção de tubulação hidrossanitária.

Fonte: adaptado de CORRÊA, 2010.

Cabe destacar ainda a possibilidade de ocorrência de patologias relacionadas à inexistência de juntas de amarração, que são responsáveis pela distribuição uniforme das tensões geradas pelos carregamentos verticais, movimentações estruturais, resultantes da umidade e temperatura. Para evitar a dilatação excessiva em paredes demasiado longas e reduzir possíveis patologias no encontro entre elementos de alvenaria ou com espessuras diferentes, devem ser executadas juntas de controle, de forma a evitar futuras patologias.

6.3 INTERVENÇÕES EM ELEMENTOS DE ALVENARIA ESTRUTURAL

As técnicas comumente empregadas nas intervenções em elementos de alvenaria estrutural utilizam materiais convencionais como o aço e o concreto, em que novos pilares e vigas são adicionados à estrutura. Entretanto, técnicas como grauteamento, colagem de chapas metálicas, aplicação de argamassa armada ou protensão externa também podem ser aplicadas. Essas técnicas, embora sejam comumente tratadas como técnicas de reforço de estruturas, também podem ser utilizadas em intervenções que visam apenas à execução de um reparo localizado nas estruturas deterioradas, com a finalidade de restaurar sua capacidade de carga original.

Patologia, recuperação e reforço em alvenaria estrutural

Há de se considerar, todavia, que essas técnicas, em geral, demandam um tempo considerável para sua aplicação, aumentam consideravelmente o peso próprio da estrutura e diminuem a sua área útil, podendo também afetar negativamente a estética da edificação, além de exigirem reforços nas fundações, em razão do acréscimo de peso na estrutura. Em contrapartida, materiais compósitos, como os polímeros reforçados com fibras (PRF) têm sido empregados mais recentemente no reforço de elementos de alvenaria estrutural com sucesso, seja na forma de lâminas ou de tecidos colados externamente no elemento de alvenaria estrutural, na forma de barras ou laminados inseridos em entalhes executados na alvenaria, na forma de elementos de PRF protendidos, ou, até mesmo, por meio do confinamento do elemento submetido a esforços de compressão.

Os reforços em elementos de alvenaria estrutural são executados comumente em casos de mudanças de utilização, necessidade de suportar cargas adicionais paralelas ou perpendiculares às paredes, em virtude de erros de projeto, da existência de manifestações patológicas ou da necessidade de suportar cargas sísmicas, de vento ou impacto.

Os principais mecanismos de ruptura em alvenaria estrutural estão relacionados à falha por tração dos blocos e juntas ou por flexão e/ou cisalhamento, por causa da baixa resistência à tração da alvenaria. Entretanto, eventuais rupturas por esforços de compressão não podem ser negligenciadas, uma vez que a resistência à compressão tem importância fundamental para o desempenho global de uma estrutura em alvenaria estrutural. Sendo assim, as técnicas de reforço de elementos de alvenaria estrutural podem ser utilizadas no reforço à compressão, ao cisalhamento ou à flexão desses elementos.

Na próxima seção será feita uma breve explanação das técnicas convencionais de intervenção em alvenaria estrutural. Na Seção 6.5 será dado um destaque maior para a técnica que utiliza materiais compósitos, por se tratar de um procedimento mais moderno de intervenção.

6.4 TÉCNICAS CONVENCIONAIS

6.4.1 Injeção de resina epóxi expansiva ou graute

A técnica de injeção de resina epóxi expansiva ou graute em fissuras é utilizada quando há necessidade de restauração da rigidez e da resistência inicial de paredes de alvenaria. A operação de injeção consiste, basicamente, na emissão de graute ou resina epóxi em furos previamente executados e convenientemente distribuídos, para preencher fissuras ou, eventualmente, vazios no interior da alvenaria. As injeções podem ser executadas sob pressão, por gravidade ou por vácuo.

6.4.2 Grauteamento

O grauteamento é a técnica mais aplicada no reforço de estruturas de alvenaria estrutural quando se deseja incrementar a resistência à compressão, à flexão ou ao cisalhamento das paredes. Consiste no preenchimento de furos verticais dos blocos vazados, ao longo de toda a altura da parede, com graute e barras de aço, que são devidamente ancoradas, criando pequenos pilares, inseridos nas paredes. A presença desses pilaretes, por outro lado, proporciona um incremento na rigidez da parede de alvenaria, fato que deve ser considerado quando se optar por essa técnica de reforço. Uma desvantagem dessa técnica é a dificuldade de execução em estruturas já construídas.

6.4.3 Adição de elementos em aço

Elementos estruturais em aço podem ser adicionados à alvenaria estrutural, nas direções vertical ou horizontal, visando aumentar a resistência e a rigidez das paredes. Da mesma forma, colunas e vigas podem ser projetadas para trabalhar de forma totalmente independente da estrutura original, sendo construídas interna ou externamente ao edifício e ancoradas nas paredes existentes.

Uma forma de reforçar paredes de alvenaria estrutural com adição de elementos de aço é a incorporação de escoras metálicas, com a finalidade de aumentar a rigidez da parede, funcionando o reforço como um quadro treliçado, conforme ilustra a Figura 6.8.

Figura 6.8 Incorporação de escoras em parede de alvenaria.

Fonte: TAGHDI et al., 2000.

Outra possibilidade é a incorporação de cantoneiras de aço intertravadas com parafusos nos cantos e encontros de paredes de alvenaria, como mostra a Figura 6.9. Esse tipo de reforço, na hipótese de colapso de uma parede, permite, segundo Pires Sobrinho *et al.* (2010), a transferência das cargas para a estrutura metálica definida pelas cantoneiras. A estrutura resultante é dúctil e não permite o colapso progressivo da parede.

Figura 6.9 Incorporação de cantoneiras de aço intertravadas em paredes de alvenaria.

Fonte: adaptado de PIRES SOBRINHO et al., 2010.

6.4.4 Argamassa armada

A técnica de adição de argamassa armada em parede de alvenaria pode ser utilizada tanto para execução de pequenos reparos, visando amenizar problemas relacionados ao aparecimento de fissuras devidas a diferenças no comportamento térmico dos materiais (alvenarias de vedação), quanto para a execução de reforços estruturais (alvenaria estrutural).

A técnica de reforço consiste, basicamente, em armar a superfície da parede de alvenaria com uma tela metálica galvanizada recoberta com argamassa. A Figura 6.10 mostra a utilização de argamassa armada em uma ligação entre pilar e alvenaria de vedação, executada para evitar a fissuração devida a efeitos térmicos. Os efeitos térmicos podem desencadear o aparecimento de fissuras e, com isso, possibilitar a entrada de umidade.

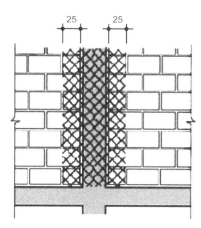

Figura 6.10 Tela metálica aplicada no encontro de pilar e alvenaria.

Fonte: adaptado de THOMAZ e HELENE, 2000.

A utilização de argamassa armada em toda a extensão da parede de uma alvenaria estrutural pode aumentar sua resistência, principalmente quanto aos esforços de cisalhamento, no próprio plano da parede, e aos esforços de flexo-compressão provocados por excentricidades na aplicação do carregamento. As resistências à compressão e às cargas transversais da parede de alvenaria também podem ser aumentadas com a utilização de revestimento de argamassa armada, em razão da redução da relação entre a altura e a espessura da parede, como explica Chagas (2005).

6.4.5 Concreto projetado

Esta técnica é comumente utilizada no reforço de parede de alvenaria visando suprir esforços aplicados tanto no próprio plano como fora do plano da parede. Cánovas (1988) salienta que a utilização de concreto no reforço de elementos estruturais possui uma grande vantagem econômica em relação a outras técnicas, além de apresentar outras vantagens, como a rapidez na execução e o comportamento adequado quanto à corrosão e ao fogo. Outra vantagem, dessa técnica, é a possibilidade de execução em estruturas já construídas ou em construção. Em contrapartida, esse sistema de reforço possui alguns inconvenientes, como aumentar demasiadamente as dimensões da seção reforçada e exigir um determinado tempo para que o elemento estrutural seja colocado novamente em carga. Barras de aço podem ser inseridas nas camadas de concreto projetado, de forma a aumentar a capacidade de resistência à flexão e ao cisalhamento da parede.

6.4.6 Protensão

O reforço por protensão consiste em introduzir uma força adicional capaz de compensar acréscimos indesejáveis de tensões internas de tração, contribuindo para incrementar a capacidade resistente à flexão do elemento estrutural reforçado. Paredes de alvenaria estrutural podem ser reforçadas com elementos de aço protendidos, inseridos nos furos verticais da alvenaria e ancorados nas extremidades. Em geral, nos reforços de elementos de alvenaria estrutural com elementos protendidos utiliza-se protensão não aderente, sem preenchimento dos furos da alvenaria ao longo da parede, sendo grauteada somente a área em que estão posicionadas as ancoragens. Como elementos de protensão são utilizadas barras de aço com rosca em todo o seu comprimento, protendidas com a utilização de um torquímetro, ou cordoalhas, protendidas com a utilização de um macaco hidráulico.

6.5 POLÍMEROS REFORÇADOS COM FIBRAS (PRF)

Os PRF são, em essência, materiais compósitos. Como explicam Askeland e Phulé (2006), um material compósito é produzido quando dois ou mais materiais são combinados com o intuito de obter-se um novo material, com propriedades superiores às dos materiais constituintes e que continuam sendo identificáveis visualmente.

As vantagens dos PRF sobre materiais convencionais, como o aço e o concreto, envolvem fatores como elevada relação resistência *versus* peso, boa durabilidade em uma diversidade de ambientes, facilidade e velocidade de instalação, flexibilidade de formas e neutralidade eletromagnética (ISIS, 2003). Por estas razões, os compósitos à base de PRF podem ser considerados um dos mais marcantes desenvolvimentos ocorridos nas áreas de construção e recuperação de estruturas nas últimas décadas. O alto custo dos PRF, quando comparado com o de outros materiais convencionais de mesma finalidade, pode ser considerado como a principal limitação para a disseminação mais intensa de sua utilização. Até o momento, o emprego desses materiais se justifica plenamente somente em situações nas quais suas propriedades podem trazer benefícios não obtidos com materiais convencionais, tornando-os, assim, tecnicamente competitivos. Isso acontece, principalmente, em que condições ambientais, interrupções na utilização da estrutura e condições de acessibilidades são questões críticas. É interessante ressaltar que, quando os custos são considerados durante toda a vida útil das estruturas, a durabilidade oferecida por estes materiais pode torná-los competitivos em um maior número de situações. Neste sentido, Meier (1995) pondera que, em um reforço estrutural, os custos com materiais correspondem a aproximadamente 20% do custo total da obra, sendo o restante atribuído à mão de obra e custos indiretos, que podem ser reduzidos com a utilização de PRF.

6.5.1 Constituintes básicos dos PRF: fibras de alto desempenho e matriz polimérica

6.5.1.1 FIBRAS DE ALTO DESEMPENHO

As fibras de alto desempenho mais utilizadas para reforçar polímeros destinados ao reforço estrutural são as de carbono, aramida e vidro, embora fibras de boro, polietileno, poliéster, poliamida e basálticas possam, também, ser empregadas. Dependendo do tipo de fibra empregado na formação do compósito, a nomenclatura internacionalmente utilizada para designar o compósito pode variar: compósitos com fibras de aramida – PRFA; compósitos com fibras de carbono – PRFC; compósitos com fibras de vidro – PRFV. A Figura 6.11 mostra a aparência de tecidos de fibras de carbono, vidro e aramida.

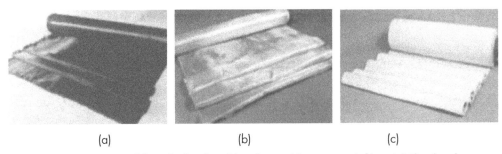

(a)   (b)   (c)

Figura 6.11 Aspecto visual de tecidos de reforço fabricados com diferentes tipos de fibras: (a) Fibra de carbono; (b) Fibra de aramida; e (c) Fibra de vidro.

Fonte: GARCEZ, 2007.

Na Tabela 6.1 são listadas as propriedades típicas de algumas fibras de carbono, aramida e vidro (E e S), segundo dados coletados no documento ACI 440.2R-08 (2008). Algumas pesquisas, entretanto, indicam que a combinação de vários tipos de fibra pode fornecer um material com propriedades mais adequadas em relação ao comportamento tensão *versus* deformação, por exemplo, a um custo mais compatível. A Tabela 6.2 apresenta alguns resultados que podem ser obtidos com diferentes combinações de fibras de carbono e vidro apresentados por Schwarz (1992, *appud* ACI) e compilados no documento ACI 440R (2002).

Tabela 6.1 Propriedades típicas de fibras de carbono, aramida e vidro

Propriedade	Carbono	Aramida	Vidro E	Vidro S
Resistência à tração (MPa)	2.050 – 2.400	3.440 – 4.140	1.860 – 2.680	3.440 – 4.140
Módulo de elasticidade (GPa)	220 – 690	69 – 124	69 – 72	86 – 90
Deformação na ruptura (%)	1,2 – 0,2	2,5 – 1,6	4,5	5,4

Fonte: ACI 440.2R-08, 2008.

Tabela 6.2 Propriedades dos tecidos híbridos de carbono e vidro de acordo com a proporção carbono: vidro

Relação carbono: vidro	Resistência à tração (MPa)	Módulo de elasticidade (GPa)	Resistência ao cisalhamento interlaminar (MPa)	Densidade (g/cm³)
0:100	604,7	40,1	65,5	1,91
25:75	641,2	63,9	74,5	1,85
50:50	689,5	89,6	75,8	1,80
75:25	806,7	123,4	112,38	1,66

Fonte: SCHWARZ, 1992, apud ACI 440R, 2002.

Na Figura 6.12 são mostrados um diagrama esquemático e uma foto de um tecido trançado triaxialmente, com fibras de vidro e carbono.

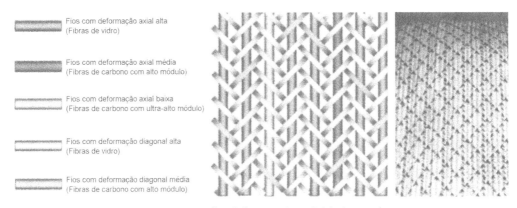

Figura 6.12 Detalhes de formação do tecido híbrido triaxial.

Fonte: GRACE et al., 2005.

6.5.1.2 MATRIZ POLIMÉRICA

Segundo Callister (2004), a matriz que envolve as fibras de um compósito pode também ser chamada resina impregnante ou, simplesmente, resina, quando formada por um polímero de elevado peso molecular. Como salienta o Consórcio ISIS (2003), a matriz tem importantes funções, tais como proteger as fibras da abrasão e da degradação resultante da exposição a meio ambientes agressivos, separar e dispersar as fibras do compósito e fazer a transferência de esforço entre as fibras. É extremamente importante que a matriz e as fibras sejam compatíveis quimicamente e termicamente. Nos polímeros utilizados para fins de reforço estrutural são empregadas, em geral, resinas termofixas de base epóxi, cujas principais propriedades podem ser observadas na Tabela 6.3.

Tabela 6.3 Principais propriedades de matrizes termofixas de base epóxi

Propriedades das resinas epóxi	
Módulo de Elasticidade (GPa)	2,8 – 4,2
Resistência à Tração (MPa)	35 – 100
Temperatura de Serviço (°C)	25 – 175
Temperatura de Transição Vítrea (°C)	130 – 250

Fonte: AKOVALI, 2005.

6.5.2 Formas de comercialização

Entre as diversas formas sob as quais as fibras empregadas para fabricação de PRF podem ser comercializadas, destacam-se os fios, apresentados em rolos, os laminados, as grelhas e perfis estruturais e os tecidos e mantas, conforme mostra a Figura 6.13.

Os fios, ou *rovings*, são empregados para formação de cabos, cordoalhas e barras, que podem ser aplicados externamente em estruturas, como elementos de protensão, ou internamente, como armaduras.

Os laminados, tecidos e mantas são usados externamente, normalmente, como elementos de reforço. A principal diferença entre eles é que os laminados já formam um compósito que será conectado à estrutura de concreto com auxílio de um adesivo compatível com a matriz polimérica do compósito. As mantas e tecidos, ao contrário, são empregados quando se deseja formar o compósito *in situ*. O fator diferenciador é que as mantas são simples aglomerados de fibras, enquanto os tecidos são formados pela tecelagem de fios.

Por serem rígidos, os laminados pré-fabricados, ou *strips*, são mais adequados para aplicação em superfícies planas. Já as mantas e tecidos são flexíveis e podem ser aplicados como um papel de parede, facilitando a criação de compósitos adaptados a substratos curvos. Dessa forma, mantas e tecidos podem ser utilizados no confinamento de colunas, por exemplo.

As mantas e tecidos disponíveis no mercado, para aplicação como reparo ou reforço de estruturas existentes, são fornecidos na forma de rolos e podem vir pré-impregnados com resina, para manter o alinhamento das fibras e facilitar o manuseio (sistemas *prepreg*), ou secas, sem resina (sistemas *dry fabric*). Como explica Callister (2004), *prepreg sheets*, ou, simplesmente, *prepregs*, são PRF contínuos, pré-impregnados com quantidades controladas de resina termofixa do tipo epóxi e parcialmente curados. Em ambos os sistemas, as fibras podem estar alinhadas em uma ou mais direções, formando sistemas unidirecionais ou multidirecionais. Esses sistemas são, geralmente, simples de manusear, e podem ser facilmente cortados na dimensão desejada, com auxílio de tesouras ou outro instrumento de corte.

Cabos, cordoalhas e barras de PRF são geralmente utilizados como elementos de protensão. As barras de PRF empregadas, normalmente, apresentam diâmetro de 8 a 10 mm. As cordoalhas de sete barras, geralmente utilizadas como elementos de protensão, são formadas pela disposição de seis barras ao redor de uma barra central. O agrupamento de cordoalhas ou barras é, em geral, chamado cabo (FISHER; BASSETT, 1997).

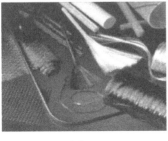 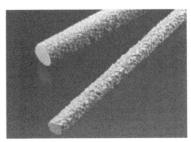

(a)   (b)

Patologia, recuperação e reforço em alvenaria estrutural

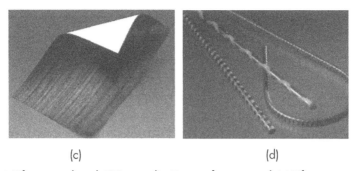

(c)　　　　　　　　　　　　　　(d)

Figura 6.13 Diferentes produtos de PRF para aplicações em reforço estrutural: (a) Diferentes compósitos PRF; (b) Barras de fibra de vidro; (c) Reforço unidirecional de carbono; e (d) Barras de fibra de carbono.

Fonte: BISBY e FITZWILLIAM, 2003.

6.5.3 Propriedades mecânicas dos diferentes sistemas PRF

Em virtude do fato de a rigidez e a resistência das fibras serem muito maiores do que a rigidez e a resistência da matriz, pode-se admitir que as propriedades de um PRF sejam derivadas, principalmente, das propriedades e da área da seção transversal da fase de fibras. Na Tabela 6.4, são feitas comparações entre rigidez e resistência, para compósitos com três diferentes frações volumétricas de fibras.

Tabela 6.4 Efeito do volume de fibras nas propriedades do compósito

Área da seção transversal			Propriedades estimadas do compósito				Carga estimada de ruptura	
A_{fib} (mm²)	A_m (mm²)	A_{tot} (mm²)	V_{fib} (%)	E_f (MPa)	σ_f (MPa)	Deformação máxima (%)	(kN)	(%)
70	0	70	100	220.000	4.000	1,818	280,0	100,0
70	30	100	70	154.900	2.824	1,823	282,4	100,9
70	70	140	50	111.500	2.040	1,830	285,6	102,0

Onde: E_{fib} = 220 GPa; Em = 3 GPa; σ_{fib} = 4.000 MPa e σ_{mat} = 80 MPa.

Fonte: MENEGHETTI, 2007.

Analisando o exemplo apresentado na Tabela 6.4, verifica-se que comparações entre diferentes compósitos não podem ser feitas considerando-se apenas os valores de resistência e/ou a relação tensão *versus* deformação. É importante, também, conhecer a composição do material compósito. No caso dos laminados pré-fabricados, as propriedades do compósito são definidas em função da área da seção transversal, dado normalmente fornecido pelo fabricante. Segundo o documento *Design Guide Line for S&P FRP Systems* (S&P, 2006), a resistência à tração e o módulo de elasticidade de um laminado de PRF podem ser calculados simplesmente reduzindo-se em 30% os valores fornecidos para as fibras, já que o teor de fibra em um laminado não excede 70%. Nesse caso, utiliza-se a espessura total do laminado para o dimensionamento do reforço estrutural.

Entretanto, nos sistemas curados *in situ*, a espessura final do compósito e a fração volumétrica de fibras podem variar. Nesses sistemas, o módulo de elasticidade, a resistência à tração e a deformação última informados pelos fabricantes, geralmente, se referem a características da fibra formadora do compósito. Para a determinação das características do compósito seria necessária, portanto, a aplicação da regra das misturas, considerando também as características da matriz. A incerteza sobre a espessura do compósito nos sistemas curados *in situ*, afeta a estimativa da seção transversal e pode conduzir à consideração de valores de resistência e rigidez totalmente inadequados. Valores confiáveis para as propriedades dos compósitos, principalmente nos sistemas curados *in situ*, só podem ser obtidos por meio de ensaios específicos.

Para efeitos de estimativas genéricas, todavia, pode-se admitir que, geralmente, o volume de fibras presentes nos compósitos do tipo laminado pré-fabricado fica em torno de 50% a 70%, caindo, no caso das mantas flexíveis, para cerca de 25% a 35%.

A utilização de tecidos do tipo *dry fabric* requer diferentes considerações em termos de dimensionamento. O documento *Design Guide Line for S&P FRP Systems* (S&P, 2006) sugere a utilização da resistência à tração e do módulo de elasticidade da fibra, juntamente com uma espessura teórica, representada pelo quociente entre o peso da fibra por unidade de área e sua densidade. O cálculo da espessura teórica é justificado pelo fato de que, nesses sistemas, a fibra não é pré-impregnada com resina, o que só acontece no momento de sua aplicação na estrutura, quando o compósito é formado. A resina tem, portanto, dupla função: além de atuar na transferência de carga da estrutura reforçada para a fibra, também atua como o adesivo do sistema.

Aplicando a regra das misturas, o módulo de elasticidade na direção das fibras, de um PRF unidirecional, pode ser expresso em termos dos módulos de elasticidade dos seus componentes e de suas respectivas porcentagens em volume. A regra das misturas também pode ser utilizada para a determinação da resistência à tração do compósito de reforço. Além dos valores adequados de espessura, módulo de elasticidade e resistência à tração do compósito, o dimensionamento de um reforço com sistemas PRF requer, ainda, o emprego de outros fatores de redução. Esses fatores de redução variam de acordo com a norma usada no dimensionamento.

6.5.4 Seleção do PRF e da forma de aplicação

A seleção do material mais adequado para um dado reforço é um processo crítico, pois cada sistema é único em sua relação de componentes: resina e fibra, atuando conjuntamente. O documento ACI 440R (2002) recomenda que os

Patologia, recuperação e reforço em alvenaria estrutural

sistemas de reforço que utilizam PRF sejam selecionados com base na eficiência do mecanismo de transferência de esforços e na facilidade e simplicidade de aplicação.

De acordo com Meier (2005), a questão de qual fibra é a mais adequada para cada uso, ainda é passível de discussão. De forma geral, apesar de os compósitos reforçados com fibras de carbono apresentarem propriedades mecânicas superiores, sua escala de utilização para aplicações diversas ainda é pequena, comparada com a de PRF de fibra de vidro, em virtude do elevado custo de produção das fibras. Quando se foca o uso para fins estruturais, todavia, as propriedades das fibras de carbono se tornam mais atraentes e a questão do custo se torna relativa. A Tabela 6.5, extraída de Meier (1995), apresenta uma comparação qualitativa entre os diferentes PRF para aplicações em reforço de estruturas de concreto armado.

Tabela 6.5 Comparação qualitativa entre PRFC, PRFA e PRFV

Critério	PRF		
	Carbono	**Aramida**	**Vidro**
Resistência à tração	Muito boa	Muito boa	Muito boa
Resistência à compressão	Muito boa	Inadequada	Boa
Módulo de elasticidade	Muito bom	Bom	Adequado
Comportamento ao longo do tempo	Muito bom	Bom	Adequado
Comportamento à fadiga	Excelente	Bom	Adequado
Densidade volumétrica	Boa	Excelente	Adequada
Resistência alcalina	Muito boa	Bom	Inadequada
Custo	Adequado	Adequado	Muito bom

Fonte: MEIER, 1995.

A comparação qualitativa entre as fibras de carbono, vidro e aramida sugere que as três possuem características adequadas para aplicações estruturais. Na escolha da fibra deve-se levar em consideração o ambiente ao qual o reforço estará exposto e o incremento de carga demandado pela estrutura. Além disso, os custos diretos e indiretos de cada sistema devem ser avaliados, resultando em uma escolha que compatibiliza custos e necessidades estruturais. A maioria dos PRF utilizados como reforços de estruturas na engenharia civil, atualmente, usa fibras de carbono embebidas em uma matriz de base epóxi. Em algumas aplicações de menor visibilidade, compósitos de fibra de aramida e vidro também têm sido empregados com sucesso.

O reforço de um elemento estrutural em alvenaria com PRF pode ser realizado de diferentes formas, como mostra a Figura 6.14, segundo as necessidades específicas de cada projeto de reforço: pela inserção de barras de PRF em entalhes executados no plano da alvenaria ou pela colagem externa de tecidos ou laminados de PRF. As barras e os laminados de PRF podem ser utilizados da forma passiva ou podem ser também protendidos. Adicionalmente, o reforço pode ser aplicado em um lado ou em ambos os lados das paredes, de acordo com as diretrizes do projeto de reforço, que considera, além das necessidades estruturais, os aspectos estéticos da estrutura.

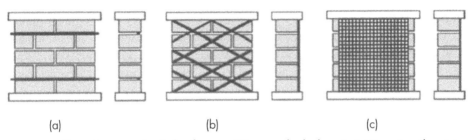

Figura 6.14 Alternativas para aplicação do reforço com PRF em paredes de alvenaria: (a) Barras inseridas próximo à superfície; (b) Laminados dispostos em treliça; e (c) Tecido de PRF colado.

Fonte: STRATFORD et al., 2004.

Schwegler (1994) propôs uma configuração de reforço composta por tecidos e laminados de PRF, que foi complementada em estudos posteriores desenvolvidos no EMPA (Swiss Federal Laboratories for Materials Testing and Research), relatados por Motavalli (2004), conforme mostra a Figura 6.15. As configurações de reforço estudadas proporcionaram incremento na ductilidade e na capacidade de carga das paredes quanto a esforços fora do plano, além de proporcionar uma distribuição mais uniforme das fissuras, em comparação com paredes não reforçadas.

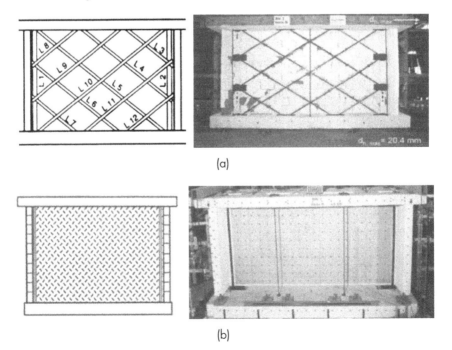

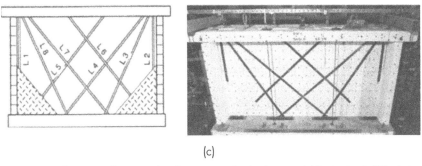

Figura 6.15 Diferentes configurações de reforço em paredes de alvenaria: (a) laminados de PRF colados externamente em diagonal, simulando um modelo de treliça; (b) tecido de PRF colado externamente em toda a extensão da parede; e (c) laminados e tecidos de PRF.

Fonte: adaptado de MOTAVALLI, 2004.

Outras configurações de reforço em alvenaria foram estudadas por Albert *et al.* (1998), mostrando as diferenças na utilização de laminados de PRF aplicados com diferentes larguras, espaçamentos e alinhamentos, indicando que, além destes fatores, o tipo de fibra e a porcentagem de fibra presentes no compósito também influenciam o desempenho do sistema de reforço.

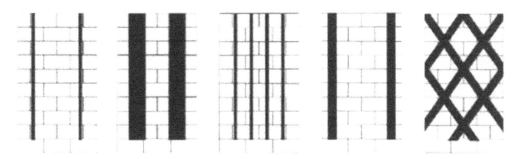

Figura 6.16 Configurações de reforço com PRF em alvenaria.

Fonte: ALBERT et al., 1998.

Para o dimensionamento do reforço de elementos de alvenaria com PRF podem ser utilizados documentos como o ACI 440.7R-10 (2010) do Instituto Americano do Concreto (ACI) e o CNR-DT 200 (2004) do Conselho Nacional de Pesquisa da Itália.

6.5.5 Aplicação do sistema PRF colado

O bom desempenho do reforço dependerá da competência da equipe que executa os serviços de instalação do sistema. A preparação do substrato que receberá o reforço tem importância fundamental na garantia de seu funcionamento e eficácia. Deve ser dada uma atenção especial a essa operação tanto pela equipe de execução como por um engenheiro responsável na instalação do sistema.

Basicamente, as etapas para aplicação do reforço com PRF colado são as seguintes:

- Limpeza, preparação e recuperação do substrato para que o sistema possa ser aderido com segurança.

- Imprimação da superfície sobre a qual será aplicado o reforço, com uma formulação de viscosidade mais baixa, quimicamente compatível, denominada *primer*, para consolidar o substrato e estabelecer uma ponte de aderência com a formulação adesiva que formará a matriz do compósito.

- Regularização e correção das imperfeições superficiais do substrato, com uma camada de resina tixotrópica, denominadas de *putty*, de modo a estabelecer um plano adequadamente nivelado para aplicação do reforço.

- Colagem do reforço.

A temperatura, a umidade relativa do ar e a umidade superficial no momento da aplicação podem afetar o desempenho do reforço. Essas condições devem ser verificadas antes e durante a aplicação do sistema, segundo o documento ACI 440.2R-08 (2008). Os adesivos, em geral, não devem ser aplicados em superfícies frias ou geladas. Quando a temperatura superficial do concreto estiver abaixo do nível mínimo especificado pelo fabricante dos sistemas de reforço com PRF, pode ocorrer saturação imprópria das fibras e cura inadequada do sistema. Normalmente, a temperatura do ambiente e da superfície que receberá o reforço deve estar acima de 20 °C. Superfícies úmidas ou molhadas também prejudicam a ligação entre o compósito PRF e o substrato, a menos que as resinas sejam formuladas para aplicação nesse tipo de superfície.

O comportamento de elementos reforçados com PRF é altamente dependente das condições do substrato e da correta preparação superficial. Uma superfície mal preparada pode resultar em falhas por descolamento do reforço antes que o carregamento de projeto seja transferido. O documento ACI 440.2R-08 (2008) recomenda que problemas associados à condição original do substrato, que podem comprometer a integridade do sistema PRF, devem ser tratados antes de se iniciar a preparação da superfície que receberá o reforço. O sistema de reforço não pode ser aplicado em substratos, no qual haja suspeita de corrosão da armadura, por exemplo. Da mesma forma, é recomendado que fissuras com largura superior a 0,3 mm devem ser injetadas com resina epoxídica, a fim de prevenir qualquer efeito sobre o desempenho do reforço. Pequenas fissuras expostas a ambientes agressivos são caminhos fáceis para a entrada de agentes de degradação da estrutura.

Todos os componentes devem ser misturados em temperatura apropriada e proporções adequadas até produzir uma mistura uniforme e completa das partes. Devem ser observados cuidados relacionados ao tempo de utilização da resina, pois o uso, após esse intervalo tempo, reduz a penetração da resina na superfície ou prejudica a saturação das fibras.

O primeiro passo é a aplicação do *primer* no substrato, a fim de promover uma ponte de aderência entre os materiais. Caso seja necessário, poderá também ser utilizada uma resina chamada *putty*, que tem como função preencher os vazios e leves descontinuidades superficiais. As resinas *primer* e *putty* devem ser adequadamente curadas, antes de se prosseguir com o processo de aplicação do sistema compósito.

Em geral, os sistemas curados *in situ* ou pré-fabricados são aplicados manualmente, utilizando-se manta ou tecido e resina saturante. A resina saturante deve ser aplicada de forma uniforme em todo o substrato, podendo também ser aplicada sobre a fibra, separadamente. A manta ou tecido é, então, colocada e levemente pressionada sobre a resina fresca. As bolhas de ar, presentes entre as camadas de resinas e o compósito, devem ser completamente expulsas antes da saturação da resina.

A diferença entre o sistema pré-fabricado e o curado *in situ* é que, no caso do primeiro, a resina é utilizada somente para promover a ligação entre o compósito e o substrato de concreto, tendo, no segundo, a função de matriz e adesivo.

6.5.5.1 EXEMPLOS DE UTILIZAÇÃO

A Figura 6.17 mostra um exemplo de utilização de laminados de PRFC colados em parede de alvenaria, que foi reforçada para suprir alterações no carregamento original da parede, em virtude de uma mudança de utilização em edifício na cidade de Zurique, na Suíça. Os laminados foram colados à superfície da parede e ancorados nas lajes, superior e inferior, de forma a evitar concentrações de tensão na alvenaria. O reforço com laminados de PRFC, mostrado neste exemplo, propiciou um incremento significativo na ductilidade do elemento reforçado. O aumento na espessura e no peso próprio das paredes reforçadas foi desprezível. O mesmo reforço executado com concreto projetado, levaria a um acréscimo de 700 mm na espessura da parede, o que tornaria o reforço inviável.

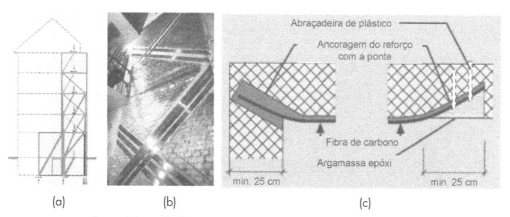

Figura 6.17 Aplicação de laminados de PRFC em parede de alvenaria: (a) esquema de cargas; (b) laminados de PRFC colados à parede de alvenaria; e (c) ancoragem dos laminados de PRFC.

Fonte: SIKA, 1999; SCHWENGLER e KELTERBORN, 1996.

Nos exemplos de aplicação descritos por Tumialan *et al.* (2011), mostrados na Figura 6.18, paredes de alvenaria de blocos de concreto receberam reforço ao cisalhamento com tecidos de fibra de vidro, por causa de sua não consideração no projeto original (Figura 6.18(a)). Reforço vertical combinado com reforço por confinamento, utilizando-se laminados de PRFC, para conter esforços de flexão e eventual expansão lateral, decorrente de cargas sísmicas (Figura 6.18(b)), foram utilizados na torre de uma catedral centenária no Peru.

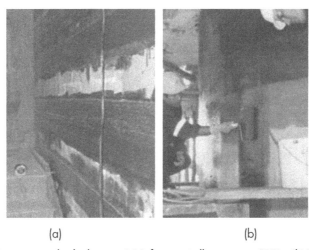

(a) (b)

Figura 6.18 Reforços em paredes de alvenaria: (a) Reforço ao cisalhamento com PRFV; e (b) Laminados de PRFC posicionados na vertical para reforço à flexão e confinando com a parede de alvenaria para suportar cargas sísmicas.

Fonte: TUMIALAN et al., 2009.

Na Figura 6.19 é mostrado o reforço ao cisalhamento executado nas paredes de alvenaria de uma escola em Berna, na Suíça. Tecidos de fibra de vidro, colados em toda a extensão da parede, foram utilizados em conjunto com laminados de fibra de carbono, colados em diagonal. Os laminados de fibra de carbono foram ancorados em elementos de concreto armado por meio de placas de aço.

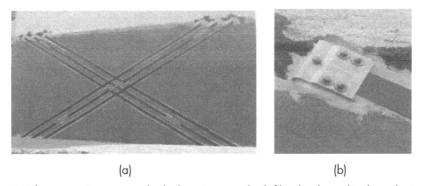

(a) (b)

Figura 6.19 Reforço contra sismos em paredes de alvenaria com tecidos de fibra de vidro combinado com laminados de fibra de carbono: (a) Configuração do reforço; e (b) Ancoragem dos laminados de fibra de carbono.

Fonte: adaptado de MOTAVALLI e CZADERSKI, 2007.

O reforço em sete paredes de alvenaria do centro comunitário Shirkey, em Nova Zelândia, mostrado na Figura 6.20, foi executado sem a desocupação da edificação, em um período inferior a 60 dias. O reforço foi executado com tecidos de fibra de vidro, totalizando 60 m². Nessa aplicação, foram utilizadas 92 barras de PRFC para ancorar os tecidos de fibra de vidro às vigas de fundação da edificação. Após o reforço foi aplicado nas paredes o mesmo revestimento das paredes não reforçadas.

Figura 6.20 Reforços em paredes de alvenaria com tecidos de fibra de vidro: (a) Vista de uma das paredes com necessidade de reforço; (b) Fibra de vidro posicionada na parede de alvenaria; e (c) Detalhe da ancoragem nas vigas de fundação.

Fonte: SIKA, 2011.

Como exemplo de uma aplicação de laminados de PRFC protendidos, pode-se citar o reforço da edificação pertencente ao corpo de bombeiros da cidade de Visp, na Suíça (SIKA, 2007). Em inspeções realizadas na edificação, foram detectadas deficiências quanto à resistência da edificação a terremotos, com necessidade de adaptação às mais recentes normas europeias. A opção pela utilização de laminados de PRFC protendidos, posicionados verticalmente ao longo das paredes de alvenaria (Figuras 6.21(a) e (b)), foi a que se mostrou mais viável tanto tecnicamente como economicamente. O reforço proporcionou um aumento na resistência das paredes à ação de forças horizontais, de forma que eventuais acréscimos de tensões, ocasionados por terremotos, pudessem ser totalmente redistribuídos na alvenaria. Os laminados foram posicionados nas paredes, protendidos e ancorados nas lajes superior e inferior às paredes de alvenaria (Figura 6.21(c)). O diferencial desse projeto de reforço é que sua execução foi concluída em apenas um dia, não interrompendo a utilização da edificação.

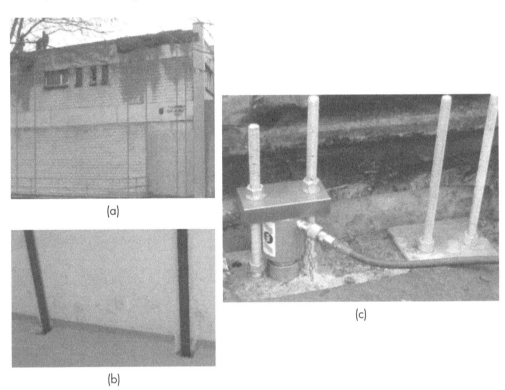

Figura 6.21 Reforço de paredes de alvenaria com laminados de PRFC protendidos: (a) Posicionamento dos laminados mostrados da parte exterior da edificação; (b) Parede com os laminados de PRFC instalados; e (c) Sistema de ancoragem dos laminados.

Fonte: SIKA, 2007.

6.5.6 Aplicação de faixas de laminados ou barras de PRF inseridas em entalhes executados na alvenaria

Outra abordagem sobre a utilização de reforços com PRF, originalmente chamada New Surface Mounted Reinforcement (NSMR), propõe a inserção de barras ou faixas de laminados de PRF em entalhes executados no substrato do elemento estrutural a ser reforçado. Basicamente, as etapas para aplicação do sistema de reforço com laminados ou barras de PRF inseridas em entalhes são as seguintes:

- Execução dos entalhes, com máquina de corte via seca.
- Limpeza dos entalhes com aplicação de jato de ar, visando deixar a superfície isenta de pó.
- Limpeza das barras ou laminados de CFRP com acetona ou produto indicado pelo fabricante, de forma que fiquem isentos de gordura e pó.
- Mistura dos componentes da resina.
- Aplicação da resina ao longo dos entalhes. No caso de utilização de laminados, a resina deve ser aplicada, também, em ambas as faces dos laminados, em camada uniforme de espessura de aproximadamente 1 mm.
- Posicionamento do PRF no entalhe, atentando para a eventual formação de vazios e retirando possíveis excessos de resina.

Os mesmos cuidados mencionados quando da utilização de sistemas PRF colados, recomendados pelo documento ACI 440.2R-08 (2008), devem ser tomados na utilização de PRF inseridos em entalhes, principalmente em relação à temperatura no momento da aplicação e, ainda, quanto à limpeza do substrato.

6.5.6.1 Exemplos de utilização

A Figura 6.22 mostra o reforço em parede de alvenaria, desenvolvido por Tumialan *et al.* (2001), executado com a aplicação de barras de PRF em entalhes verticais e horizontais, visando suprir esforços de flexão e cisalhamento, com ancoragem das barras de reforço na base da alvenaria.

Figura 6.22 Aplicação de barras de PRFC em entalhes verticais e horizontais de parede de alvenaria: (a) Execução dos entalhes; (b) Posicionamento das barras; e (c) Vista da parede reforçada.

Fonte: TUMIALAN et al., 2001.

Na Figura 6.23 são mostrados exemplos práticos de utilização de barras de PRFV, aplicadas em entalhes verticais para o reforço à flexão, em parede de alvenaria de blocos de concreto danificada em decorrência de deslocamentos laterais (Figura 6.23(a)). Na Figura 6.23(b) visualiza-se o mesmo tipo de reforço aplicado em entalhes horizontais e verticais para restabelecer a integridade da parede de tijolos fissuradas por causa de recalque nas fundações.

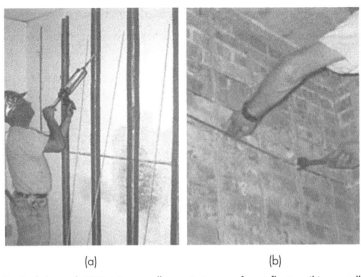

Figura 6.23 Aplicação de barras de PRFV: (a) em entalhes verticais para reforço à flexão; e (b) em entalhes horizontais e verticais para o restabelecimento da integridade, em virtude da fissuração excessiva.

Fonte: TUMIALAN et al., 2009.

6.6 BIBLIOGRAFIA

AMERICAN CONCRETE INSTITUTE. **ACI 440R**. State-of-the-art repost on fiber reinforced plastic (FRP) reinforcement for concrete structures. Farmington Hills: ACI, 2002.

_____. **ACI 440R-07**. Report on fiber reinforced plastic (FRP) reinforcement for concrete structures. Farmington Hills. ACI, 2007.

_____. **ACI 440.2R-08**. Guide for the design and construction of externally bonded FRP systems. Farmington Hills: ACI, 2008.

_____. **ACI 440.7R-10**. Guide for design and construction of externally bonded FRP systems for strengthening unreinforced masonry. Farmington Hills: ACI, 2010.

AKOVALI, G. **Polymers in construction.** Shawbury: Rapra Technology, 2005.

ALBERT, M. L.; CHENG, J. J. R.; ELWI, A. E. Rehabilitation of unreinforced masonry walls withexternally applied fibre reinforced polymers. **Structural Engineering Report**, n. 226, Department of Civil and Environmental Engineering, University of Alberta, Edmonton, T6G 2G7, 1998.

ARAÚJO, J.; COSTA, P. **Alvenaria estrutural e suas patologias.** Rio de Janeiro, 2010. Acesso em: <http://www.demc.ufmg.br/dalmo/08_Alvenaria%20Estrutural/ALVENARIA%20ESTRUTURAL%20E%20SUAS%20PATOLOGIAS%20rev5.ppt>. Acesso em: 22 dez. 2012.

ASKELAND, D. R., PHULÉ, P. P. **The science and engineering of materials.** Ontario: Thomson, 2006.

BAUER, R. J. F. Patologias em alvenaria estrutural de blocos vazados de concreto. **Prisma**, v. 11, p. 33-38, 2006.

BISBY, L. A., FITZWILLIAM, J. **An introduction to FRP composites for construction**. ISIS Educational Module 2, Winnipeg: ISIS, 2003.

CALLISTER, W. D. **Materials science and engineering**. An introduction. New York: J. W. & Sons, 2004.

CÁNOVAS, M. F. **Patologia e terapia do concreto armado**. São Paulo: Pini, 1988.

CHAGAS, J. S. N. **Investigação experimental e numérica sobre a reabilitação da alvenaria estrutural utilizando reforço em compósitos poliméricos.** Belo Horizonte: Centro Federal de Educação Tecnológica de Minas Gerais, 2005.

CONSIGLIO NAZIONALE DELLE RICERCHE. **Guide for the design and construction of externally bonded FRP systems for strengthening existing structures**. CNR-DT. Rome: CNR, 2004.

CORRÊA, E. S. **Patologias decorrentes da alvenaria estrutural**. Belém: Universidade da Amazônia, 2010.

FISHER, K.; BASSETT, S. Cables, strands, and rods keep tension high. **High-Performance Composites 1997**, p. 23-29, 1997.

GARCEZ, M. R. **Alternativas para melhoria no desempenho de estruturas de concreto armado reforçadas pela colagem de polímeros reforçados com fibras.** Porto Alegre: Universidade Federal do Rio Grande do Sul, 2007.

GRACE, N.F.; SOLIMAN, A.K.; ABDEL-SAYED, G. **Ductile FRP strengthening systems**. Concrete international, jan. 2005, pp. 31-36,

INTELIGENT SENSING FOR INNOVATIVE STRUCTURES – ISIS. **Educacional Modules about FRP.** Winnipg: ISIS, 2003. ISIS Educacional Modules 1 to 4 – Inteligent Sensing For Innovative Structures, 2003.

MENEGHETTI, L. C. **Análise do comportamento à fadiga de vigas de concreto armado reforçadas com PRF de vidro, carbono e aramida.** Porto Alegre: Universidade Federal do Rio Grande do Sul, 2007.

MEIER, U. Strengthening of structures using carbon fibre/epoxy composites. **Construction and Building Materials 1995**, Edinburgh, p. 341-351, 1995.

_____. **Design and rehabilitation of concrete structures using advanced composite materials.** In: Pré-Congresso Latino-Americano de Patologia da Construção, Porto Alegre, 2005.

MOTAVALLI, M. FRP **strengthening of masonry.** Rome, 2004. Disponível em: <www.empa.ch/plugin/template/empa/*/54957>. Acesso em: 22 dez. 2012.

_____; CZADERSKI, C. FRP composites for retrofitting of existing civil structures in Europe: state-of-the-art review. **Composites & Polycon**, Tampa, United States, 2007.

NATIONAL RESEARCH COUNCIL. **Guide for the design and construction of externally bonded FRP systems for strengthening concrete structures**: CNT-DT 200. Rome, 2004. 144 p.

PIRES SOBRINHO, C. W. A.; OLIVEIRA, R. A.; SILVA, F. A. N.; MONTEIRO. C. Q. Comportamento compressivo de reforço para paredes de edifícios construídos em alvenaria resistente empregando cantoneiras de aço. In: VI CONGRESO INTERNACIONAL SOBRE PATOLOGÍA Y RECUPERACIÓN DE ESTRUCTURAS, Córdoba, 2010.

S&P CLEVER REINFORCEMENT COMPANY. **Design guide line for S&P FRF systems.** Brunnen: S&P, 2006.

SCHWEGLER, G. **Verstärken von Mauerwerk mit Faserverbundwerkstoffen in seismisch gefährdeten Zonen.** Dübendorf, Schweiz, Empa Dübendorf, Bericht n. 229, 1994.

_____; KELTERBORN, P. Earthquake resistance of masonry structures strengthened with fiber composites. In: ELEVENTH WORLD CONFERENCE ON EARTHQUAKE ENGINEERING, Acapulco, 1996.

SIKA. **Technology and concepts for Sika® CarboDur® structural strengthening systems.** Zurich: Sika, 1999.

_____. **Strengthening with post-tensioned CarboDur CFRP plates-increasing earthquake resistance.** Zurich: Sika, 2007.

_____. **Project reference.** New Zeland: Sika, 2011.

SOUZA, V. C. M.; RIPPER, T. **Patologia, recuperação e reforço de estruturas de concreto.** São Paulo: Pini, 1998.

STRATFORD, T.; PASCALE G.; MANFRONI, O.; Bonfiglioli. B. Shear strengthening of masonry panels with sheet glass-fiber reinforced polymer. **Journal of Composites for Construction,** p. 434-443, 2004.

TAGHDI, M.; BRUNEAU, M.; SAATCIOGLU, M. Seismic retrofitting of low-rise masonry and concrete walls using steel strips. **Journal of Structural Engineering 2000,** p. 1017-1025, 2000.

THOMAZ, E.; HELENE, P. **Qualidade no projeto e na execução de alvenaria estrutural e de alvenarias de vedação em edifícios.** São Paulo: Epusp, 2000, vol. 72.

TUMIALAN, J. G.; MICELLI, F.; NANI, A. Strengthening of masonry structures with FRP. **Structures,** Washington, p. 21-23, 2001.

_____; VATOVEC, M.; KELLEY, M. FRP composites for masonry structures – review of engineering issues, limitations and practical applications. **Structure Magazine,** p. 12-14, 2009.

CAPÍTULO 7

Danos acidentais

Vladimir Guilherme Haach

7.1 INTRODUÇÃO

Ao projetar uma estrutura, o engenheiro deve definir todas as possíveis ações que serão computadas no dimensionamento. De acordo com a NBR 8681:2004 – Ações e segurança nas estruturas –, as ações podem ser de três tipos: permanentes, variáveis e excepcionais. As ações permanentes são aquelas que ocorrem com valores constantes ou com pequena variação ao longo da vida da construção, por exemplo, o peso próprio dos materiais. As ações variáveis, como o próprio nome já diz, são aquelas ações que ocorrem com valores de grande variabilidade ao longo da vida da construção, como é o caso do peso de pessoas, mobiliário, veículos, vento etc. Finalmente, as ações excepcionais são aquelas com duração extremamente curta e muita baixa probabilidade de ocorrência ao longo da vida da construção.

Danos acidentais são aqueles causados por ações excepcionais que não são, normalmente, consideradas em projetos como explosões, colisões de veículos, furacões, negligências no uso da edificação e similares. Dessa forma, quando os edifícios são submetidos a tais ações, eles podem sofrer danos extensos.

A preocupação em prever danos acidentais em estruturas se tornou mais acentuada a partir de 16 de maio de 1968, quando o colapso parcial do edifício Ronan Point, de 22 andares, construído com painéis pré-moldados, abalou a população de Londres. A explosão de um bujão de gás em uma cozinha no 18º andar derrubou um painel externo e essa ruptura foi propagada para cima e para baixo, quase no nível do solo. Na investigação do acidente, observou-se que o projeto foi desenvolvido dentro das normas previstas e a construção foi realizada corretamente. Esse acidente fez que normas norte-americanas e europeias fossem mudadas de maneira a acrescentar recomendações para se minimizar danos acidentais. Mais recentemente, a queda do World Trade Center, vista pelo mundo todo em 11 de setembro de 2001, com certeza, reacendeu a preocupação dos engenheiros com relação à previsão de danos acidentais fazendo com que uma nova classe de ações surgisse no panorama dos projetos estruturais, as ações decorrentes de atos terroristas.

No Brasil, as normas de alvenaria estrutural de bloco cerâmico e de bloco de concreto NBR15812:2010 e NBR 15961:2011, publicadas em 2010 e 2011, respectivamente, apresentam um Anexo de caráter informativo falando sobre dano acidental e colapso progressivo, já demonstrando a preocupação da engenharia brasileira com esses assuntos; preocupação crescente com a queda de três edifícios no centro do Rio de Janeiro no início de 2012.

Nesse contexto, as ações excepcionais e os danos acidentais devem ser avaliados com mais cautela. Os engenheiros devem buscar mais informação sobre o assunto, além de desenvolver mais pesquisas visando o aprimoramento das normas como uma resposta do meio técnico à sociedade.

7.2 RISCO DE DANO ACIDENTAL

O projeto estrutural está envolto em uma série de incertezas, tais como ações ambientais (vento, temperatura, umidade, neve etc.), resistência dos materiais, ações variáveis, entre outras. Além dessas, existe ainda a incerteza relativa às ações excepcionais consideradas apenas em raros casos. Dessa forma, ao projetar uma estrutura, o engenheiro assume riscos, pois somente se houver certeza é que não haverá risco. De acordo com Elms (1992) o conceito de risco envolve três componentes: o risco, as consequências e o contexto. O risco é o evento potencialmente perigoso, por exemplo, o potencial de uma explosão de gás em um edifício residencial. A ocorrência do perigo tem consequências como o colapso do edifício, ferimentos, perda de vidas, perdas econômicas ou danos para o ambiente. Finalmente, há o contexto, que fornece um quadro de referência para a análise e avaliação de riscos e decisões resultantes. Incidentes envolvendo um elevado número de pessoas são vistos de maneira diferente de um incidente individual. Um exemplo disto é a comoção ao redor de um acidente aéreo em comparação com um acidente de automóvel.

O risco pode ser quantificado por sua probabilidade de ocorrência. No entanto, de acordo com o NISTR 7396 (2007) a probabilidade de ocorrência de um dano acidental pode não ser uma medida suficientemente eficaz na tomada de decisão do engenheiro durante projeto estrutural. Isso, porque eventos com baixa probabilidade de ocorrência, porém com graves consequências com perdas de vidas, têm um impacto muito grande na sociedade.

Por outro lado, a consideração de risco nulo tem como consequência a inviabilidade econômica de qualquer projeto. Dessa forma, qual é o risco a ser considerado? De acordo com o Eurocode 1 (2003), este risco deve ser determinado pelo custo de medidas de segurança *versus* a reação pública frente aos danos acidentais resultantes, juntamente com a consideração das consequências econômicas e o número potencial de vítimas envolvidas. Assim, o risco pode ser comparado com os riscos de morte de uma pessoa, por ano, causada por uma série de fatores como mostrado na Tabela 7.1.

Tabela 7.1 Risco de morte de uma pessoa, por ano, no Brasil, em 2010

Causa da morte	Risco
Queda	$5,46.10^{-5}$
Acidente de automóvel	$4,75.10^{-5}$
Afogamento	$2,90.10^{-5}$
Agressões	$2,74.10^{-5}$
Exposição à fumaça, ao fogo e às chamas	$4,99.10^{-6}$
Arma de fogo	$1,85.10^{-6}$
Vítima de raio	$3,93.10^{-7}$

Fonte: adaptado de DATASUS (Riscos calculados a partir de dados estatísticos do Ministério da Saúde).

O NISTR 7396 (2007) admite 10^{-7} como um valor de referência baseado em evidências de que esta é a ordem do risco abaixo do qual a sociedade normalmente não impõe qualquer orientação regulamentar (PATE-CORNELL, 1994). Segundo, Leyendecker e Burnett (1976), a taxa média de ocorrência de explosões de gás é da ordem de 2.10^{-5} por habitação ao ano, valor este comprovado por estudos nos Estados Unidos e no Reino Unido. Ellingwood (2006) afirma que, em edificações em zonas urbanas, em que os alarmes e os sistemas de aspersão estão presentes, a ocorrência média de incêndio estruturalmente significativo é da ordem de 10^{-8} por m^2 por ano. Com base nesses valores pode-se dizer que o risco de explosões de gás é similar ao risco de incêndio estruturalmente significativo em um edifício de dez andares com 200 m^2 por pavimento. Dessa forma, assim como apontado por Hendry, Sinha e Davies (1997) o risco de danos acidentais é similar ao risco de incêndio, portanto, uma vez que existem critérios para estruturas em situação de incêndio, há uma justificativa similar para a definição de critérios para a avaliação de danos acidentais em estruturas.

7.3 AÇÕES EXCEPCIONAIS

A norma brasileira NBR 8681:2004 considera como excepcionais as ações decorrentes de causas tais como explosões, choques de veículos, incêndios, enchentes ou sismos. Alguns autores (SOMES, 1973; BURNETT, 1975; ELLINGWOOD; DUSENBERRY, 2005) apontam também como ações excepcionais aquelas causadas por erro humano, tais como erro de construção, erro de projeto e mau uso da edificação. Como erro humano pode-se acrescentar, também, a execução de reformas indevidas sem o acompanhamento de um engenheiro responsável que pode levar a demolição de elementos estruturais. A esse tipo de erro os edifícios de alvenaria estrutural estão muito susceptíveis, uma vez que não são incomuns proprietários de imóveis que desejem remover paredes com o intuito de aumentar ambientes.

As normas de alvenaria NBR 15812:2010 e NBR 15961–1:2011, no anexo A do informativo, demonstram uma preocupação especial com relação às ações causadas por impacto de veículos e explosões. A identificação de possíveis ações excepcionais não é difícil, a grande dificuldade está na quantificação dessas ações. Após o colapso parcial do edifício Ronan Point, em Londres, uma série de estudos foi desenvolvida com o intuito de se avaliar as pressões geradas na estrutura em função de explosões de gás. De acordo com Ellingwood (2006) verificou-se que essas pressões dependiam da compartimentação e da ressonância da massa de ar no interior do compartimento, mas raramente ultrapassavam 17 kPa, substancialmente menor que o valor de 34 kPa, recomendado pelas normas da época. Atualmente, a Seção 5 do Eurocode 1 (2003) fornece recomendações gerais de projeto para a consideração de explosões internas e, no anexo D, de caráter informativo, apresenta algumas equações para se calcular o valor de pressões estáticas equivalentes, geradas por explosões. Além das ações causadas por explosões, o Eurocode 1 (2003) também fornece recomendações gerais de projeto para a consideração do impacto de veículos. Nesse caso, a norma europeia sugere que seja considerada uma força estática equivalente com componentes $F_{d,x}$ e $F_{d,y}$ aplicada a 0,50 m da superfície de rolamento em uma área de 0,25 m de altura por 1,50 m de largura ou a largura do elemento estrutural, de maneira a representar a força dinâmica provocada pelo impacto do veículo, ver Figura 7.1, em que x e y são as direções normal e perpendicular ao tráfego, respectivamente.

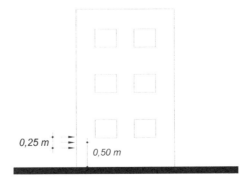

Figura 7.1 Representação do impacto de veículos, por meio de força estática equivalente.

Fonte: autores.

Observa-se que o foco maior do Eurocode 1 (2003) é o caso do impacto de veículos em elementos estruturais de pontes, no entanto, existe também a recomendação de valores de $F_{d,x}$ e $F_{d,y}$ para a situação de impacto de automóveis em elementos estruturais em pátios ou garagens (velocidade inferior a 20 km/h). Nesse caso, o Eurocode 1 (2003) sugere valores de $F_{d,x}$ entre 50 kN e 100 kN e de $F_{d,y}$ entre 25 kN e 50 kN.

7.4 CONSIDERAÇÃO DE SITUAÇÕES ACIDENTAIS EM PROJETO

As situações acidentais a que uma estrutura está sujeita podem ser consideradas em projeto, por meio de duas abordagens diferentes. Uma delas seria a consideração das ações excepcionais que agirão durante a situação acidental como, por exemplo, as forças geradas pelo impacto de um veículo. Nessa abordagem duas estratégias podem ser estudadas em projeto: o dimensionamento da estrutura para resistir a ação excepcional ou a construção de estruturas auxiliares com o objetivo de proteger a estrutura principal contra as ações excepcionais. Outra abordagem para as situações acidentais seria não pensar na ação excepcional, mas admitir a ruptura localizada de um elemento estrutural e delimitar a extensão dos possíveis danos gerados por essa ruptura. Nessa abordagem as estratégias a serem estudadas em projeto são: aumentar a redundância da estrutura proporcionando caminhos alternativos para as cargas, dimensionar apenas elementos chave na estrutura para resistirem às ações excepcionais, de maneira que, no caso de uma ruptura localizada, seja possível a redistribuição de esforços ou, adotar recomendações prescriptivas que objetivam aumentar a integridade e robustez da estrutura como a utilização de armaduras adicionais em lajes e paredes, permitindo uma grande deformação da estrutura em caso do colapso de um elemento isolado. O diagrama apresentado no Eurocode 1 (2003) resume essas duas abordagens para a consideração das situações acidentais em projeto (Figura 7.2).

Figura 7.2 Situações acidentais em projeto.

Fonte: adaptado de EUROPEAN STANDARD, 2003.

Nesse panorama, o NISTR 7396 (2007) apresenta duas combinações de carregamento baseadas em princípios de análise de confiabilidade para a avaliação das situações acidentais. A combinação (7.1) diz respeito à abordagem que considera a ação excepcional, enquanto a combinação (7.2) diz respeito à abordagem que considera a ruptura localizada.

$$(0,9 \ ou \ 1,2) \ F_G + F_{EX} + 0,5F_Q + 0,2F_V \tag{7.1}$$

$$(0,9 \ ou \ 1,2) \ F_G + 0,5F_Q + 0,2F_V \tag{7.2}$$

Aqui F_G representa o carregamento permanente multiplicado por 1,2 ou 0,9 se tiver efeito desfavorável ou favorável, respectivamente, F_{EX} representa a ação excepcional, F_Q representa o carregamento variável em F_V representa a ação do vento.

Dimensionar uma estrutura para suportar todas as possíveis ações excepcionais que possam vir a ocorrer onera em muito o custo de um projeto. O próprio Eurocode 1 (2003) afirma que danos localizados em função de ações excepcionais podem ser aceitáveis, no entanto a estrutura deve manter sua capacidade por um período suficiente para se tomar medidas de emergência como evacuação da edificação e seus arredores, por exemplo. A norma britânica BS 5628-1 (1992) também afirma que não é esperado que uma estrutura resista a um carregamento excessivo oriundo de uma causa extrema, porém os danos gerados não devem ser desproporcionais à origem da causa. Para a avaliação dos danos acidentais a BS 5628-1 (1992) recomenda a combinação de carregamento apresentada na combinação (7.3) muito similar à combinação (7.2), sugerida pelo NISTR 7396 (2007).

$$(0,95 \ ou \ 1,05) \ F_G + 0,35F_Q + 0,35 \ F_V \tag{7.3}$$

Adotando a abordagem da consideração de ruptura localizada, a maior preocupação por parte dos projetistas, em função de possíveis danos acidentais, é a ocorrência de colapso progressivo. O termo "colapso progressivo" remete à propagação de uma falha localizada que leva ao colapso total ou parcial de uma estrutura. Um exemplo desse tipo de colapso foi a queda do World Trade Center, vista pelo mundo todo em 11 de setembro de 2001, quando a ruptura localizada de alguns elementos estruturais, provocada pelo impacto de um avião, levou a um sistema instável de propagação de danos até o colapso total dos edifícios.

Em se tratando de colapso progressivo todos os regulamentos que abordam o assunto concordam com o fato de que sua probabilidade de ocorrência é menor em uma estrutura robusta com a capacidade de conter a propagação de um dano localizado. De acordo com Laranjeiras (2011) os atributos de um sistema estrutural que lhe garantem integridade e robustez são:

- A redundância, que se refere à existência de possibilidades alternativas de redistribuição de esforços em um sistema estrutural inicialmente danificado.
- A continuidade, que tem a ver com o monolitismo e com a hiperestaticidade estrutural garantindo a interconexão adequada à redistribuição de cargas entre os elementos estruturais, no caso de um colapso inicial.
- A ductilidade, que é a capacidade de plastificação da estrutura permitindo a sustentação de cargas, mesmo com grandes deformações.

Em alguns países, esse tipo de colapso é conhecido por "colapso desproporcional" uma vez que o estado final de danificação é desproporcionalmente maior que a falha que deu início ao colapso. A noção de desproporcionalidade é bastante ambígua de maneira que surge a pergunta: Qual é a proporção de dano aceitável? Nesse sentido, o Eurocode 1 (2003) recomenda que os danos acidentais não excedam 15% da área em planta em cada um dos pavimentos adjacentes ao dano, ver Figura 7.3.

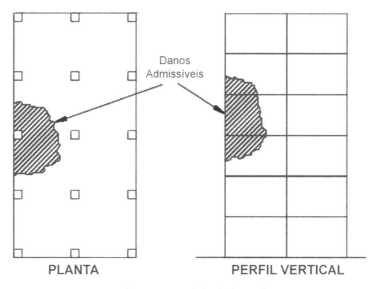

Figura 7.3 Limites recomendados de danos admissíveis.

Fonte: adaptado de EUROPEAN STANDARD, 2003.

Uma grande vantagem das estruturas de alvenaria frente ao colapso progressivo é que, em geral, são estruturas muito robustas e apresentam um efeito favorável conhecido como "efeito arco", que confere à alvenaria a capacidade de realizar a redistribuição de esforços. De acordo com Drysdale, Hamid e Baker (1999) muitos são os exemplos de estruturas de alvenaria cujo efeito arco impediu a ruína total da edificação, após a ocorrência de uma ação excepcional. De acordo com Hendry, Sinha e Davies (1997) há três tipos básicos de detalhes de construção que necessitam de uma atenção especial em edifícios de alvenaria em relação a danos acidentais:

- Caso A – quando há uma parede externa sem flanges ou com flange de pequeno tamanho (Figura 7.4(a)). A remoção dessa parede em função de um dano local deixaria as paredes superiores suspensas pela laje.
- Caso B – quando há uma parede interna sem flanges (Figura 7.4(b)). As paredes acima da parede danificada descarregariam diretamente sobre a laje do pavimento.
- Caso C – quando a remoção de uma seção de parede impõe elevadas tensões localizadas em uma pequena região de parede (Figura 7.4(c)).

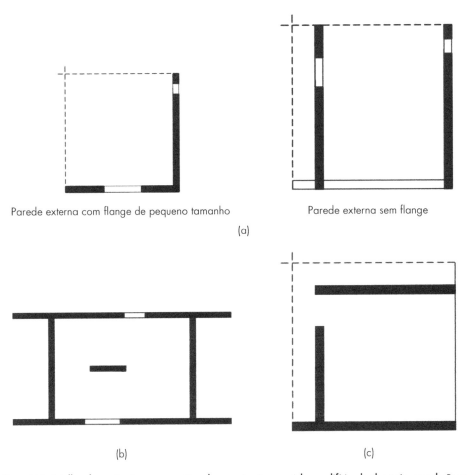

Figura 7.4 Detalhes de construção que necessitam de uma atenção especial, em edifícios de alvenaria, em relação a danos acidentais: (a) Caso A; (b) Caso B; e (c) Caso C.

Fonte: adaptado de HENDRY, SINHA e DAVIES, 1997.

O dimensionamento de uma estrutura visando resistir rupturas localizadas e, por consequência, o colapso progressivo pode ser realizado por meio do método indireto ou direto. O método indireto consiste em seguir recomendações prescritivas, não exigindo cálculos adicionais no projeto. Essas recomendações visam

Danos acidentais

aumentar a robustez, a integridade e a ductilidade da estrutura por meio da consideração de detalhes adicionais. Algumas recomendações sugeridas pelo NISTR 7396 (2007), no caso de edifícios de alvenaria, são:

a) Armaduras horizontais periféricas, devidamente ancoradas, ao longo de todo o perímetro do edifício.

b) Armaduras horizontais internas, em ambas as direções, uniformemente distribuídas ou em feixes regularmente espaçados.

c) Armaduras horizontais conectando paredes externas com a laje.

d) Armaduras horizontais nos cantos do edifício.

e) Armaduras verticais contínuas ao longo de toda a altura do edifício, conectando as paredes.

f) Armaduras uniformemente distribuídas nas paredes com espaçamentos prescritos.

Por outro lado, o método direto exige necessariamente cálculos adicionais no projeto e consiste em fazer uma análise mais detalhada da estrutura avaliando, por exemplo, a redistribuição de esforços quando da retirada de um elemento estrutural ou reforçando elementos chave da estrutura. O comportamento inelástico dos materiais deve ser muito bem conhecido. Hendry, Sinha e Davies (1997) sugerem três métodos de avaliação:

- Análise tridimensional da estrutura.
- Análise bidimensional de seções tiradas do edifício.
- Um estudo pavimento por pavimento.

Os dois primeiros métodos necessitam de uma avaliação pelo método dos elementos finitos e segundo Hendry, Sinha e Davies (1997) são inviáveis do ponto de vista de projeto, apesar de proporcionar resultados muito confiáveis. O terceiro método é conservador uma vez que avalia a estabilidade residual da estrutura de um único pavimento, considerando a retirada de um elemento estrutural em particular.

A escolha da aplicação de um método ou de outro levará ao dimensionamento de uma estrutura menos susceptível ao colapso progressivo. Porém, indubitavelmente a probabilidade de ocorrência de colapso progressivo diminui à medida que o nível de precisão do método de avaliação estrutural aumenta. Dessa forma, algumas normas categorizam os tipos de edificação, levando em conta o risco de dano e o impacto social causado pelo dano, e prescrevem recomendações mais ou menos rígidas, de acordo com as categorias especificadas.

7.5 RECOMENDAÇÕES NORMATIVAS

O Eurocode 1 (2003), em seus anexos, apresenta algumas recomendações de projeto organizadas de acordo com diferentes classes de edificações. Essa classificação das edificações fundamenta-se nas consequências em caso de colapso progressivo, ver Tabela 7.2. O objetivo dessas recomendações é prover para a edificação um nível aceitável de robustez para resistir a uma falha localizada sem atingir a um colapso desproporcional.

Tabela 7.2 Classes de edificações conforme consequências em caso de colapso progressivo adotadas pelo Eurocode 1 (2003)

Classe	Tipo de edificação e ocupação
1	Casas de até quatro andares. Instalações agrícolas. Edifícios aos quais as pessoas raramente vão, desde que nenhuma parte da construção esteja próxima de outro prédio, ou área para onde as pessoas vão, de uma distância de 1,5 vez a altura da construção.
2 Grupo de baixo risco	Casas de cinco andares. Hotéis de até quatro andares. Flats, apartamentos e outros edifícios residenciais de até quatro andares. Escritórios de até quatro andares. Edifícios industriais de até três andares. Instalações de varejo de até três andares e com menos de 1.000 m² em cada andar. Escolas térreas.
2 Grupo de alto risco	Hotéis, apartamentos e outros edifícios residenciais de até 15 andares. Escolas de até 15 andares. Instalações de varejo de até 15 andares. Hospitais de até três andares. Escritórios de até 15 andares. Todos os edifícios com acesso público e que possuam áreas de piso não superior 1.000 m² em cada piso. Estacionamentos não automáticos de até seis andares. Parque de estacionamento automático de até 15 andares. Centros de lazer com menos de 2.000 m².
3	Todos os edifícios anteriormente definidos como Classe 2 de alto ou baixo risco que excedam os limites de área e número de andares. Todos os edifícios com acesso público. Edifícios que acomodem mais de 5.000 pessoas. Centros de lazer com mais de 2.000 m².

Nota 1: Para edifícios com mais de um tipo de utilização, deve ser adotada a classe de maior risco.

Nota 2: A fim de determinar o número de andares, os subsolos podem ser excluídos desde que os subsolos cumpram os requisitos da "Classe 2 – Grupo de Alto Risco".

Danos acidentais

A primeira classe de edificação aborda aquelas construções com um risco muito baixo de colapso desproporcional. Dessa forma, o Eurocode 1 (2003), recomenda para essas construções apenas a consideração dos critérios usuais de dimensionamento não especificando nenhuma consideração específica em relação a ações excepcionais de causas não identificadas.

A Classe 2 abrange a maioria das construções, como edifícios de múltiplos andares, escolas e edifícios com acesso público e é subdividida em grupo de baixo risco e grupo de alto risco. Para o caso do grupo de baixo risco o Eurocode 1 (2003) recomenda a utilização de ancoragens capazes de suspender as lajes nas paredes dos pisos superiores para os edifícios de alvenaria. Além disso, é recomendado que seja adotada uma forma celular de construção para facilitar a interação de todos os componentes, incluindo um meio adequado de ancoragem da laje às paredes. No caso das edificações do grupo de alto risco, o Eurocode 1 (2003) recomenda a utilização de armaduras verticais contínuas ligando o topo do edifício até a fundação e também armaduras horizontais adicionais nas lajes. As armaduras horizontais devem ser dispostas na periferia da laje, a uma distância não maior que 1,20 m e, internamente, nas duas direções ortogonais. As armaduras periféricas (T_p) e internas (T_i) devem resistir a uma força de tração como especificado nas Equações a seguir:

$$T_p \leq \begin{cases} 60 \text{ kN} \\ 20 + 4n_s \text{ kN} \end{cases} \tag{7.4}$$

$$T_i \geq \begin{cases} F_t \\ F_t \left(\dfrac{g_k + q_k}{7,5} \right) \left(\dfrac{z}{5} \right) \end{cases} \tag{7.5}$$

$$F_t \leq \begin{cases} 60 \text{ kN/m} \\ 20 + 4n_s \text{ kN/m} \end{cases} \tag{7.6}$$

Aqui n_s representa o número de andares do edifício, g_k e q_k são, respectivamente, os carregamentos permanentes e variáveis e z é o menor valor entre a maior distância entre apoios da laje medida em metros na direção das armaduras ou cinco vezes a altura livre do andar.

No caso das armaduras verticais, elas só são consideradas efetivas nos edifícios de alvenaria estrutural se alguns critérios forem respeitados:

a) As paredes de alvenaria devem ter uma espessura mínima de 150 mm e apresentarem resistência à compressão de no mínimo 5 MPa;

b) A altura livre da parede deve ser menor que 20 vezes sua espessura;

c) As armaduras verticais devem ter espaçamento máximo de 5 m e não mais que 2,5 m de uma extremidade de parede sem restrição;

d) As armaduras verticais devem resistir a uma força de tração como especificado na Equação a seguir:

$$T \geq \begin{cases} 100 \text{ kN/m} \\ \dfrac{34A}{8} \left(\dfrac{H}{t}\right)^2 \text{kN} \end{cases} \tag{7.7}$$

Aqui A representa a área da parede em planta, H e t são a altura livre e a espessura da parede respectivamente.

Além disso, para o grupo de alto risco, o Eurocode 1 (2003) especifica que deve ser garantida a estabilidade do edifício e o nível de dano localizado limitado, como na Figura 7.3, após a remoção de trechos isolados de parede (um de cada vez, em cada andar do edifício).

Os trechos isolados de paredes devem ser tomados da seguinte forma:

- No caso de alvenaria armada, o trecho deve ter comprimento inferior a 2,25 vezes a altura do pé direito.

- No caso de paredes externas, o comprimento deve ser medido pela distância entre apoios laterais verticais.

- No caso de paredes internas, o trecho deve ter comprimento inferior a 2,25 vezes a altura do pé direito.

Quando a remoção de um trecho de parede resultar em danos excessivos, ultrapassando os limites especificados, esse elemento deve ser considerado um "elemento chave". Os elementos chave devem ser dimensionados para resistir a forças excepcionais vertical e horizontal, não simultâneas, de 34 kN/m².

A Classe 3, de acordo com a Tabela 7.2, é a classe de mais alto risco quanto ao colapso progressivo, e engloba os edifícios altos, de grande área em planta e com acesso público por um elevado número de pessoas. Para essas edificações o Eurocode 1 (2003) recomenda uma análise sistemática do edifício, tendo em conta todos os riscos normais que podem ser razoavelmente previstos, juntamente com qualquer situação atípica.

A norma britânica BS 5628-1 (1992) segue a mesma linha do Eurocode 1 (2003) com algumas pequenas diferenças. A BS 5628-1 (1992) classifica as edificações de alvenaria em dois tipos: Categoria 1 (edifícios de até quatro pavimentos) e Categoria 2 (edifícios com mais de quatro pavimentos). Para a Categoria 1 a BS 5628-1 (1992) recomenda apenas robustez e interação dos componentes de maneira a conter a propagação de danos. No caso da Categoria 2 a BS 5628-1 (1992) dá três opções para os projetistas:

Danos acidentais

a) Opção 1: Avaliar a integridade da estrutura ao se remover elementos verticais ou horizontais um a um, evitando o colapso progressivo.

b) Opção 2: Acrescentar armaduras horizontais nas lajes (como no caso do Eurocode 1, 2003) e paredes externas (conforme a Equação (7.8)) e avaliar a integridade da estrutura ao se remover elementos verticais um a um, evitando o colapso progressivo;

c) Opção 3: Acrescentar armaduras horizontais nas lajes (como no caso do Eurocode 1, 2003) e paredes externas (conforme a Equação (7.8)) e acrescentar armaduras verticais nas paredes (como no caso do Eurocode 1, 2003).

A norma britânica BS 5628-1 (1992) recomenda que seja adotada na opção 2 uma armadura horizontal distribuída também nas paredes externas. Essa armadura deve ser capaz de suportar uma força de tração, como especificado na equação a seguir:

$$T_{pe}\,(\text{kN/m}) \leq \begin{cases} F_t \\ \left(\dfrac{H}{2,5}\right)F_t \quad \text{H em metros} \end{cases} \tag{7.8}$$

7.6 COMENTÁRIOS FINAIS

Dimensionar uma estrutura avaliando-se as possibilidades de danos acidentais e objetivando reduzir a probabilidade de ocorrência de colapso progressivo requer uma visão um pouco diferente daquela aplicada em projetos nos quais se consideram apenas ações verticais e horizontais (NISTR 7396, 2007). O projetista deve pensar nas inúmeras possibilidades de situações acidentais a que a estrutura a ser projetada pode estar sujeita, e, com isso, admitir seus riscos, considerando recomendações prescritivas e métodos de dimensionamento mais ou menos precisos. O foco da análise está no controle da limitação do dano estrutural proporcionando tempo suficiente para a tomada de medidas emergenciais.

7.7 BIBLIOGRAFIA

ASSOCIAÇÃO BRASILEIRA DE NORMAS TÉCNICAS. **NBR 8681**: Ações e segurança nas estruturas. Rio de Janeiro: ABNT, 2004.

_____. **NBR 15812**: Alvenaria estrutural – blocos cerâmicos. Parte 1: projetos. Rio de Janeiro: ABNT, 2010.

_____. **NBR 15961-1**: Alvenaria estrutural – blocos de concreto. Parte 1: projeto. Rio de Janeiro: ABNT, 2011.

BRITISH STANDARD INSTITUTE. **BS 5628-1**: Code of practice for use of masonry – Part 1: Structural use of unreinforced masonry. London: BSI, 1992.

BURNETT, E. F. P. **The avoidance of progressive collapse**. Regulatory approaches to the problem. Report n. NBS-GCR-75-48. Washington: National Bureau of Standards, 1975.

DRYSDALE, R. G.; HAMID, A. A.; BAKER, L. R. **Masonry structures**. Behaviour and design. Boulder: The Masonry Society, 1999.

ELLINGWOOD, B.; DUSENBERRY, D. O. Building design for abnormal loads and progressive collapse. **Comput. Aided Civ. Infrastruct. Eng.**, v. 20, p. 194-205, 2005.

ELLINGWOOD, B. R. Mitigating risk from abnormal loads and progressive Collapse. **Journal of Structural Engineering**, v. 20, n. 4, p. 315-323, 2006.

ELMS, D. G. Risk assessment in engineering safety. Berkshire: McGraw-Hill International, 1992.

EUROPEAN STANDARD. **prEN 1991-1-7** – Eurocode 1. Actions on structures. Part 1-7: General actions – accidental actions. European Committee for Standardization, Brussels, 2003.

HENDRY A. W.; SINHA B. P.; DAVIES S. R. **Design of masonry structures**. 3. ed. London: E. & F. N. Spon, 1997.

LARANJEIRAS, A. C. R. Colapso progressivo em edifícios. Breve introdução. **TQS News**, n. 33, 2011.

LEYENDECKER, E. V.; BURNETT, E. The incidence of abnormal loading in residential buildings. **Building Science Series** n. 89. Washington: National Bureau of Standards, 1976.

NATIONAL INSTITUTE OF STANDARD AND TECHNOLOGY. **NISTR 7396**. Best practices for reducing the potential for progressive collapse in buildings – Technology administration. U.S. Department of Commerce, Gaithersburg, 2007.

PATE-CORNELL, E. Quantitative safety goals for risk management of industrial facilities. **Structural Safety**, v. 13, n. 3, p. 145-157, 1994.

SOMES, N. F. Abnormal Loading on Buildings and Progressive Collapse. In: WRIGHT, R.; KRAMER, S.; CULVER, C. (eds.). **Building practices for disaster mitigation**. Building Science Series n. 46. Washington: National Bureau of Standards, 1973.

CAPÍTULO 8

Segurança contra o fogo em edificações na alvenaria estrutural

Larissa Deglioumini Kirchhof e Rogério Cattelan Antocheves de Lima

8.1 CONSIDERAÇÕES INICIAIS

A maioria dos incêndios relacionados à construção civil ocorre em edificações, e o risco de morte ou ferimentos graves pode ser associado ao tempo necessário para que níveis perigosos de fumaça ou gases tóxicos e temperatura sejam atingidos, comparados ao tempo de escape dos ocupantes da área ameaçada.

Dessa forma, os objetivos primordiais da segurança contra o fogo são minimizar o risco à vida humana e reduzir as perdas patrimoniais. O risco à vida compreende tanto a exposição dos usuários à fumaça ou aos gases quentes presentes no ambiente, como o desabamento de elementos construtivos sobre os usuários ou sobre a equipe de combate. Já, a perda patrimonial simboliza a destruição parcial ou total da edificação, dos materiais armazenados, dos documentos, dos equipamentos e dos acabamentos do edifício sinistrado ou das edificações vizinhas (NBR 14432:2001).

Em princípio, deve-se, sempre que possível, garantir a segurança estrutural da edificação sinistrada, visando tanto salvaguardar as vidas dos usuários quanto auxiliar na preservação patrimonial. Justifica-se, portanto, a adoção de todas as medidas cabíveis que evitem o colapso da edificação, permitindo assim a desocupação do ambiente em chamas e a execução de trabalhos de reforços para a sua reutilização. Cabe lembrar, entretanto, que segurança absoluta é um requisito impossível de se atingir e que, em muitos casos, o nível de segurança é proporcional ao custo para obtê-la (SILVA, 2001).

Com o intuito de fornecer informações sobre a que condições uma edificação em alvenaria estrutural pode ser, eventualmente, exposta durante um incêndio, neste capítulo, serão apresentadas noções básicas sobre a dinâmica desse tipo de sinistro e discutidos os prováveis impactos que os incêndios ocasionam nestas edificações, bem como exemplificados alguns métodos para o dimensionamento estrutural considerando as ações oriundas de incêndios.

8.1.1 Conceitos de segurança contra o fogo

Incêndios são incidentes relativamente raros, mas extremamente importantes na vida das edificações e das comunidades humanas, visto que as possíveis consequências de um sinistro envolvem, entre outros fatores, perdas humanas e materiais.

Embora, de forma geral, as pessoas esperem que suas residências ou locais de trabalho sejam seguros contra o fogo, os incêndios não desejados constituem uma força destrutiva que pode ocorrer em diferentes estruturas (edificações, túneis, plataformas petrolíferas, plantas petroquímicas e nucleares), colocando em risco a sua integridade e a segurança de seus ocupantes. Felizmente, tais ocorrências são pouco frequentes e a taxa de mortalidade é reduzida (BUCHANAN, 2002).

Apesar do baixo risco de mortalidade, é dever dos profissionais ligados à engenharia civil zelar pela proteção à vida, por meio da adoção de medidas de prevenção e controle dos sinistros, bem como de práticas de projeto que permitam uma rápida evacuação do ambiente em chamas, levando em consideração as condições específicas de cada obra (SILVA, 2001).

A segurança das pessoas que ocupam as edificações atingidas por sinistros depende de muitos fatores ligados ao projeto e à construção, incluindo a expectativa de que certos prédios, ou parte deles, não entrem em colapso durante o incêndio, ou que os elementos de alvenaria, ou concreto, que compartimentalizam essa construção atuem inibindo o alastramento das chamas. Em alguns casos, esses elementos, mesmo se degradando, exercem papel essencial ao retardar o dano causado pelo fogo até que se evacuem os ocupantes e se inicie o combate ao incêndio.

Por estas razões, é fundamental entender como as edificações e seus materiais constituintes responderão ao aquecimento, pois a exposição ao fogo ocasiona um aumento de temperatura que desencadeia expansões térmicas diferenciadas, deformações e alterações nas propriedades mecânicas, entre outros fatores. Aos projetistas cabe buscar maneiras de evitar que estes fatores combinados não prejudiquem o comportamento da edificação.

8.1.2 Dinâmica dos incêndios nas edificações

No princípio de um incêndio, os materiais combustíveis vão sendo aquecidos e o calor ocasiona a sua ignição, dando início ao processo de combustão, com formação de chamas e início do período de alastramento do incêndio. Nesse período, as chamas estão concentradas na superfície dos materiais combustíveis nos quais se iniciou a combustão. Com o passar do tempo, a intensidade das chamas vai aumentando e o calor vai se propagando, por radiação, para os demais materiais combustíveis presentes, que também podem ser afetados pelo contato com as próprias chamas e com os gases quentes produzidos pela combustão, conforme pode ser visto na Figura 8.1.

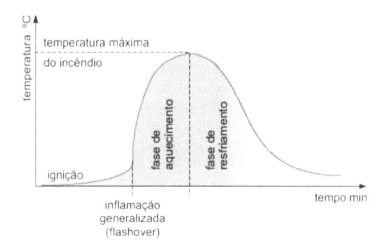

Figura 8.1 Curva temperatura-tempo de um incêndio real.

Fonte: VARGAS e SILVA, 2003.

Quando a temperatura dos gases atinge 600 °C, a taxa de combustão aumenta rapidamente e atinge-se o período de inflamação generalizada, denominado *flashover*. Esse instante é muito marcante, pois além do rápido aquecimento, podem ocorrer explosões que, frequentemente, ocasionam o rompimento das janelas e vidros (SILVA, 2002).

Segundo Buchanan (2002), no instante em que os vidros se quebram, uma grande quantidade de oxigênio, normalmente, invade no ambiente, o que alimenta e fortalece as chamas existentes, ocasionando uma liberação ainda mais intensa de calor radiante e uma elevação da temperatura. A situação pode ser agravada pela ignição dos demais materiais combustíveis do recinto. Caso os vidros não quebrem, as chamas poderão durar por um período mais longo, mas, em contrapartida, haverá uma taxa de liberação do calor menor.

No período anterior ao *flashover*, não há risco de colapso da edificação, embora danos localizados possam ocorrer. Consequentemente, não existe risco à vida por desabamento estrutural, mas esse risco pode ocorrer pela presença de calor e fumaça. A degradação dos elementos estruturais e das barreiras de compartimentação normalmente ocorre durante o *flashover*, fazendo com que as práticas de projeto costumem admitir que as estruturas devam apresentar condições de segurança, após sua ocorrência. Assim sendo, o dimensionamento dos sistemas de proteção contra incêndios tendem a evitar o colapso estrutural e garantir a ocorrência de danos localizados na estrutura sinistrada (PURKISS, 1996).

8.1.3 Impactos dos incêndios nas edificações

O incêndio, ao ser deflagrado, se faz sentir nos elementos constituintes do compartimento em chamas e nas zonas mais ou menos afastadas deste, pois em determinadas situações, elementos relativamente afastados do foco poderão colapsar primeiro, em virtude do estado de tensão que as deformações de origem térmica da zona diretamente aquecida impuserem ao restante da estrutura. À temperatura ambiente, a estrutura está sob ação do peso próprio e de cargas acidentais, gerando um equilíbrio entre certo estado inicial de tensão e um determinado estado de deformação. Em virtude do aquecimento diferenciado entre os elementos estruturais, um novo estado de tensão sobrepõe-se a esse estado inicial, variável no tempo com o desenvolver das chamas, pois os elementos constituintes da edificação estão, de certa forma, interligados rigidamente. Quando alguns deles são mais aquecidos do que outros, as respectivas dilatações térmicas acabam sendo restringidas e originam um novo estado de tensão.

Por outro lado, as propriedades dos materiais constituintes dos elementos estruturais também sofrem alterações com o aumento da temperatura, fazendo com que um elemento submetido a um determinado estado de tensão, constante ao longo do tempo, possa ter sua capacidade resistente esgotada, ao término de certo período (PANONI, 2003). Estas alterações não são facilmente estimadas, pois materiais que possuem baixa inércia térmica armazenam menor quantidade de calor e, consequentemente, transferem menos calor para o ambiente depois que o fogo é extinto, permitindo um resfriamento rápido. Enquanto os materiais com baixa condutividade térmica isolam o compartimento em chamas e, se qualquer combustão residual ocorrer no período de resfriamento, altas temperaturas poderão ser alcançadas novamente (BUCHANAN, 2002).

Segurança contra o fogo em edificações, na alvenaria estrutural

Uma vez acontecido o sinistro, a realização de uma perícia completa na estrutura é necessária, devendo ser efetuada tão logo seja possível entrar na edificação e antes da remoção dos entulhos. Nesse processo, deverá ser feita uma estimativa da severidade do incêndio por meio de inspeção visual e classificação dos danos em cada elemento estrutural, variável em função da temperatura máxima alcançada (ANDERBERG, 2003b).

Segundo Fakury, Silva e Lavall (2002), a temperatura máxima oscila entre 500 °C e 1.200 °C, sendo o tempo de aquecimento de 10 a 40 minutos e o tempo de duração de alguns minutos a poucas horas, dependendo da área de ventilação, da geometria do compartimento incendiado e da quantidade de material combustível.

8.1.4 Resistência ao fogo das edificações

De acordo com NBR 14432 – "Exigências de resistência ao fogo de elementos construtivos de edificações – Procedimento" (ABNT, 2001a), a análise do comportamento de uma edificação, quando submetida à ação do fogo, é definida pela reação e resistência às altas temperaturas por parte dos elementos da construção. A *reação ao fogo* pode ser definida como a capacidade de um material em contribuir para o desenvolvimento do incêndio e dos seus subprodutos, enquanto a *resistência ao fogo* representa a capacidade de um componente se manter inalterado, durante um determinado período de tempo, de forma a garantir a segurança estrutural, estanqueidade e isolamento, não tendo muita importância nos primeiros estágios do incêndio, mas tornando-se fundamental quando o fogo estiver fora de controle e o ambiente completamente em chamas. Esta norma técnica é válida para edificações de qualquer material e tem por objetivo estabelecer as condições a serem atendidas pelos elementos construtivos, estruturais ou de compartimentação em situação de incêndio.

De acordo com Souza e Ripper (1998), na primeira fase de um incêndio e durante a inflamação generalizada que se segue, o que interfere são as reações ao fogo e os fenômenos que as caracterizam, enquanto, nas fases posteriores, a resistência ao fogo é que desempenha o papel principal.

A NBR 14432:2001 prescreve que a resistência ao fogo dos elementos construtivos deve ser assegurada durante um tempo mínimo igual ao especificado, em função da ocupação e da altura da edificação, expresso em termos de Tempo Requerido de Resistência ao Fogo (TRRF), conforme mostra a Tabela 8.1. O TRRF é estabelecido em módulos de 30 minutos, no intervalo de 30 a 120 minutos, e é definido de acordo com a altura da edificação, a área do pavimento, o tipo de ocupação e as medidas de proteção ativas disponíveis.

Tabela 8.1 Tempo requerido de resistência ao fogo (TRRF)

Ocupação Uso	Profundidade do subsolo (m)		Altura da edificação (m)				
	$H_s > 10$	$H_s \leq 10$	$H \leq 6$	$6 < H \leq 12$	$12 < H \leq 23$	$23 < H \leq 30$	$H > 30$
Residencial	90	60 (30)	30	30	60	90	120
Serviços de hospedagem	90	60	30	60 (30)	60	90	120
Comercial varejistas	90	60	60 (30)	60 (30)	60	90	120
Serviços profissionais, pessoais e técnicos	90	60 (30)	30	60 (30)	60	90	120
Educacional e cultura física	90	60 (30)	30	30	60	90	120
Locais de reunião de público	90	60	60 (30)	60	60	90	120
Serviços automotivos	90	60 (30)	30	60 (30) / 30	60	90	120 / 90
Estacionamentos abertos lateralmente	90	60 (30)	30	30	30	30	–
Serviços de saúde e institucionais	90	60	30	60	60	90	120
Industrial (I1)	90	60 (30)	30	30	60	90	120
Industrial (I2)	120	90	60 (30)	60 (30)	90 (60)	120 (90)	120
Depósitos (J1)	90	60 (30)	30	30	30	30	60
Depósitos (J2)	120	90	60	60	90 (60)	120 (90)	120

*** Os tempos entre parênteses podem ser usados em edificações, nas quais os pavimentos acima do solo tenham área individual menor ou igual a 750 m², e em subsolos, nos quais a área individual dos pavimentos seja menor ou igual a 500 m².

Fonte: adaptado da NBR 14432:2001.

De acordo com a Tabela 8.1, os regulamentos que tratam do assunto geralmente estabelecem tempos mínimos de resistência ao fogo para os elementos estruturais; porém, na maioria dos casos, esses tempos são definidos de modo essencialmente subjetivo, levando-se em conta apenas a natureza da ocupação, a sua altura e a experiência de atendimentos de ocorrências dos corpos de bombeiros, não sendo considerado que as propriedades dos materiais de construção sofrem alterações com a elevação da temperatura.

Estabelecer cientificamente a dependência entre a estabilidade de um elemento estrutural e o tempo de resistência ao fogo é uma tarefa muito complexa e, atualmente, constitui um tópico vital na área de Engenharia de Proteção Contra Incêndio. Porém, não é muito simples determinar um procedimento adequado para analisar o desempenho de elementos estruturais no decorrer do tempo em função da exposição ao calor, pois vários aspectos químicos e físicos devem ser considerados (CREA *et al.*, 1997).

8.1.5 Controle dos incêndios nas edificações

O controle de incêndios em edificações, normalmente, envolve uma combinação de decisões de projeto e estratégias de proteção ativa e/ou passiva. As decisões de projeto determinam a vulnerabilidade e a resistência natural da edificação ao fogo, assim como impactam nas operações de escape e combate ao fogo. Já, as proteções ativas e passivas atuam de forma a combater o fogo, retardar seu alastramento ou reduzir os danos causados à edificação. O corpo de legislação na área, que ainda está em fase de evolução, especialmente no Brasil, busca atuar de forma a orientar e disciplinar essas atividades.

Essas medidas de prevenção devem ser avaliadas por profissionais tecnicamente habilitados, em parceria com o proprietário do empreendimento, tendo por princípio maior a preservação da vida e, também, a proteção do patrimônio. Deve-se analisar as medidas sob o ponto de vista econômico, considerando-se o custo da segurança adicional, do prêmio de seguro, a relação entre o custo da prevenção e o custo dos acabamentos e equipamentos, e o risco ao patrimônio de terceiros, entre outros (SILVA, 2001).

A seleção de um sistema adequado de segurança contra incêndio deve considerar os riscos de início do incêndio, de sua propagação e de suas consequências. Por razões econômicas, não basta identificar o possível dano à propriedade, mas também a extensão do dano, que pode ser considerada tolerável. Dificilmente a segurança absoluta será alcançada, mas deve-se buscar um nível de segurança satisfatório (DIAS, 2002; VARGAS e SILVA, 2003).

Segundo Khoury (2003a), existe necessidade da adoção de medidas protetoras em situações caracterizadas por altas taxas de aquecimento, nas quais temperaturas de 1.000 °C possam ser atingidas em até cinco minutos, e o pico de temperatura esteja entre 1.300 °C e 1.350 °C.

Entre os meios de proteção e combate ao fogo, podem ser empregados materiais não inflamáveis, redes de hidrantes, equipamentos para detecção e extinção do fogo, dispositivos de alerta e sinalização, brigada particular de incêndio, técnicas de compartimentalização, barreiras que evitem a propagação do fogo, portas corta-fogo, sistemas de fácil exaustão da fumaça, rotas de fuga bem sinalizadas e protegidas, escadas de segurança e respeito às normas técnicas (SILVA, 2001; DIAS, 2002).

Conforme mencionado anteriormente, esses meios de proteção e combate ao fogo podem ser subdivididos em ativos e passivos. Os ativos são dispositivos que necessitam ser acionados por pessoas ou controladores automáticos quando o fogo é detectado, tais como chuveiros automáticos (*sprinklers*) e detectores de fumaça. Esses equipamentos atuam de forma a limitar a propagação do incêndio e agilizar a comunicação com os bombeiros, devendo ser utilizados em edificações de grande porte para minimizar os riscos de inflamação generalizada.

Por sua vez, os passivos são constituídas por meios de proteção incorporados à construção da edificação, os quais não requerem nenhum tipo de acionamento para o seu funcionamento em situação de incêndio. São meios de proteção passiva a acessibilidade ao lote (afastamentos) e ao edifício (janelas e outras aberturas), rotas de fuga (corredores, passagens e escadas), o adequado dimensionamento dos elementos estruturais para a situação de incêndio, a compartimentação, a definição de materiais de acabamento e revestimento adequados (ONO, 2004). Essas proteções, geralmente, possuem baixa massa específica, baixa condutividade térmica, alto calor específico, adequada resistência mecânica, garantia de integridade durante a evolução do incêndio e custo compatível. Na prática, as estratégias de projeto, geralmente, incorporam uma combinação de medidas ativas e passivas para a garantia da segurança (BUCHANAN, 2002).

8.1.6 Histórico de grandes incêndios em edificações no Brasil

No dia 17 de dezembro de 1961, mais de 500 pessoas morreram no maior incêndio ocorrido no Brasil em número de óbitos, quando a lona de cobertura do Gran Circus Norte-Americano, situado em Niterói/RJ pegou fogo. Em cerca de dez minutos, a cobertura em chamas caiu sobre os mais de 2.500 espectadores. Pesando seis toneladas, a lona, que chegou a ser anunciada como sendo de náilon, era feita de tecido de algodão revestido com parafina, material altamente inflamável.

Um sinistro de grandes proporções ocorreu no Edifício Andraus, em São Paulo, no dia 24 de fevereiro de 1972. O incêndio atingiu todos os andares do prédio, que continha 31 pavimentos de escritórios e lojas. As chamas tiveram origem no quarto pavimento, em virtude da grande quantidade de material depositado, e teve como resultado seis vítimas fatais e 329 feridos.

Já, um dos incêndios mais graves aconteceu em 1974, também na cidade de São Paulo. O sinistro ocorreu no Edifício Joelma e deixou 187 mortos e, aproximadamente, 300 feridos. O prédio possuía 25 andares, sendo a maioria ocupada por escritórios. O incidente demandou quase duas horas para que os 12 carros de bombeiros conseguissem apagar o fogo e efetuar o salvamento dos sobreviventes. O início do fogo foi atribuído à queima de um aparelho de ar-condicionado, mas

Segurança contra o fogo em edificações, na alvenaria estrutural

um dos principais fatores para que houvesse uma grande propagação do fogo em questão de horas, foi o tipo de material usado na construção da edificação. O prédio possuía uma estrutura de concreto armado com vedações externas compostas por tijolos ocos cobertos por reboco e revestidos por ladrilhos cerâmicos em seu lado externo. As janelas eram de vidro plano em esquadrias de alumínio e o telhado construído com telhas de fibrocimento sobre estrutura de madeira. Além disso, a compartimentação interna era feita por divisórias de madeira, e o forro era constituído por placas de fibra combustível, fixadas em ripas de madeira, além de a laje-piso ser forrada por carpete. Segundo os engenheiros que avaliaram as condições remanescentes da obra, não houve danos estruturais de grande envergadura, apenas pequenos danos nos pilares e vigas, bem como um esfoliamento severo na laje de piso do 11º andar.

O Edifício Grande Avenida, em São Paulo, foi palco de um incêndio no dia 14 de fevereiro de 1981. O fogo se originou no subsolo e se alastrou por 19 pavimentos. Entre as vítimas, 17 pessoas faleceram e 53 ficaram feridas.

O Edifício da CESP, em São Paulo, incendiou no dia 21 de maio de 1987. O prédio era composto por dois blocos, um com 21 pavimentos e outro com 27, sendo que houve a propagação das chamas entre os blocos e, em decorrência, o colapso da estrutura com desabamento parcial.

O principal terminal de passageiros do Aeroporto Santos Dumont, no Rio de Janeiro, foi seriamente danificado por um incêndio no dia 13 de fevereiro de 1998. O incêndio durou oito horas em virtude do volume elevado de materiais de decoração, altamente combustíveis, e da grande quantidade de papéis armazenados nos escritórios. Como resultado, foram constatados danos acentuados e rupturas localizadas em alguns componentes estruturais, além de uma severa degradação da estrutura de concreto armado do prédio. Os pavimentos superiores tiveram uma área danificada em torno de 2/3 da área construída total, incluindo o pavimento de cobertura, atingindo em torno de 25 mil m². No entanto, alguns pilares na região de fogo intenso, que possuíam acabamento superficial em pastilhas cerâmicas, foram danificados em menor intensidade pela ação do calor. Tal fato ocorreu porque as pastilhas proporcionaram uma resistência adicional à ação do fogo, formando uma barreira protetora muito eficiente, que retardou o aumento da temperatura no interior do núcleo de concreto (BATTISTA; BATISTA; CARVALHO, 2002).

No dia 26 de fevereiro de 2004, um incêndio destruiu, pelo menos, 6 dos 22 andares do prédio em que está a sede da Eletrobrás e empresas do setor financeiro, no centro do Rio de Janeiro (Figura 8.2). O fogo teve início no 15º andar, a partir de uma explosão, e se propagou até o 21º andar. Segundo informações extraoficiais, um aparelho de ar-condicionado teria ficado ligado durante todo o feriado de carnaval e provocado o início das chamas. No local, trabalhavam 850 pessoas, mas, no momento, não havia praticamente ninguém, pois o fogo começou durante a madrugada. Na lateral da edificação surgiram grandes rachaduras, provocadas por movimentos de dilatação decorrente do calor, sendo que três dessas grandes rachaduras podem ter comprometido a estrutura do edifício. Pedaços de reboco, aparelhos de ar-condicionado, esquadrias de alumínio, vidros e outros objetos despencaram, caindo na rua.

Figura 8.2 Incêndio no prédio da Eletrobrás, Rio de Janeiro.

Fonte: GLOBO ONLINE, 2004.

Em 20 de julho de 2007, um incêndio atingiu a estrutura em concreto armado do edifício 7, prédio principal do Shopping Center Total, localizado em Porto Alegre/RS (Figura 8.3). Os indícios coletados evidenciaram que as altas temperaturas, na região do foco inicial do incêndio, causaram a deterioração de vigotas e a ruptura das lajes do teto, que formavam o piso do andar superior, por meio de uma combinação de deformações térmicas, expansões do aço e lascamento explosivo do concreto, permitindo a passagem dos gases quentes e chamas para o terceiro pavimento. O acúmulo de gases quentes continuou a provocar a elevação de temperatura no quadrante noroeste do prédio. Nessa zona havia um depósito de materiais e alguns veículos, que se incendiaram. Finalmente, como aconteceu no piso inferior, a elevação de temperatura causou a deterioração das lajes entre os dois pavimentos de garagem, o que permitiu a passagem do ar quente e das chamas para o quarto pavimento, afetando as treliças metálicas da estrutura de cobertura do pavilhão. Tendo a ascensão bloqueada pela cobertura, o ar quente buscou escapar pelas aberturas existentes nos vários andares, e pelas fissuras geradas pelas movimentações térmicas nas paredes de blocos de concreto do prédio. A fumaça e o calor se propagaram horizontalmente, no nível do teto de cada andar (sobre o forro de gesso no segundo andar), o que incrementou os danos nos topos de pilares e vigotas. Com o afastamento do foco de incêndio, as temperaturas médias foram caindo e, consequentemente, a severidade dos danos, observando-se apenas fissuras de dessecação superficial em vários elementos e deformação de algumas vigotas, que tinham menor rigidez e maior área de exposição ao ar quente. Praticamente todo o prédio foi impregnado de material particulado (fuligem).

Figura 8.3 Incêndio no Shopping Total, Porto Alegre.

Fonte: CLIC RBS, 2007.

Em 27 de janeiro de 2013, um incêndio em uma casa noturna de Santa Maria/RS (Figura 8.4) ocasionou o óbito de, pelo menos, 240 jovens e ferindo outros 120, configurando a segunda maior tragédia do Brasil em número de óbitos ocasionados por um incêndio, sendo superado apenas pelo trágico incêndio do Gran Circus Norte-Americano que vitimou 503 pessoas, conforme comentado anteriormente. De acordo com um parecer técnico emitido pelo Conselho Regional de Engenharia e Agronomia do Rio Grande do Sul – CREA/RS (2013), as prováveis causas para a ocorrência do incêndio foram a combinação do uso de material de revestimento acústico inflamável, exposto na zona do palco, associado à realização de um show com componentes pirotécnicos. A propagação do incêndio, por sua vez, foi fundamentalmente influenciada pela possível falha no funcionamento dos extintores localizados próximos ao palco, que poderiam ter extinguido o foco inicial de incêndio. Já, o grande número de vítimas foi decorrente da dificuldade na desocupação do local, em razão das características inadequadas do espaço em termos de sinalização, tamanho e localização das saídas de emergência, do aparente excesso de público, pois o cálculo de ocupação divulgado pelo Corpo de Bombeiros considerava como capacidade máxima do estabelecimento 691 pessoas, enquanto indícios apontam que mais de mil pessoas frequentavam o local na noite do sinistro, e pela toxicidade da fumaça gerada na combustão do revestimento acústico, pois exames de necropsia no corpo de vítimas comprovam a presença do cianeto, substância altamente tóxica e letal se inalada em grande quantidade.

Figura 8.4 Incêndio no Boate Kiss, Santa Maria.

Fonte: CREA, 2013.

Nos casos supracitados, a manutenção da capacidade portante da edificação, durante os incêndios, foi de suma importância para a evacuação das pessoas e dos materiais, bem como para as operações de combate ao sinistro, pois caso contrário as perdas patrimoniais e humanas poderiam ser ainda maiores. Além disso, uma vez que todos os incêndios possuem uma duração limitada e, na maioria dos casos, a edificação não entra em colapso, a avaliação da capacidade portante residual, após o incêndio, é que deve ser corretamente executada, visto que impacta a tomada de decisão entre demolição e reconstrução da edificação ou recuperação e reforço dos elementos danificados.

Essa decisão deve ser criteriosamente analisada, tendo por base os aspectos técnicos e os impactos socioeconômicos. Quanto à decisão tecnicamente correta, deve-se considerar a determinação do patamar de temperatura atingido durante o incêndio e as propriedades residuais dos elementos responsáveis pela capacidade portante da edificação.

8.2 CÓDIGOS NORMATIVOS PARA AVALIAR OS EFEITOS DE INCÊNDIOS EM EDIFICAÇÕES

A maioria das legislações vigentes na área de incêndio está fundamentada em requerimentos fixados para aprovar ou não um elemento e garantir a sua estabilidade funcional durante o aquecimento por um determinado período de tempo, de acordo com o tipo de ocupação, que permita, pelo menos, a fuga dos ocupantes da edificação em segurança (desocupação da construção), a segurança das operações de combate ao incêndio e a minimização de danos a edificações adjacentes. Para atender a esses requisitos, os códigos normativos visam estabelecer critérios de projeto de estruturas em situação de incêndio, de forma a evitar o colapso prematuro da estrutura e limitar a propagação do fogo para outras partes da estrutura.

Segurança contra o fogo em edificações, na alvenaria estrutural

No Brasil, não existe uma norma exclusiva que trate do dimensionamento de estruturas de alvenaria estrutural em situação de incêndio, embora a NBR 5628:2001b – Componentes construtivos estruturais – Determinação da resistência ao fogo (ABNT, 2001b) prescreva como averiguar, em laboratório, a resistência de componentes construtivos estruturais ao fogo, representada pelo tempo em que as respectivas amostras, submetidas a um programa térmico padrão, satisfaçam as exigências de norma, sendo aplicáveis às paredes estruturais, lajes, pilares e vigas.

Dessa forma, na ausência de normatização específica brasileira, o projetista poderá recorrer a normas estrangeiras para elaborar um projeto estrutural em consonância com a legislação em vigor. Como exemplo, a norma Europeia EN 1996 – Design of masonry structures – Part 1-2: General Rules – Structural fire design – (2005) apresenta conceitos gerais e requisitos básicos para o projeto de edificações em alvenaria estrutural diante de incêndios. Salienta-se que essa norma oferece apenas exigências relacionadas aos métodos passivos de proteção ao fogo, em termos de capacidade resistente, no sentido de evitar o colapso prematuro das estruturas e de corta fogo, com a finalidade de evitar o alastramento do sinistro (chamas, gases quentes e calor excessivo). Os métodos ativos (por exemplo, uso de chuveiros automáticos) não estão cobertos por esse documento. A Figura 8.5 apresenta um panorama geral dos itens explorados, quanto ao projeto da alvenaria em situação de incêndio.

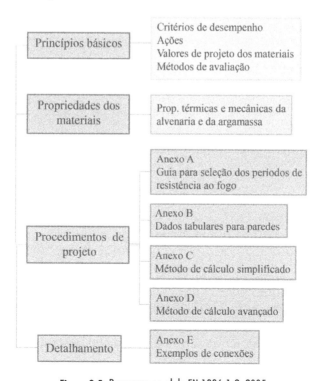

Figura 8.5 Panorama geral da EN 1996-1-2, 2005.

Fonte: EN 1996-1-2, 2005.

8.2.1 Regras básicas para o projeto de edificações em alvenaria estrutural diante de incêndios

De maneira geral, para se realizar o cálculo da resistência ao fogo da estrutura, é necessário levar em consideração as seguintes etapas:

- Definição da ação térmica (tipo de incêndio).
- Definição das ações mecânicas.
- Cálculo da distribuição de temperatura em função do tempo (t).
- Valor de cálculo dos efeitos das ações em função do tempo (t), $E_{fi,d}$.
- Valor de cálculo da capacidade resistente em função do tempo (t), $R_{fi,d,t}$.
- Verificação da condição: $E_{fi,d} \leq R_{fi,d,t}$.

8.2.1.1 AÇÕES EM ESTRUTURAS EXPOSTAS AO FOGO (EN 1991-1-2, 2002)

A Figura 8.6 mostra que o comportamento da estrutura em situação de incêndio depende da atuação conjunta das ações térmicas e mecânicas, as quais serão apresentadas a seguir.

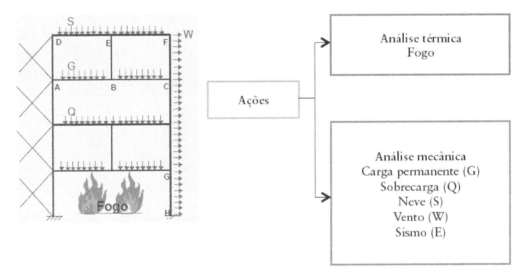

Figura 8.6 Ações em estruturas em situação de incêndio.

Fonte: VILA REAL, 2010.

Ações térmicas para análise de temperaturas

Em situação de incêndio, o projeto deve considerar a ação térmica, ou seja, o fluxo de calor que parte das chamas em direção às estruturas, inicialmente frias. Isso acarreta no aumento de temperatura dos elementos estruturais, causando-lhes

Segurança contra o fogo em edificações, na alvenaria estrutural

247

a redução da capacidade resistente e o aparecimento de esforços adicionais, em virtude das deformações térmicas (VARGAS; SILVA, 2003).

Dessa maneira, as ações térmicas (tipo de incêndio) são definidas por meio do fluxo de calor efetivo na superfície do elemento estrutural e determinadas pela consideração de transferência de calor por convecção e radiação:

$$\dot{h}_{net} = \dot{h}_{net,c} + \dot{h}_{net,r} \qquad [W/m^2] \qquad (8.1)$$

$$\dot{h}_{net,c} = \alpha_c \cdot (\theta_g - \theta_m) \qquad (8.2)$$

$$\dot{h}_{net,r} = \Phi \cdot \varepsilon_m \cdot \varepsilon_f \cdot \sigma \cdot [(\theta_r + 273)^4 - (\theta_m + 273)^4] \qquad (8.3)$$

onde:

α_c = coeficiente de transferência de calor por convecção (W/m²K);

θ_g = temperatura dos gases nas proximidades do elemento exposto ao fogo (°C);

θ_m = temperatura da superfície do elemento (°C);

Φ = fator de configuração;

ε_m = emissividade da superfície do elemento;

ε_f = emissividade do fogo;

σ = constante de Boltzmann (=5,67 $\cdot 10^{-8}$ W/m²K⁴);

θ_r = temperatura de radiação efetiva do ambiente (°C);

θ_m = temperatura da superfície do elemento (°C).

Observações

- α_c = 25 W/m²K, quando são utilizadas curvas de incêndio nominais.
- ε_m = 0,8, exceto para aqueles valores especificados nas normas europeias, em função do tipo de material.
- ε_f = 1,0 é geralmente utilizado para emissividade do fogo.
- Se as normas europeias não especificarem valores para Φ, pode se adotar Φ = 1,0. Um método avançado para cálculo de Φ pode ser encontrado no anexo G.
- $\theta_g \approx \theta_r$, nos casos em que os elementos estão totalmente envoltos pelo fogo.
- θ_g pode ser adotado por meio de curvas nominais ou modelo de incêndio.

Uma vez que é difícil estabelecer a curva temperatura-tempo real de um incêndio, pois depende de uma série de fatores, tais como a carga de incêndio, o grau de ventilação do compartimento, entre outros, e se altera para cada situação estudada, a norma permite que sejam utilizadas curvas padronizadas, chamadas de curvas nominais ou, ainda, modelos de incêndio naturais, os quais fornecerão a temperatura dos gases em função do tempo de incêndio.

a) Curvas Nominais

As curvas nominais são curvas padronizadas e muito utilizadas em análises experimentais de estruturas. Salienta-se que essas curvas não representam um incêndio real. Além disso, a maioria das normas internacionais utiliza o conceito de tempo requerido de resistência ao fogo (TRRF) no dimensionamento das estruturas, diretamente associado a curvas temperatura-tempo padronizadas (KAEFER; SILVA, 2003).

A norma EN 1996-1-2 (2005) recomenda a utilização dos seguintes modelos de curvas nominais:

- Curva incêndio-padrão: é a mais conhecida entre as curvas temperatura-tempo padronizadas e é definida pela ISO (1994). Essa curva é bastante empregada em incêndios à base de materiais celulósicos e é caracterizada pelo aumento contínuo da temperatura ao longo do tempo em uma velocidade preestabelecida (KAEFER; SILVA, 2003), conforme a Equação (8.4).

$$\theta_g = 20 + 345 \cdot log_{10} (8t + 1) \ (°C) \tag{8.4}$$

onde:

θ_g = temperatura dos gases no compartimento (°C);

t = tempo (min).

- Curva de Hidrocarbonetos: de acordo, com Kaefer e Silva (2003), a curva de Hidrocarbonetos (H) é utilizada quando o material combustível armazenado no compartimento provoca um incêndio de maior intensidade que a do incêndio padrão, em virtude da presença de hidrocarbonetos, e é expressa por:

$$\theta_g = 1.080 \ (1 - 0,325e^{-0,167t} - 0,675e^{-2,5t}) + 20 \tag{8.5}$$

onde:

θ_g = temperatura dos gases no compartimento (°C);

t = tempo [min].

Observações

Neste caso, o coeficiente de transferência de calor, por convecção, deve ser tomado igual a 50 W/m^2K.

A Figura 8.7 apresenta as curvas nominais de incêndio, de acordo com as equações apresentadas anteriormente.

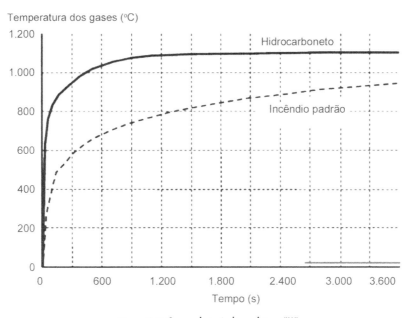

Figura 8.7 Curvas de incêndio padrão e "H".

Fonte: KAEFER e SILVA, 2003.

b) Modelos naturais de incêndio: simplificados e avançados

A norma ainda permite a utilização de modelos de incêndio simplificados e avançados. Os modelos de incêndio simplificados (Anexo E – EN 1991-1-2, 2002) baseiam-se em parâmetros físicos específicos e têm um campo de aplicação limitado. Estes se dividem em modelos de incêndios em compartimentos (Anexos A e B – EN 1991-1-2, 2002) e incêndios localizados (Anexo C – EN 1991-1-2, 2002). A principal diferença entre esses modelos é que incêndios em compartimentos admitem uma distribuição de temperatura uniforme, enquanto que os incêndios localizados admitem uma distribuição de temperatura não uniforme ao longo do tempo.

Os modelos de incêndio avançados (Anexo D – EN 1991-1-2, 2002) são modelos numéricos que levam em consideração as propriedades dos gases, a troca de massa e a troca de energia na análise. Admite-se a utilização de modelos de zona ou modelos computacionais da Mecânica dos Fluídos (CFD).

A Figura 8.8 ilustra a utilização de um modelo de incêndio avançado, por meio do modelo Computacional de Dinâmica dos Fluídos (CFD).

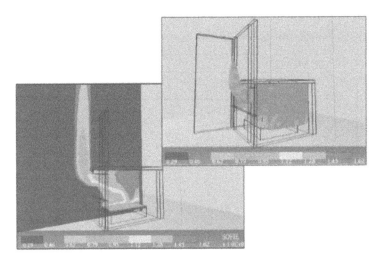

Figura 8.8 Modelos de incêndio avançados.

Fonte: VILA REAL, 2008.

Ações Mecânicas para a análise estrutural (EN 1990, 2002)

Quando a segurança de um elemento estrutural é verificada isoladamente em relação a cada um dos esforços atuantes, as condições de segurança podem ser expressas, conforme a Equação (8.6):

$$E_d \leq R_d \tag{8.6}$$

onde:

E_d = valor de cálculo do esforço atuante;

R_d = valor de cálculo do correspondente esforço resistente.

Em situação de incêndio a exp. 6 torna-se:

$$E_{fi,d} \leq R_{fi,d,t} \tag{8.7}$$

onde:

$E_{fi,d}$ = valor de cálculo dos esforços atuantes (forças ou momentos), determinado a partir da combinação última excepcional das ações;

$R_{fi,d,t}$ = valor de cálculo do correspondente esforço resistente em situação de incêndio.

O incêndio é considerado uma ação excepcional, ou seja, de pequena probabilidade de ocorrência durante a vida útil da construção e tem duração extremamente curta. Dessa forma, não há a necessidade de dimensionar a estrutura para que resista, em condição de incêndio, aos mesmos esforços atuantes em temperatura

Segurança contra o fogo em edificações, na alvenaria estrutural

ambiente. Portanto, para que o dimensionamento em situação de incêndio se torne mais realístico, o que se faz é minorar os valores dos esforços em virtude das ações (peso próprio, sobrecarga e vento) em relação aos utilizados em temperatura ambiente. Em resumo, se, por um lado, os materiais sofrem redução de resistência, afetando a integridade da estrutura, por outro, há a redução dos valores de cálculo dos esforços provenientes das ações (VARGAS; SILVA, 2003).

De forma geral, quando a estrutura está exposta ao fogo, surgem expansões (impostas e restringidas) e deformações, as quais resultarão em ações, ou seja, forças e momentos, que devem ser considerados, a menos que as ações sejam reconhecidas *a priori* como desprezíveis e favoráveis ou, sejam consideradas conservativas.

Portanto, para obter os efeitos relevantes das ações durante a exposição ao fogo ($E_{fi,d,t}$), as ações mecânicas devem ser combinadas da seguinte maneira:

$$E_{fi,d} = \sum_{j\geq1} G_{k,j} + (\psi_{1,1} \text{ ou } \psi_{2,1}) Q_{k,1} + \sum_{i>1} \psi_{2,i} Q_{k,i}$$

onde:

$E_{fi,d}$ = valor de cálculo dos esforços atuantes determinado a partir da combinação última excepcional das ações;

$G_{k,j}$ = valor característico da ação permanente;

Ψ_1 = fator de combinação do valor frequente da ação variável;

Ψ_2 = fator de combinação do valor quase permanente da ação variável;

$Q_{k,1}$ = valor característico da ação variável considerada principal;

$\Psi_{2,i} Q_{k,i}$ = valor quase permanente das demais ações variáveis.

A Tabela 8.2 apresenta os valores utilizados para os fatores ψ_1 e ψ_2, de acordo com EN 1990 (2002).

Tabela 8.2 Valores utilizados para ψ_1 e ψ_2

Ação variável	ψ_1	ψ_2
Sobrecarga em áreas domésticas e residenciais e áreas de escritório	0,5	0,3
Sobrecarga em áreas comerciais ou espaços públicos	0,7	0,6
Sobrecarga em armazéns	0,9	0,8
Veículos de até três tons	0,7	0,6
Veículos de 3 a 16 tons	0,5	0,3
Sobrecarga em coberturas	0,0	0,0
Neve	0,2	0,0
Vento	0,2	0,0

Fonte: EN 1990, 2002.

A norma EN 1991-1-2 (2002) recomenda que o valor representativo da ação variável pode ser considerado como quase permanente $\psi_{2,1} Q_{k,1}$.

Para elucidar a redução dos esforços atuantes na estrutura em situação de incêndio, vamos utilizar o Exemplo 8.1, com os valores calculados no exemplo 5.1, do capítulo 5.

Exemplo 8.1:

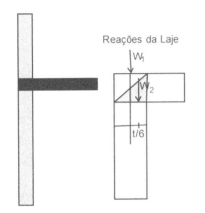

– Cargas dos pavimentos superiores (W_1):
$G_k = 60$ kN/m e $Q_k = 28$ kN/m;
– Cargas de reação da laje do último pavimento (W_2):
$G_k = 10$ kN/m e $Q_k = 4$ kN/m.

Cálculo das cargas de projeto à temperatura ambiente:

$W_1 = 1,4 \cdot 60 + 1,6 \cdot 28 = 129$ kN/m
$W_2 = 1,4 \cdot 10 + 1,6 \cdot 4 = 21$ kN/m
Total de carregamento ($N_d = W_1 + W_2$) = 150 kN/m

Cálculo das cargas de projeto em situação de incêndio:

$W_1 = 60 + 0,3 \cdot 28 = 69$ kN/m
$W_2 = 10 + 0,3 \cdot 4 = 11$ kN/m
Total de carregamento ($E_{fi,d} = W_1 + W_2$) = 80 kN/m

Podemos perceber que ao compararmos as duas situações, o carregamento total em situação de incêndio é, aproximadamente, 54% do carregamento total em temperatura ambiente, demonstrando que a alvenaria possui reserva estrutural em situação de incêndio.

8.2.1.2 ABORDAGENS PARA ANÁLISE DO COMPORTAMENTO MECÂNICO DA ESTRUTURA EM SITUAÇÃO DE INCÊNDIO

O código europeu (EN 1996-1-2, 2005) permite três abordagens para análise do comportamento da estrutura que são: análise de elementos isolados; análise de partes da estrutura; e análise global da estrutura representada na Figura 8.9.

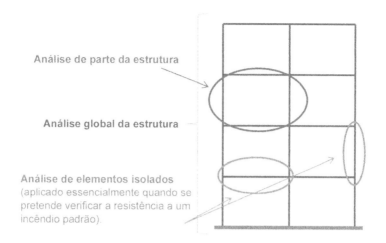

Figura 8.9 Tipos de abordagem para análise do comportamento mecânico.

Fonte: SANTIAGO, 2008.

Análise de elementos isolados

Quando ações indiretas advindas de elementos adjacentes não são explicitamente consideradas, as ações podem ser determinadas para o tempo zero (t = 0s) somente, ou seja, os efeitos das ações podem ser aplicados como constantes durante todo o período de exposição ao fogo da estrutura.

Portanto, por simplificação, as ações em um elemento podem ser determinadas a partir daquelas obtidas em temperatura ambiente, ou seja:

$$E_{fi,d} = \eta_{fi} \cdot E_d \tag{8.8}$$

onde:

E_d = é o valor de cálculo para a combinação última em temperatura ambiente (expressa no Capítulo 1);

η_{fi} = fator de redução em situação de incêndio do nível de carregamento de projeto.

O fator de redução η_{fi} para a combinação das ações é dada pelas expressões:

$$\eta_{fi} = \frac{G_k + \psi_{fi} Q_{k,1}}{\gamma_G G_k + \gamma_{Q,1} Q_{k,1}} \tag{8.9}$$

$$\eta_{fi} = \frac{G_k + \psi_{fi} Q_{k,1}}{\xi \gamma_G G_k + \gamma_{Q,1} Q_{k,1}} \tag{8.10}$$

onde:

$Q_{k,1}$ = valor representativo da ação excepcional (ação térmica)1;
G_k = valor característico da ação permanente;
γ_G = fator de ponderação das ações permanentes;
$\gamma_{Q,1}$ = fator de ponderação da ação variável l;
Ψ_{fi} = fator de combinação para valores frequentes, $\Psi_{1,1}$ ou $\Psi_{2,1}$;
ξ = fator de redução das ações permanentes desfavoráveis G.

O valor recomendado de η_{fi} = 0,65 pode ser usado, exceto para cargas impostas (categoria E: áreas para armazenagem ou atividade industrial), para o qual é recomendado o valor de 0,7.

Quando valores tabulares (Anexo B) são especificados em um nível de carga de referência, este nível de carga corresponde a Equação (8.11):

$$E_{fi,d,t} = \eta_{fi,t} \cdot R_d \qquad (8.11)$$

onde:

R_d = é o valor de cálculo da capacidade resistente do elemento em temperatura ambiente;

$\eta_{fi,t}$ = é o nível de carregamento de projeto em situação de incêndio.

A fim de mostrar a utilização do fator de redução η_{fi} no cálculo da combinação das ações, utilizaremos os dados do exemplo anterior (Exemplo 8.1) para obter o valor de cálculo das cargas em situação de incêndio, conforme Exemplo 8.2.

Exemplo 8.2:

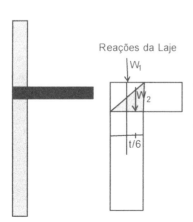

Dados:
– Módulo de elasticidade e momento de inércia do concreto:

$E_c = 21,2 \cdot 10^6$ kN/m²; $I_c = 7,00 \cdot 10^{-4}$ m⁴

– Módulo de elasticidade e momento de inércia da alvenaria:

$E_w = 6 \cdot 10^6$ kN/m²; $I_w = 5,72 \cdot 10^{-4}$ m⁴

– Cálculo das cargas em temperatura ambiente (N_d):

$(N_d = W_1 + W_2) = 150$ kN/m

– Cálculo das cargas em situação de incêndio ($E_{fi,d}$):

$(E_{sd} = W_1 + W_2) = 80$ kN/m

– Cálculo do momento em temperatura ambiente, conforme os dados do exemplo 5.1, na página 160, capítulo 5:

$M_1 = 5,69$ kN · m

– Características geométricas e de carregamento:

h = 2,69 m; L = 4,00 m; W_2 = 11,2 kN/m

Segurança contra o fogo em edificações, na alvenaria estrutural

- Cálculo do momento fletor em situação de incêndio:

$$M_{1,fi} = \dfrac{4 \cdot \dfrac{6 \cdot 10^6 \cdot 0,000572}{2,69}}{8 \cdot \dfrac{6 \cdot 10^6 \cdot 0,000572}{2,69} + \dfrac{4 \cdot 21,2 \cdot 10^6 \cdot 0,0007}{4,00}} \cdot \left(\dfrac{11 \cdot 4^2}{12} \right) =$$

$$= 0,2307 \cdot 16 = 3,03 kN \cdot m$$

- Cálculo de η_{fi}:

$$\eta_{fi} = {}^{80}/_{150} = 0,533$$

Portanto:

$$M_{1,fi,}E_d = \eta_{fi} \cdot M_1 = 0,533 \cdot 5,69 = 3,03 \ kN \cdot m$$

Sugestão da norma, $\eta_{fi} = 0,65$:

$$M_{1,fi,}E_d = 0,65 \cdot 5,69 = 3,70 \ kN \cdot m$$

Neste caso, ao se utilizar o método simplificado, o esforço atuante em situação de incêndio representa, aproximadamente, 65% do esforço atuante em temperatura ambiente.

Análise de parte da estrutura

Como uma alternativa para executar a análise estrutural em situação de incêndio no tempo $t = 0s$, as reações nos apoios e as forças internas e momentos podem ser obtidos a partir da análise estrutural em temperatura ambiente.

A parte da estrutura a ser analisada deveria ser explicitada com base em deformações e expansões térmicas potenciais, tal que sua interação com outras partes da estrutura possam ser aproximadas por condições de apoio e limites independentes do tempo durante a exposição ao fogo.

Além disso, nesse tipo de análise, deve-se levar em consideração o modo de falha de exposição ao fogo, as propriedades dos materiais dependentes da temperatura, a esbeltez dos elementos e os efeitos das expansões térmicas e deformações (ações indiretas).

Por fim, as condições de apoio, forças e momentos nas extremidades de parte da estrutura, não devem sofrer mudanças durante a exposição ao fogo.

Análise estrutural global

Nesse caso, também deve se considerar o modo de falha de exposição ao fogo, as propriedades dos materiais dependentes da temperatura, a esbeltez dos elementos, os efeitos das expansões térmicas e deformações (ações indiretas).

8.2.1.3 VALORES DE PROJETO DAS PROPRIEDADES DOS MATERIAIS

Os valores de projeto das propriedades mecânicas dos materiais (resistência do material e deformação) são definidos como:

$$X_{d,fi} = k_0 X_k / \gamma_{M,fi} \qquad (8.12)$$

onde:

X_k = valor característico da resistência ou deformação do material (f_k) em temperatura ambiente;

k_0 = redução do fator de resistência ou deformação ($X_{k,0}/X_k$), dependente da temperatura;

$\gamma_{M,fi}$ = fator de segurança parcial na situação de incêndio.

Os valores de projeto das propriedades dos materiais podem ser definidos como:

(i) Se um aumento da propriedade é favorável à segurança:

$$X_{d,fi} = X_{k,0} / \gamma_{M,fi} \qquad (8.13)$$

(ii) Se um aumento da propriedade é desfavorável à segurança:

$$X_{d,fi} = \gamma_{M,fi} X_{k,0} \qquad (8.14)$$

onde:

$X_{k,\theta}$ = valor da propriedade do material no projeto em situação de incêndio, geralmente dependente da temperatura.

8.2.2 Materiais

8.2.2.1 PROPRIEDADES DA ALVENARIA EM SITUAÇÃO DE INCÊNDIO

Blocos

Para taxas de aquecimento compreendidas entre 2 °C/min e 5 °C/min, as propriedades mecânicas da alvenaria em elevadas temperaturas devem ser obtidas por meio do diagrama tensão-deformação em função da temperatura, a partir de ensaios experimentais, de bases de dados ou pelo EN 1996-1-2, 2005, Anexo D.

A Figura 8.10 ilustra a diminuição da curva tensão relativa e a deformação de blocos cerâmicos em relação ao aumento da temperatura (EN 1996-1-2: 2005, Anexo D).

Segurança contra o fogo em edificações, na alvenaria estrutural

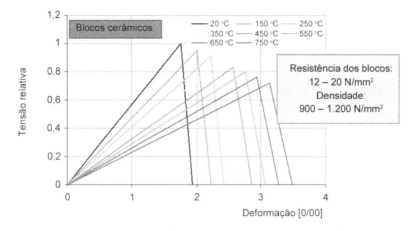

Figura 8.10 Curva tensão relativa x deformação em função da temperatura de blocos cerâmicos.

Fonte: EN 1996-1-2, 2005.

A densidade do bloco pode ser considerada como independente da temperatura. Já a condutividade térmica e o calor específico da alvenaria são dependentes da temperatura, conforme apresenta a Figura 8.11.

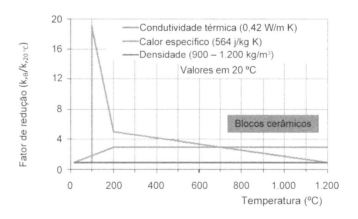

Figura 8.11 Propriedades da alvenaria em função da temperatura.

Fonte: EN 1996-1-2, 2005.

Argamassa

As exigências para argamassas estabelecidas na EN 1996-1-1 (2002) são as mesmas aplicadas em situação de incêndio, ou seja:

(i) As argamassas para uso em alvenaria estrutural armada não devem apresentar uma resistência à compressão, f_m, menor do que 4 N/mm².

(ii) A resistência da aderência entre argamassa e blocos deve ser adequada ao seu uso. A aderência depende do tipo de argamassa usada e dos blocos nos quais a argamassa será aplicada.

8.2.3 Procedimentos adotados no projeto para a obtenção da resistência ao fogo da alvenaria

8.2.3.1 DISTINÇÃO DAS PAREDES QUANTO À SUA FUNÇÃO

Para a proteção ao fogo, os códigos normativos fazem uma distinção entre paredes com e sem função corta-fogo. As paredes corta-fogo servem para prevenir a propagação do incêndio de um lugar para outro e são expostas ao fogo somente em um único lado da parede, tais como paredes em rotas de fuga ou de vãos de escada. Paredes sem função corta-fogo, tais como paredes internas de um compartimento submetido ao fogo, estão submetidas a, pelo menos, dois ou mais lados ao incêndio.

8.2.3.2 PAREDES DUPLAS COM CÂMARA DE AR E PAREDES SEM AMARRAÇÃO, CONSTITUINDO ELEMENTOS INDEPENDENTES

Quando ambos os painéis de paredes duplas com câmara de ar (a qual pode ser preenchida ou não) são de alvenaria estrutural e suportam, aproximadamente, cargas iguais, a resistência ao fogo desses elementos estruturais, com espessuras muito próximas ou iguais, é definida como a resistência ao fogo de apenas uma parede, chamada parede equivalente. Esta possui espessura igual à soma das espessuras de ambos os painéis, conforme a Figura 8.12.

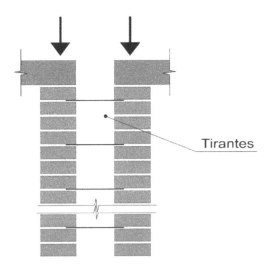

Figura 8.12 Parede com câmara de ar em que ambas as faces suportam carga.

Fonte: EN 1996-1-2, 2005.

Quando somente um dos painéis é carregado, a resistência ao fogo da parede é geralmente maior que a resistência ao fogo alcançada por uma parede com apenas um painel (Figura 8.13).

Segurança contra o fogo em edificações, na alvenaria estrutural

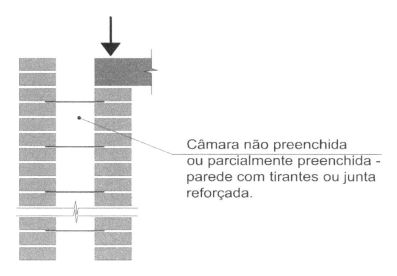

Figura 8.13 Parede com cavidade de folha dupla com apenas uma folha suportando a carga.

Fonte: EN 1996-1-2, 2005.

Para paredes não atirantadas com painéis independentes, a resistência ao fogo é determinada por tabelas de referência apropriadas a paredes que possuam apenas um painel (Figura 8.14).

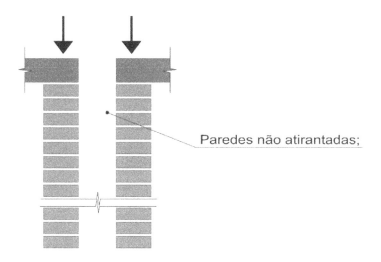

Figura 8.14 Parede com cavidade de folha dupla não atirantada.

Fonte: EN 1996-1-2, 2005.

8.2.3.3 ACABAMENTOS DA SUPERFÍCIE

A resistência ao fogo da alvenaria pode atingir valores maiores pela simples aplicação de uma camada de argamassa, com espessura mínima de 10 mm. Além disso, quando se utilizam paredes duplas com câmara de ar, é necessário apenas aplicar argamassa ou gesso nas faces externas das paredes, ao passo que as faces internas não precisam receber acabamentos na superfície.

8.2.4 Análise por meio de ensaios na estrutura

Os ensaios de resistência ao fogo realizados em laboratório, *a priori*, não têm por objetivo simular os incêndios de forma real, mas sim permitir que o desempenho dos elementos seja avaliado por meio de métodos tidos como padrão e que permitam a comparação de diferentes elementos. Geralmente, esses ensaios são conduzidos em elementos isolados em que não é exequível reproduzir a natureza e magnitude das restrições e continuidades providas pelos elementos adjacentes em uma edificação real, fazendo com que, em alguns casos, o desempenho frente ao fogo dos elementos reais inseridos na edificação possa ser extremamente superior ao obtido para o elemento ensaiado em laboratório, mas, em outros, possa reduzir a resistência ao fogo da estrutura em virtude das movimentações térmicas (KHOURY, 2003a).

No Brasil, a NBR 5628:2001 – Componentes construtivos estruturais – determinação da resistência ao fogo – prescreve como averiguar em laboratório a resistência ao fogo de componentes construtivos estruturais, representada pelo tempo em que as respectivas amostras, submetidas a um programa térmico padrão, satisfazem as exigências de norma, sendo aplicável a paredes estruturais, lajes, pilares e vigas.

O ensaio deve ser realizado sobre uma amostra representativa do elemento estrutural incluindo, segundo os casos, todos os tipos de juntas previstos, os sistemas de fixação e apoio, os vínculos e os acabamentos que reproduzam as condições de uso, bem como o tipo de material utilizado na confecção do bloco, as características dos blocos (tipo de furos, porcentagem de furos), o tipo de argamassa, a relação entre o carregamento aplicado e a resistência da parede, a esbeltez da parede e a densidade dos blocos. Quando a amostra não possuir as dimensões reais da parede, ela deverá ter, no mínimo, 2,50 m de largura e 2,50 m de altura (Figura 8.15).

Antes de iniciar o programa térmico, a amostra deve ser submetida a um carregamento, mantida constante durante o ensaio, que origine esforços da mesma natureza e da ordem de grandeza dos produzidos a temperaturas normais em situação de uso, bem como possuir um teor de umidade próximo daquele previsto para as condições normais de uso.

Figura 8.15 Análise por meio de ensaios na estrutura.

Fonte: LEME, UFRGS.

8.2.5 Avaliação por meio de métodos tabulares

O uso de tabelas para a obtenção da resistência ao fogo da alvenaria (EN 1996-1-2, 2005, Anexo B) é o tipo de análise mais utilizada. As tabelas apresentam valores de espessura mínima da parede, de acordo com requisitos relacionados à função da alvenaria na construção e a critérios especificados em projeto, com vistas a alcançar o tempo requerido de resistência ao fogo (TRRF). Enfatiza-se que os valores tabulares, encontrados no EN 1996-1-2, 2005, Anexo B, são obtidos com base na curva incêndio padrão.

Quanto à função na construção, é necessário que a alvenaria mantenha as seguintes funções:

- **Função corta-fogo:** No caso de compartimentações, deve-se evitar a propagação do incêndio de dentro para fora de seus limites, ou seja, a compartimentação não deve permitir que o fogo a ultrapasse ou que o calor a atravesse em quantidade suficiente para gerar combustão no lado oposto ao incêndio inicial. A função corta-fogo compreende o isolamento térmico e a estanqueidade à passagem de chamas. Quando exigido, as compartimentações devem, também, possuir resistência mecânica ao impacto e limitar a radiação térmica do lado não exposto ao fogo;
- **Função de suporte:** Para que a resistência mecânica seja mantida, a estrutura deve manter sua capacidade de suporte da construção como um todo ou de cada uma de suas partes, evitando o colapso global ou o colapso progressivo.

Segundo a norma NBR 5628: 2001, o tempo requerido de resistência ao fogo (TRRF) é definido como o tempo mínimo de resistência ao fogo de um elemento construtivo quando sujeito ao incêndio padrão até que, ao menos um dos critérios limite de desempenho, descritos a seguir, seja atingido:

- **Critério de resistência mecânica (R):** Deve ser satisfeito quando a função estrutural é mantida por um determinado período de tempo de exposição ao fogo;
- **Critério de isolamento (I):** Deve ser satisfeito quando a temperatura da face não exposta ao incêndio não atingir incrementos de temperatura maiores que 140 °C na média dos pontos de medida ou maiores que 180 °C em qualquer ponto de medida;
- **Critério de Estanqueidade (E):** Deve ser satisfeito quando o elemento construtivo impedir a ocorrência de rachaduras ou aberturas, através das quais possam passar chamas e gases quentes capazes de ignizar um chumaço de algodão.

A Tabela 8.3 apresenta os critérios, de acordo com a função da alvenaria na estrutura, de acordo com a EN 1996-1-2 (2005).

Tabela 8.3 Critérios em função do papel da alvenaria na estrutura

Função da parede	Critério
Estrutural somente	R
Corta-fogo somente	EI
Corta-fogo e estrutural	REI

Fonte: EN 1996-1-2, 2005.

Por exemplo, se a alvenaria possui função apenas estrutural, esta necessita atender o critério de resistência "R". Considera-se que o critério "R" é satisfeito quando a função de resistência estrutural se mantém durante o tempo requerido de resistência ao fogo (TRRF), representado por "$t_{fi,requ}$" na Figura 8.16.

$R_{fi,d}$ – Resistência (M, V, N ou combinações)
$E_{fi,d}$ – Efeito da ação (M, V, N ou combinações)

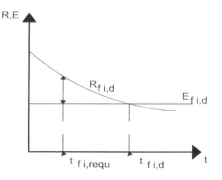

Figura 8.16 Verificação da resistência ao fogo no domínio de capacidade de carga.

Fonte: VILA REAL, 2008.

A Tabela 8.4 apresenta a espessura mínima da parede, de acordo com sua função/critério na estrutura. No caso da alvenaria estrutural, os valores tabulares

Segurança contra o fogo em edificações, na alvenaria estrutural

são válidos ao se considerar a carga vertical total característica de $(\alpha N_{Rk})/\gamma_{Global}$, sendo α igual a 1,0 ou 0,6 e N_{Rk} é igual a $(\Phi f_k t_{\gamma M})$.

Tabela 8.4 Espessura mínima de paredes de alvenaria estrutural (mm) confeccionadas com bloco cerâmico (Critério REI) para classificação da resistência ao fogo.

Propriedades do material: Resistência do bloco f_b (N/mm²) Densidade (kg/m³)	Espessura mínima (mm) f_f para a resistência ao fogo Classificação REI, de acordo com o TRRF (min)					
Espessura combinada (ct) a % da espessura da parede*	30	60	90	120	180	240
GRUPO 2						
Argamassa: convencional, camada fina						
$5 \leq f_b \leq 35$						
$800 \leq \rho \leq 2.200$						
$ct \geq 25\%$						
$\alpha = 1,0$	90/100 (100)	90/100 (100)	100/70 (100)	140/200 (140)	240 (170)	–
$\alpha = 0,6$	90/100 (90)	90/100 (90)	100/140 (100)	140/170 (100/140)	240 (140)	–

* A espessura combinada (ct %) é dada como uma porcentagem da largura da unidade em relação às espessuras das paredes longitudinais e transversais do bloco.

Fonte: EN 1996-1-2, 2005.

> **Observações**
> - As espessuras sem parênteses definem a resistência de paredes sem aplicação de revestimento.
> - As espessuras com parênteses definem a resistência de paredes com aplicação de revestimento, com espessura mínima de 10 mm em ambas as faces.

8.2.6 Análise por métodos de cálculo

Nos Anexos C e D da EN 1996-1-2 (2005) podem ser encontrados métodos de cálculo simplificado e avançado para paredes, respectivamente. De acordo com Meyer (2012), esses métodos são, praticamente não aplicáveis, pois utilizam parâmetros de material para uma faixa muito limitada de materiais e são fundamentados também em uma base de dados muito limitada.

8.2.7 Sugestões para limitar a propagação do fogo

O detalhamento de uma alvenaria deve ser feito com a finalidade de limitar que o fogo se propague entre os elementos da construção. O Anexo E da EN 1996-1-2 (2005) apresenta alguns exemplos de conexões que podem evitar o alastramento do fogo para outras partes da estrutura. A Figura 8.17 ilustra como deve ser feita a ancoragem entre paredes de alvenaria estrutural.

Figura 8.17 Ancoragem com chapa de aço.

Fonte: EN 1996-1-2, 2005.

Em relação às juntas, inclusive as juntas de movimentação, em paredes ou entre paredes e outros elementos corta-fogo (expostos ao fogo em apenas um lado), estas devem ser projetadas e construídas para atender as exigências de resistência ao fogo das paredes. Se for necessária à utilização de camadas de isolamento ao fogo nas juntas de movimentação, é importante que a temperatura de derretimento dos materiais utilizados, tais como madeira mineral e materiais classe A (não combustíveis), atinja valores iguais ou maiores do que 1.000 °C. Além disso, as juntas devem ser hermeticamente seladas para que a movimentação da parede não afete a resistência ao fogo do conjunto (bloco + argamassa). A Figura 8.18 apresenta soluções para juntas de movimentação entre uma parede (ou pilar) e uma parede de alvenaria estrutural.

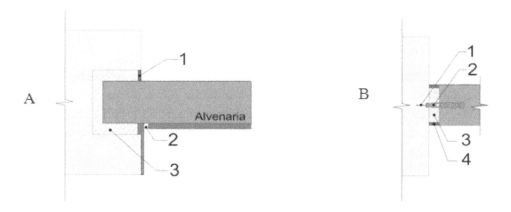

Figura 8.18 Conexão de movimento entre parede (ou pilar) e parede de alvenaria estrutural.

Fonte: EN 1996-1-2, 2005.

A 1- Junta selada;

2- Corte no reboco (opcional);

3- Camada de isolamento com material incombustível, com ponto de derretimento acima de 1000 ºC.

B 1- Ancoragem no concreto;

2- Ancoragem vertical deslizante;

3- Camada de isolamento com material incombustível, com ponto de derretimento acima de 1000 ºC;

4- Junta selada.

8.3 BIBLIOGRAFIA

ANDERBERG, Y. Fire scenarios & buildings. In: **Course on Effect of Heat on Concrete**, 2003, Udine: International Centre for Mechanical Sciences, 2003a, 11p, Apostila.

ANDERBERG, Y. Design methods & structural performance. In: **Course on Effect of Heat on Concrete**, 2003, Udine: International Centre for Mechanical Sciences, 2003b, 27p, Apostila.

ASSOCIAÇÃO BRASILEIRA DE NORMAS TÉCNICAS. **NBR 14432**: Exigências de resistência ao fogo de elementos construtivos de edificações. Rio de Janeiro: ABNT, 2001a.

_____. **NBR 5628**: Componentes construtivos estruturais – determinação da resistência ao fogo. Rio de Janeiro: ABNT, 2001b.

BATTISTA, R.; BATISTA, E.; CARVALHO, E. Reabilitação estrutural do prédio do Aeroporto Santos Dumont após danos causados por incêndio. **Revista Internacional de Desastres Naturales: Accidentes e Infraestructura civil**, v. 1, n. 1, p. 51-60. Disponível em: <http://civil.uprm.edu/revistadesastres/Vol1Num1/6Battista.pdf>. Acesso em: 29 maio 2002.

BRITEZ, C. A. **Avaliação de pilares de concreto armado colorido de alta resistência, submetidos a elevadas temperaturas**. 2011, 252 f, Tese (Doutorado) – Epusp, Universidade de São Paulo, São Paulo, 2011.

BUCHANAN, A. H. **Structural design for fire safety**. Chichester: John Wiley & Sons Ltda., 2002.

CLIC RBS. Porto Alegre, 2007. Disponível em: <http://www.clicrbs.com.br>. Acesso em: 24 jul. 2007.

CONSELHO REGIONAL DE ENGENHARIA E AGRONOMIA DO RIO GRANDE DO SUL – CREA/RS. **Análise do sinistro da Boate Kiss, em Santa Maria, RS**. Porto Alegre: CREA/RS, 2013. (Relatório Técnico)

CREA, F.; PORCO, G.; ZINNO, R. Experimental evaluation of thermal effects on the tensile mechanical properties of pultruded GFRP rods. **Applied Composite Materials**, Netherlands, v. 4, n. 3, p. 133-143, 1997.

DIAS, L. A. M. **Estruturas de aço**. Conceitos, técnicas e linguagem. 4. ed. São Paulo: Ziguarte, 2002.

EUROPEAN COMMITTEE FOR STANDARDIZATION. **EN 1996-1-2** – Eurocode 1 – Actions on structures. Part 1-2: general actions – actions on structures exposed to fire. Brussels: European Standard, 2005.

_____. **EN 1990** – Eurocode – Basis of structural design. Brussels: European Standard, 2002.

_____. **EN 1991-1-2** – Eurocode 6 – Design of masonry structures. Part 1-2: general rules – structural fire design. Brussels: European Standard, 2002.

_____. **EN 1996-1-1** – Eurocode 6 – Design of masonry structures. Part 1-1: common rules for reinforced and unreinforced masonry structures. Brussels: European Standard, 2002.

_____. **EN 1363-2** – Fire resistance tests. Part 2: alternative and additional procedures. Brussels: European Standard, 1999.

FAKURY, R. H.; SILVA, V. P.; LAVALL, A. C. C. As possíveis causas da queda das torres do World Trade Center. In: JORNADAS SUL-AMERICANAS DE ENGENHARIA ESTRUTURAL, 30, 2002, Brasília. **Anais...** Brasília: PPGECC, 2002. Arquivo: TRB0608, 16p. 1 CD-ROM

GLOBO ONLINE. Rio de Janeiro, 2005. Disponível em: <http://oglobo.globo.com/>. Acesso em: 26 fev. 2004.

GONÇALVES, M. C. Considerações sobre métodos analíticos para avaliar a resistência ao incêndio de elementos estruturais de betão. In: 7ª JORNADA DE CONSTRUÇÕES CIVIS – INOVAÇÃO E DESENVOLVIMENTO NA CONSTRUÇÃO DE EDIFÍCIOS. Secção de construções da Universidade Federal do Porto – FEUP, Porto, 1999.

INTERNATIONAL STANDARDIZATION FOR ORGANIZATION. **Fire resistence tests.** Elements of bulding construction. ISO 834, Geneva: ISO, 1994.

KAEFER, E. A. C.; SILVA, V. P. Análise paramétrica de um incêndio conforme o novo Eurocode1. In: XXIV IBERIAN LATIN-AMERICAN CONGRESS ON COMPUTATIONAL KHOURY, G. Applications: fire & assessment. In: COURSE ON EFFECT OF HEAT ON CONCRETE, 2003, Udine: International Centre for Mechanical Sciences, 2003. 18p, Apostila.

KHOURY, G. Applications: fire& assessment. In: COURSE ON EFFECT OF HEAT ON CONCRETE, 2003, Udine, Itália: International Centre for Mechanical Sciences, 2003. 18 p.

Segurança contra o fogo em edificações, na alvenaria estrutural

METHODS IN ENGENEERING – CILAMCE, 2003, Ouro Preto. XXIV Iberian latin-american congress on computational methods in engeneering – CILAMCE, Ouro Preto, 2003.

MEYER, U. Fire resistance assessment of masonry structures. In: WORKSHOP "STRUCTURAL FIRE DESIGN OF BUILDINGS ACCORDING TO THE EUROCODES" – Brussels: European Commission, 2012.

ONO, R. Arquitetura de museus e segurança contra incêndio. In: SEMINÁRIO INTERNACIONAL NUTAU 2004 – DEMANDAS SOCIAIS, INOVAÇÕES TECNOLÓGICAS E A CIDADE. São Paulo: NUTAU, 2004. CD-ROM.

PANNONI, F. D. **Proteção de estruturas metálicas frente ao fogo.** Disponível em: <www.cbca-ibs.org.br/acos_estruturais_protecao.asp>. Acesso em: 21 jun. 2003.

PURKISS, J.A. **Fire safety engineering design of structures**. Oxford: Butterworth Heinemann, 1996.

SANTIAGO, A. Comportamento mecânico das estruturas. In: SEMINÁRIO APLICAÇÃO DE ENGENHARIA DE SEGURANÇA CONTRA INCÊNDIOS NO PROJETO DE EDIFÍCIOS. Projeto RFCS – LNEC, Universidade de Aveiro, 2008.

SILVA, V. P. **Estruturas de aço em situação de incêndio.** São Paulo: Zigurate Editora, 2001.

_____. Estruturas de aço em situação de incêndio: determinação da temperatura nos elementos estruturais de aço com proteção térmica – uma proposta de revisão da NBR 14323/99. In: JORNADAS SUL AMERICANAS DE ENGENHARIA ESTRUTURAL, 30., 2002, Brasília. **Anais...** Brasília: PPGECC, 2002. Arquivo: TRB0103, 15p. 1 CD-ROM.

SOUZA, V. C.; RIPPER, T. **Patologia, recuperação e reforço de estruturas de concreto.** São Paulo: Pini, 1998.

VARGAS, M. R.; SILVA, V. P. **Resistência ao fogo de estruturas de aço.** Bibliografia técnica para o desenvolvimento da construção em aço. Rio de Janeiro: Instituto Brasileiro de Siderurgia / Centro Brasileiro da Construção em Aço, 2003.

VILA REAL, P. Acções térmicas e acções mecânicas. In: SEMINÁRIO APLICAÇÃO DE ENGENHARIA DE SEGURANÇA CONTRA INCÊNDIOS NO PROJETO DE EDIFÍCIOS. Projeto RFCS – LNEC, Lisboa, 2008.

_____. Eurocódigo 1: Acções em estruturas – Parte 1-2: Accões gerais – Acções em estruturas expostas ao fogo. In: SEMINÁRIO EUROCÓDIGOS ESTRUTURAIS: O INÍCIO DA APLICAÇÃO EM PORTUGAL, LNEC, Lisboa, 2010.

_____. Eurocódigo 3: Projecto de estruturas de aço – Parte 1-2: Regras gerais – Verificação da resistência ao fogo. In: SEMINÁRIO EUROCÓDIGOS ESTRUTURAIS: O INÍCIO DA APLICAÇÃO EM PORTUGAL, LNEC, Lisboa, 2010.

9 CAPÍTULO

Princípios de sustentabilidade na alvenaria estrutural

Marcos Alberto Oss Vaghetti

9.1 INTRODUÇÃO

A humanidade está passando por um período muito complexo segundo muitos cientistas e ambientalistas, não somente pelo aquecimento global, mas também pela diminuição dos combustíveis fósseis, que são recursos não renováveis do planeta Terra, contribuindo para uma provável crise energética em um futuro não muito distante.

As mudanças climáticas que estão ocorrendo no mundo, especialmente nos últimos 32 anos, em função do aquecimento global, servem de alerta para todos aqueles que pensam nas gerações futuras. Como exemplos, pode-se citar: as temperaturas anormais acima de 45 °C verificadas no verão de 2003 na Europa, refletindo em mais de 300 mil mortes adicionais atribuídas ao calor em países como a França, Portugal, Itália, Espanha e Reino Unido; o Furação Katrina na costa sul dos Estados Unidos, em agosto de 2005, que causou mais de mil mortes e prejuízos na ordem de 2 bilhões de dólares; a seca na Amazônia, em 2005; incêndios nos estados de Victoria, na Austrália e da Califórnia, nos Estados Unidos, em virtude das mudanças nos padrões de chuva, que favoreceram as queimadas; derretimento das geleiras nos polos, contribuindo para a elevação do nível do mar e causando vários problemas, inclusive o desaparecimento de ilhas, como a Lohachara, na Índia; epidemia de malária na África, devida ao clima mais quente, que encurta o ciclo reprodutivo do mosquito que transmite a doença e permite que o inseto se multiplique mais rapidamente em regiões atingidas por desastres naturais etc.

Outro fator preocupante é a crise dos combustíveis fósseis, tais como o petróleo, o gás natural e o carvão, que certamente afetará a vida na Terra, a menos que o ser humano invista em novas alternativas de geração de energia. Sabe-se que tanto o gás natural quanto o petróleo possuem reservas finitas, cuja produção está em declínio e a demanda no planeta está aumentando, ou seja, existe um descompasso entre o que se produz e o que se consome. Também aliado aos combustíveis fósseis, encontra-se outro problema que diz respeito às emissões de gases do efeito estufa que advêm da queima desses combustíveis, gerando fortes mudanças climáticas no planeta (ROAF *et al.*, 2006).

Sabe-se que o gás carbônico (CO_2) é o principal responsável pelo efeito estufa, sendo que as edificações contribuem com 50% das emissões desse gás, enquanto a indústria e o transporte contribuem com 25% cada. Assim, ao se construir edificações que demandam grandes quantidades de energia para iluminação, funcionamento de sistemas de calefação e refrigeração, deve-se ter consciência de que essas edificações afetam fortemente o ambiente por meio das mudanças climáticas, ameaçando as futuras gerações (ROAF *et al.*, 2009).

Segundo Roaf *et al.* (2006, p. 17):

> "[...] O certo é que devemos agir agora para reduzir a emissão global de CO_2, e um dos setores que, efetivamente, pode alcançar reduções rápidas na emissão é o das edificações".

O ambiente construído precisa de mudança urgente no sentido de procurar alternativas que contribuam para melhorar as tecnologias de materiais e construtivas, para reduzir as emissões de gás carbônico, bem como sejam ambientalmente amigáveis, ou seja, que aproveitem os recursos naturais (sol, solo, vento, vegetação, água, gelo etc.), mas de forma equilibrada, sem interferirem no ecossistema, especialmente da fauna e da flora.

Existem algumas tecnologias construtivas que podem, certamente, atender aos conceitos de sustentabilidade, observando aspectos relacionados ao tipo de matéria-prima utilizada, à facilidade ou não para obtê-la e produzi-la na indústria, a distância de transporte do material manufaturado até sua aplicação na obra, o desempenho desse material em uso, assim como também o seu retorno ao ambiente no final de sua vida útil. Pode-se citar as construções feitas com **madeira de reflorestamento**, as construções feitas com **paredes monolíticas de terra crua**, como também as construções em **alvenaria estrutural**, com tijolos ecológicos.

Como tecnologia para a edificação de casas, galpões, ginásios, pontes e passarelas pode ser empregada a madeira de reflorestamento, que é adequada, do ponto de vista ambiental, mas que, ao mesmo tempo, apesar de sua excelente relação de resistência/peso, não tem massificada sua utilização como tecnologia construtiva em virtude de vários fatores, tais como o comportamento anisotrópico da madeira, no qual a direção das fibras influencia diretamente nas propriedades físicas e mecânicas; a retração e o inchamento em razão da umidade, que influencia na resistência e na elasticidade; a possibilidade de ataques biológicos por fungos ou insetos; a alta inflamabilidade do material ao fogo etc. Assim, a madeira na construção civil tem maiores aplicações na fabricação de componentes para a edificação, tais como esquadrias, pisos e forros; na elaboração de tesouras para coberturas e também no cimbramento para estruturas de concreto. A Figura 9.1 ilustra uma construção de madeira em arco treliçado em São Paulo.

Figura 9.1 Estrutura de madeira em arco treliçado.

Fonte: ALMEIDA, 2010.

Com relação às construções com terra crua, segundo Barbosa e Ghavami (2010), elas datam de muito tempo, desde a antiguidade, como a cidade de Arg-é Bam, no Irã, construída em adobe no ano de 550 a.C. e considerada como Patrimônio da Humanidade, conforme ilustra a Figura 9.2.

Figura 9.2 Cidade de Arg-é Bam, no Irã, construída em terra crua.

Fonte: BARBOSA e GHAVAMI, 2010.

Conforme Barbosa e Ghavami (2010), as construções com terra crua, no Brasil, foram introduzidas pelos portugueses, com muitas edificações coloniais de qualidade, como a casa em Minas Gerais, que é ilustrada na Figura 9.3, que está em muito bom estado até hoje.

Figura 9.3 Casa colonial construída com terra crua, em Minas Gerais.

Fonte: Barbosa e Ghavami, 2010.

Em decorrência da industrialização dos materiais de construção tradicionais, como dos tijolos e do cimento, a arquitetura de terra no Brasil desapareceu, contribuindo para reduzir as construções com essa técnica milenar, que apresenta muitas vantagens, sendo que, entre elas podem-se citar três: o bom desempenho térmico, superior ao do tijolo cerâmico convencional; o ambiente saudável em virtude da absorção e liberação de umidade relativa do ar de forma equilibrada; e também da eficiência energética, pois a terra crua não recebe tratamentos térmicos como outros materiais convencionais como o aço, o alumínio, o cimento e as cerâmicas. Em função do comprometimento de energia no planeta, as construções em terra crua (baixa emissão de CO_2) passaram a ser alternativa para os problemas ambientais enfrentados atualmente. Assim, as casas feitas com terra crua passaram a ser novamente construídas, pois o material pode ser obtido na região em que se deseja construir, e não necessita da fase da queima, que normalmente passa de 900 °C para os tijolos cerâmicos tradicionais.

Nesse contexto, as construções executadas com paredes monolíticas de terra crua são uma alternativa e consiste em uma técnica na qual a terra é compactada entre duas formas monoliticamente, conhecida como taipa de pilão. Na Figura 9.4 pode-se ver o processo construtivo com essa técnica milenar.

Princípios de sustentabilidade na alvenaria estrutural

Figura 9.4 Processo construtivo de casa, utilizando parede monolítica de terra crua ou taipa de pilão.

Fonte: Verdesaine Design Ecológico.

A técnica de construção com sistemas monolíticos "taipa de pilão" e também "tijolo de Adobe", apesar do baixo custo e facilidade de execução, principalmente por meio de mutirão, ainda enfrenta alguns problemas na sua utilização quando comparada com a técnica construtiva com tijolos modulares de solo cimento. Conforme comenta Casanova (2006), o principal problema é a interação da parede monolítica com a argamassa de assentamento, em virtude das diferenças entre as propriedades físicas (módulo de elasticidade e coeficientes de dilatação) dos dois materiais. Já o uso de blocos ou tijolos modulares resolve esse problema da interação, pois dispensa o uso da argamassa de assentamento e até de revestimentos.

O emprego da tecnologia construtiva de edificações de alvenaria estrutural com tijolos ecológicos, que será abordada na Seção 9.3, está sendo novamente incorporada nos dias atuais, em razão, principalmente, do apelo ecológico por construções sustentáveis, especialmente quando requer economia de energia e menos poluição, conforme foi dito anteriormente.

A utilização da "arquitetura da terra", portanto, vem sendo resgatada não só em países em desenvolvimento, que a utiliza para assentamentos urbanos em sistemas de mutirão, mas também em países desenvolvidos, pois a matéria-prima "terra crua" significa menos dispêndio de energia, que nos tempos atuais faz a diferença quando se pensa nos problemas ambientais.

Com relação aos estudos de casas populares que levam em consideração a alvenaria estrutural dentro dos princípios da sustentabilidade, pode-se citar o protótipo de habitação social construído em 2003 na Universidade Federal de Santa Catarina (UFSC), projeto integrado ao Programa de Tecnologia de Habitação (Habitare). Localizada no campus universitário, ao lado do Departamento de Engenharia Civil, uma das casas modelo foi construída com blocos pré-moldados, concretos e argamassas produzidos com a adição de resíduos, tais como: cinzas de termoelétricas, cinzas de casca de arroz e entulho da construção civil. Esse protótipo da UFSC, ilustrado na Figura 9.5, teve como objetivo geral reduzir custos, sem perda de qualidade, atendendo a uma faixa de renda da população, de 4 a 10 salários mínimos. O modelo construído tem 42 m², distribuídos em dois pavimentos, contendo: sala-cozinha, lavanderia e varanda no pavimento térreo; dormitório e banheiro completo no segundo piso (COLEÇÃO HABITARE, 2012).

(a) (b)

Figura 9.5 (a) Processo construtivo em blocos pré-moldados de concreto com cinzas; e
(b) Vista do protótipo em construção na UFSC.

Fonte: PROGRAMA DE TECNOLOGIA DE HABITAÇÃO, 2012.

Outro estudo, agora na Universidade Federal do Rio Grande do Sul (UFRGS), leva também em consideração o interesse social, sendo construída uma casa popular "eficiente", em que a característica número um é a preservação da natureza. O protótipo da UFRGS, ilustrado na Figura 9.6, foi construído no Campus do Vale, bairro Agronomia, na Capital, dentro do Núcleo Orientado para Inovação da Edificação (Norie), vinculado ao Programa de Pós-graduação em Engenharia Civil. É uma residência sustentável, aproveitando a água da chuva, sol, vento, vegetação e produtos locais para reduzir o impacto ambiental da construção civil. A casa popular possui 46 m², divididos em sala, cozinha, dois quartos e banheiro, sendo que o material escolhido para a alvenaria foi o tijolo cerâmico, produzido em praticamente todo o Rio Grande do Sul. Como forma de considerar os recursos ambientais disponíveis, foram especificados materiais como a madeira de eucalipto, que é resultado de reflorestamento, para as portas e janelas; e também soluções sustentáveis como a captação da água da chuva do telhado e empregada na descarga do vaso sanitário; um sistema fotovoltaico que faz a climatização, impedindo que a casa se torne uma estufa no verão e um freezer no inverno; bem como uma vegetação estratégica: uma parreira plantada sobre uma pérgola lateral (estrutura de madeira para dar suporte à vegetação) que dá sombra no verão e abre passagem para o sol no inverno, quando está sem folhas (SATTLER, 2002).

Figura 9.6 Vistas do protótipo da UFRGS, com alvenaria em tijolos cerâmicos aparentes.

Fonte: SATTLER, 2002.

Soluções de habitação para populações de baixa renda também foi o estudo de Soares *et al.* (2004). Nesse trabalho, foram realizadas avaliações de conjuntos habitacionais em algumas cidades do Rio Grande do Sul para definir propostas de tipologias habitacionais, seguindo o princípio de racionalização da alvenaria estrutural de blocos cerâmicos. O emprego desses blocos com vazados na vertical esteve associado a diversos fatores, tais como: o conforto termoacústico, a facilidade para passar as tubulações elétricas e hidráulicas nos vazados dos blocos, a tradição regional do uso do bloco cerâmico, maior segurança estrutural e, em especial, a própria metodologia de emprego da alvenaria estrutural, que configura uma obra limpa e rápida execução, na redução de retrabalhos, na economia de materiais, na redução de entulhos etc. Na Figura 9.7 pode-se ver uma das tipologias definidas no estudo, na fase de execução e na fase de entrega da residência.

(a) (b)

Figura 9.7 Uma das tipologias definida no estudo: (a) Na fase de construção; e (b) Na fase de entrega da residência.

Fonte: SOARES et al., 2004.

Os protótipos de habitações populares descritos traduzem bem o esforço e a iniciativa dos profissionais e pesquisadores das universidades em estudar tecnologias e materiais alternativos que auxiliem na construção de casas populares "eficientes", ou seja, que aproveitem os recursos ambientais disponíveis e que, ao mesmo tempo, propiciem a transferência de tecnologias às empresas construtoras, contribuindo para tornar o ambiente construído menos poluidor e também sustentável.

9.2 ASPECTOS TÉCNICOS DA SUSTENTABILIDADE NAS EDIFICAÇÕES

Quando se quer construir com **qualidade** e **eficiência** procura-se adaptar os melhores materiais e as melhores tecnologias dentro de um padrão técnico aceitável, buscando sempre alternativas que viabilizem a execução da obra em um prazo mínimo, a um custo mínimo.

Todo esse esforço para a **qualidade** e **eficiência** não terá valia se não for voltado para o "bem-estar do ser humano". Sendo assim, a construção não atingirá seu real benefício que é abrigar seus moradores com adequado conforto térmico, se o projetista não souber lidar com os três ingredientes básicos da arquitetura: o **clima**, a **edificação** e as **pessoas** que a ocupam. Projetar, então, torna-se um trabalho importantíssimo quando se pretende melhorar a qualidade de vida das pessoas, possibilitando que se sintam bem no ambiente construído e, por consequência, mais felizes.

Atualmente, em razão dos problemas ambientais que o mundo atravessa, há projetos de edificações voltados para esses três ingredientes básicos, mas, agora, inseridos no contexto da sustentabilidade.

Portanto, pensar no impacto que as edificações causam no meio ambiente, inclusive aquelas construídas em alvenaria estrutural, é premissa básica de engenheiros e arquitetos para projetarem suas obras atualmente, buscando resgatar os conceitos de sustentabilidade, baseados em Sachs (1993). Esse pesquisador entende que o desenvolvimento sustentável de nossa sociedade deve atender a cinco dimensões, de modo a orientar o seu planejamento:

a) **Sustentabilidade social**, em que o objetivo é melhorar substancialmente os direitos e as condições de amplas massas de população, reduzindo a distância entre os padrões de vida de abastados e não abastados.

b) **Sustentabilidade econômica**, possibilitada pela alocação e gestão mais eficiente dos recursos e por um fluxo regular do investimento público e privado.

c) **Sustentabilidade ecológica**, por meio da intensificação do uso dos recursos potenciais dos vários ecossistemas, limitação do uso de recursos não renováveis, redução do volume de resíduos e de poluição etc.

d) **Sustentabilidade espacial**, voltada a uma configuração rural-urbana mais equilibrada e a uma melhor distribuição territorial de assentamentos humanos e atividades econômicas.

e) **Sustentabilidade cultural**, por meio da tradução do conceito normativo de ecodesenvolvimento em uma pluralidade de soluções particulares, que respeitem as especificidades de cada ecossistema, de cada cultura e de cada local.

Para que essas cinco dimensões sejam atendidas, o olhar do projetista tem de estar voltado para as transformações que todos esses setores (social, econômico, ecológico, espacial e cultural) estão continuamente causando na sociedade. Assim, uma construção sustentável nessas cinco dimensões deve seguir nove passos importantes para que se reproduzam as características originais do meio ambiente natural, segundo o Instituto para o Desenvolvimento de Habitações Ecológicas (IDHEA, 2012), que são os seguintes:

1) planejamento sustentável da obra;

2) aproveitamento passivo dos recursos naturais;

3) eficiência energética;

4) gestão e economia da água;

5) gestão dos resíduos na edificação;

6) qualidade do ar e do ambiente interior;

7) conforto termoacústico;

8) uso racional de materiais;

9) uso de produtos e tecnologias ambientalmente amigáveis.

Nesse sentido, ainda conforme o IDHEA (2012), uma construção sustentável deve promover alterações conscientes no entorno, de forma a atender as necessidades de habitação do homem moderno, preservando o meio ambiente e os recursos naturais, e garantindo qualidade de vida para as gerações atuais e futuras. Na Figura 9.8 são ilustrados, de maneira geral, alguns princípios que uma edificação deve atender para que possa ser considerada "sustentável", segundo Alvarez *et al.* (2001).

Figura 9.8 Princípios a serem considerados em uma edificação sustentável.

Fonte: Alvarez et al., 2001.

Segundo Araújo (2004), existem dois tipos principais de construção sustentável: **construções** que têm acompanhamento de profissional da área, realizada com utilização de tecnologias e ecoprodutos sustentáveis modernos, e **sistemas de autoconstrução**, executadas pelo próprio interessado ou usuário, sem supervisão de profissionais, sendo esse tipo, normalmente, realizado no sistema de mutirão em loteamentos populares. Assim, conforme Araújo (2004), as construções sustentáveis inseridas nesse contexto, são:

- **construção com materiais sustentáveis industriais**, executadas com ecoprodutos fabricados industrialmente;
- **construção com resíduos não processados**, executadas com resíduos de origem urbana (garrafas PET, latas, papel acartonado, tampas plásticas, caixinhas de leite longa vida etc.) com fins construtivos;
- **construção com materiais de reúso**, que utiliza materiais de demolição ou descartados, evitando sua deposição em aterros sanitários;
- **construção alternativa**, que utiliza materiais convencionais disponíveis no mercado, mas com funções diferentes das originais, como, por exemplo, aquecedor solar com peças de forros de PVC para aquecimento d'água;

Princípios de sustentabilidade na alvenaria estrutural

- **construção natural**, que integra o ambiente natural à edificação que está sendo construída, usando materiais disponíveis no local (terra, madeira, pedra etc.), utilizando tecnologias de baixo custo e com reduzido desperdícios de energia.

As tecnologias de materiais alternativos que estão em teste ou disponíveis no mercado, já acenam para uma nova forma de "pensar", contribuindo de forma eficiente para, ao mesmo tempo, serem menos agressivos ao ambiente na sua produção, com menos emissões de CO_2, como também possam, no transcorrer da sua utilização e ao final de sua vida útil, estarem equilibrados com o ambiente e retornarem a ele, de maneira a não agredi-lo.

Pode-se citar, como exemplos de materiais alternativos e/ou inovadores: as fibras vegetais como bambu, coco, juta, malva, piaçava, sisal e celulose; as telhas de Tetra Pak®, que são fabricadas com caixas de leite longavida; os resíduos industriais e agrícolas, incorporados a argamassas, concretos, tijolos, blocos, pisos e telhas; os materiais reciclados da construção civil, tais como: concreto, asfalto, argamassa, vidro, cal, material cerâmico, madeira, pedra britada, blocos e tijolos, tintas e vernizes, papel, gesso, metais, plásticos, solventes, pigmentos, solo etc. (ISAIA, 2010).

Para se ter uma ideia da evolução e aproveitamento dos materiais para aplicação na construção civil, pode-se consultar o estudo de Coelho (2006), realizado em Sobral, no Ceará, com a utilização de garrafas PET como enchimento de lajes nervuradas, para produção de unidades habitacionais, conforme ilustra a Figura 9.9.

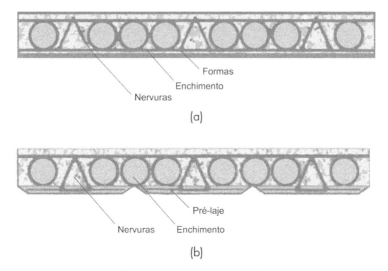

Figura 9.9 Reaproveitamento de garrafas PET em sistema construtivo de lajes nervuradas: (a) com uso de formas de madeira; e (b) com elementos estruturais em substituição das formas de madeira.

Fonte: COELHO, 2006.

Outra possibilidade de material alternativo para uso na construção civil é a chamada madeira plástica, feita com resíduos poliméricos, substituindo a madeira natural e contribuindo, assim, para a preservação de florestas naturais. A Figura 9.10 mostra a utilização na construção de cercas e decks de piscina.

Figura 9.10 Aproveitamento da madeira plástica na construção civil em decks e cercas.

Fonte: Ecowood.

Também existe, no mercado, o desenvolvimento de produtos e componentes com conceitos na nanotecnologia, que é a engenharia dos materiais e das estruturas com tamanho variando de 1 a 100 nanômetros (10^{-9} m a 10^{-7} m). Vários setores são beneficiados com a utilização da nanociência, como energia, eletrônica, química, meio ambiente, saúde, cosmética, transporte, têxteis e indústria da construção (GLEIZE, 2010). Conforme Gleize (2010, p. 1734), "A adição de nanopartículas ao concreto, por exemplo, permitirá um melhor controle da sua microestrutura, o que não permitem as tecnologias atuais, e permitirá produzir materiais mais resistentes e mais duráveis".

Com base no avanço de novos materiais, especialmente os inseridos nos chamados "eco-eficientes", toda a cadeia da indústria da construção civil, que inclui desde a busca da matéria-prima, seu beneficiamento, o transporte do produto manufaturado e sua entrega, está se voltando para a "sustentabilidade", explorando continuamente novos conceitos para propor ao ambiente construído melhores perspectivas de futuro. A tecnologia da alvenaria estrutural entra também com um potencial muito importante nesse viés da sustentabilidade, não somente com padrões de racionalidade nos projetos, que são a marca de construções limpas e econômicas, mas também com diferenciais no material, que são as construções com "terra crua", buscando, atualmente, o retorno da utilização dessa matéria-prima milenar para repensar o modo de encarar a crise energética e o efeito estufa que estão ameaçando nosso planeta.

9.3 ALVENARIA ESTRUTURAL COM TIJOLOS ECOLÓGICOS DE SOLO CIMENTO

De acordo com Barbosa e Ghavami (2010), o estudo com o tijolo ecológico de solo cimento ou "tijolos prensados de terra crua" foi introduzido por volta de 1950 pelo colombiano G. Ramires, que desenvolveu a primeira prensa manual para a aplicação na fabricação desse material, que ficou conhecida como prensa CINVA-RAM, sendo "CINVA" o nome do organismo de habitação popular do Chile, em que Ramires trabalhava.

Conforme a Associação Brasileira de Cimento Portland (ABCP, 1985), o material solo cimento é resultado de uma mistura homogênea, compactada e curada de solo mais cimento e água em quantidades adequadas para cada tipo de emprego. Quando a mistura for feita dentro das técnicas adequadas, o produto final apresentará bom índice de impermeabilidade, boa resistência à compressão, baixo índice de retração volumétrica e boa durabilidade. O solo é o material principal, enquanto o cimento entra na mistura com uma porcentagem que varia entre 5% e 10% do peso do solo, conferindo estabilidade (aumento da coesão) e resistência ao produto final (ABCP, 1985). Existem, atualmente, vários modelos de prensas manuais e hidráulicas (Figura 9.11) para a fabricação do tijolo de solo cimento, sendo que uma das primeiras prensas manuais no Brasil, segundo Barbosa e Ghavami (2010), foi desenvolvida pela Associação Brasileira de Cimento Portland (ABCP), em parceria com o Banco Nacional de Habitação, conforme Figura 9.12.

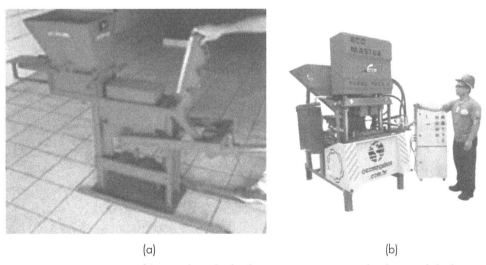

(a)   (b)

Figura 9.11 Prensas para fabricação dos tijolos de solo cimento: (a) prensa manual; e (b) prensa hidráulica.

Fontes: (a) Revista online Piniweb; (b) Eco Máquinas.

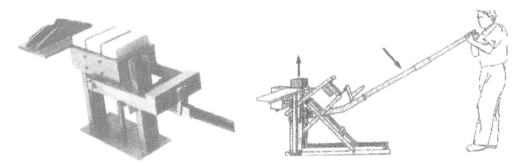

Figura 9.12 Prensa manual para três tijolos e prensa desenvolvida para melhor desempenho, com dupla compressão.
Fonte: BARBOSA e GHAVAMI, 2010.

As primeiras normas elaboradas no Brasil que tratam da alvenaria estrutural com tijolos de solo cimento são a NBR 8491:1984 que trata das especificações e das condições exigíveis para o recebimento dos tijolos e a NBR 8492:1984, que prescreve os métodos para os ensaios de resistência à compressão e absorção de água. Em 1989, a ABNT elaborou a NBR 10832 e a NBR 10833:1989, que tratam da fabricação do tijolo com prensa manual e com prensa hidráulica, respectivamente. Posteriormente, em função do crescimento das construções com tijolos de solo cimento a partir dos anos 1990, surgiram as normas: NBR 12025:1990, para ensaio de resistência à compressão simples; NBR 12024:1992, para moldagem e cura dos corpos de prova de solo cimento; NBR 10834:1994 e NBR 10836:1994, para blocos vazados sem função estrutural; e, finalmente, a NBR 13555:1996, que especifica o método para determinação da absorção d'água. As normas NBR 8491, NBR 8492, NBR 12024, NBR 12025 e NBR 13555 foram atualizadas em 2012. A NBR 10832 foi cancelada e substituída pela NBR 10833, em 2012, e as normas NBR 10834 e NBR 10836 foram atualizadas em 2013.

Conforme o Centro de Pesquisa e Desenvolvimento da Bahia (CEPED, 1984), e alguns outros pesquisadores tais como: Grande (2003), Silva (2005) e Lima (2006), entre as vantagens da utilização da alvenaria estrutural com tijolos de solo cimento estão:

- apresenta resistência à compressão e comportamento termoacústico similar aos tijolos e blocos cerâmicos;
- a mão de obra necessária não precisa ser especializada, contribuído para trabalhos em sistemas de mutirão em loteamentos populares;
- o emprego de tecnologia simples com disponibilidade da matéria-prima (solo) no local ou próximo da construção, reduz os gastos com transporte;
- o solo cimento apresenta boa durabilidade e baixo custo em comparação às alvenarias tradicionais;
- o sistema de encaixe e a utilização de pouca quantidade de argamassa entre os tijolos e blocos contribuem para uma eficiência construtiva.

Os vazados dos tijolos e blocos permitem a passagem das redes elétrica e hidráulica sem a necessidade de cortes ou quebras;

- a utilização de resíduos bem como a dispensa da queima na fabricação dos tijolos e blocos contribuem para a baixa agressividade ao meio ambiente;

- a dispensa de revestimentos como chapisco, emboço e reboco, pois os tijolos apresentam acabamento liso e perfeição nas medidas, proporcionando uma parede com boa estética, necessitando apenas de uma pintura simples para aumentar a impermeabilidade;

- a construção modular diminui o desperdício, pois há um controle de perdas, bem como existe o reaproveitamento por quebra, podendo o tijolo ser triturado e utilizado novamente como solo.

Poderia ser citada como desvantagem a grande variedade de solos existentes, necessitando de uma boa caracterização física e mecânica, tais como os ensaios de granulometria, compressão simples e compactação, que indicam a melhor mistura a ser realizado para a fabricação dos tijolos e blocos. Entre os fatores que influem na qualidade dos blocos, segundo Barbosa e Ghavami (2010), está o tipo de composição granulométrica da terra, a umidade de moldagem, o tipo de prensa, o tipo e a porcentagem de estabilizante e a própria cura do material.

Quanto à granulometria dos tijolos prensados, é desejável que o solo apresente de 10% a 20% de argila, de 10% a 20% de silte e de 50% a 70% de areia. A umidade também é determinada em relação ao tipo de solo, devendo a umidade ótima – que para o bloco de terra crua não corresponde à mesma obtida no ensaio Proctor – ser conseguida com base na máxima densidade seca. O tipo de prensa também influencia, pois quanto maior a compactação imposta ao solo, melhor será o desempenho do tijolo, devendo ser utilizada, de preferência, as prensas hidráulicas que conferem pressões de compactação maiores que 1 a 2 MPa, obtidas com as prensas manuais. Quanto à porcentagem de estabilizante, especialmente de cimento Portland, ela vai depender do tipo de solo e da resistência requerida, pois caso seja um solo com muita argila, será necessário no mínimo 6% de cimento, enquanto se for um solo bem graduado, será necessário menos, ao redor de 2% a 4% de cimento. Com relação à cura, ela é muito importante, pois evita a saída rápida de água da mistura, necessitando, para isso, cobrir os tijolos com uma lona plástica tão logo sejam fabricados, por, no mínimo, sete dias (BARBOSA; GHAVAMI, 2010).

O processo construtivo da alvenaria estrutural com tijolos ecológicos de solo cimento, com todos os detalhes executivos desde a fabricação do tijolo, as amarrações e o grauteamento, a utilização da massa de regularização, as vergas e contravergas, a colocação das canalizações do elétrico e hidráulico etc., podem ser bem compreendidos em Sahara (2001). As construções com tijolos de solo cimento além de contribuírem para o ambiente, também, representam uma economia na hora de executar uma edificação, pois em média, existe de 35% a 45% de redução de custo quando se compara uma obra executada com tijolos convencionais e uma com tijolos ecológicos, conforme pode ser visto no gráfico da Figura 9.13.

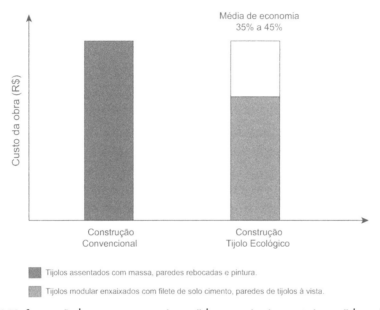

Figura 9.13 Comparação de custos entre construir com tijolos convencionais e construir com tijolos ecológicos.

Fonte: Vimaq.

As construções em alvenaria estrutural, com tijolos de solo cimento, mais recentes no Brasil, visam atender públicos diversos, divididos entre as classes de maior poder aquisitivo e também de baixa renda, como as habitações de interesse social. Com relação às edificações para os padrões médio e alto, pode-se ilustrar várias obras de um e dois pavimentos que atendem aos setores do comércio, indústria e serviços, bem como às residências unifamiliares. Na Figura 9.14, por exemplo, tem-se uma construção de um Show Room, em Campo Grande, no Mato Grosso do Sul. Na Figura 9.15, estão ilustrados duas casas de médio e alto padrão com tijolos de solo cimento. As casas populares com alvenaria de tijolos de solo cimento estão ilustradas na Figura 9.16.

Princípios de sustentabilidade na alvenaria estrutural

Figura 9.14 Construção de Show Room com tijolos de solo cimento.

Fonte: Eco Máquinas.

Figura 9.15 Construções de residências de médio e alto padrão com tijolos de solo cimento.

Fonte: Eco Máquinas.

Como proposta de alternativa para moradias populares, existe o estudo do Professor Francisco Casanova da Universidade Federal do Rio de Janeiro (UFRJ), mais precisamente do Grupo de Estudos Orientados para a Tecnologia de Materiais e Habitação (Geotemah). O estudo teve como objetivo a construção de casas populares com blocos de solo estabilizado, visando mostrar que o solo e os resíduos (subprodutos) substituem, com vantagem, materiais caros e nobres, economizando energia e, por sua vez, não agredindo o meio ambiente. Esse estudo serve para enfatizar o uso de tecnologias alternativas para programas de autoconstrução de moradias de interesse social, e possui como vantagens a racionalização do projeto e da obra, a possibilidade de reaproveitamento de tijolos com defeitos e a facilidade de execução, pois utiliza tijolos que se encaixam uns nos outros, dispensando a argamassa e garantindo uma redução no tempo de construção. Como os blocos são vazados, permitem a colocação embutida internamente das tubulações hidráulicas, elétricas e de telefone, evitando assim a quebra das paredes. Essas e outras vantagens, segundo o grupo de estudos Geotemah, possibilita que a tecnologia de construção com tijolos de solo estabilizado proporcione uma redução de 30% a 40% no custo final da obra. Dois exemplos desse estudo de habitações utilizando os tijolos de solo cimento estão ilustrados na Figura 9.16 (PROGRAMA DE TECNOLOGIA DE HABITAÇÃO, 2012).

Figura 9.16 Exemplos de casas populares construídas com tijolos de solo cimento, a partir dos estudos do professor Francisco Casanova.

Fonte: PROGRAMA DE TECNOLOGIA DE HABITAÇÃO, 2012.

9.4 ESTUDO DE "CASA POPULAR EFICIENTE" COM TIJOLOS DE SOLO CIMENTO

Procurando resgatar a utilização de alvenaria estrutural de tijolos ecológicos de solo cimento com viés na sustentabilidade, pode-se citar o trabalho de Vaghetti *et al.* (2012), que vem desenvolvendo um estudo de um protótipo de "Casa Popular Eficiente" na Universidade Federal de Santa Maria – UFSM, contribuindo na busca de alternativas de habitações populares que visem, além de contribuir para a redução do quadro de déficit de moradias no país e a melhoria das condições de vida das populações de baixa renda, o aproveitamento dos recursos ambientais disponíveis, possibilitando o desenvolvimento de um ambiente saudável, economicamente viável e ecologicamente correto.

O estudo de Vaghetti *et al.* (2012) foi desenvolvido inicialmente, nos três primeiros anos, no Curso de Arquitetura e Urbanismo (CAU) da Universidade Luterana do Brasil (Ulbra) – Campus Santa Maria –, e contou com uma ampla revisão bibliográfica sobre o tema de "habitações populares", a definição de um modelo de protótipo de "Casa Eficiente", buscando materiais e soluções sustentáveis que proporcionassem conforto aos usuários e, ao mesmo tempo, fossem ecologicamente corretos, bem como nesse período foram elaborados os anteprojetos do protótipo. Posteriormente, no ano 2011, agora já na Universidade Federal de Santa Maria (UFSM), dentro do Curso de Engenharia Civil do Centro de Tecnologia, foram elaborados os projetos definitivos do arquitetônico e complementares e dado início à construção no começo de 2012 no Centro de Eventos do campus da UFSM. Atualmente, o projeto da "Casa Popular Eficiente" está em andamento, na sua fase final, com previsão de término para o ano 2013.

A intenção do estudo de Vaghetti *et al*. (2012) é de projetar uma edificação voltada para uma camada da população que tem muitas carências básicas, tais como: alimentação, vestuário, higiene, escolaridade, planejamento familiar etc.; sem contar carências de "fatores do entorno", tais como: infraestrutura básica de água, esgoto e energia elétrica. A concepção do protótipo permeia, portanto, todos os conceitos de sustentabilidade de Sachs (1993) vistos na seção anterior, agora voltado ao projeto de uma habitação, que insere mais do que uma arquitetura simplesmente, mas o lar de uma família com todas as relações e dimensões que implica em um "morar" em uma casa, especialmente o entorno com o meio ambiente. Esse "morar" envolve uma complexidade de questões, tais como: a produção e o tratamento dos resíduos gerados por cada unidade e pelo conjunto de casas, as alternativas para obtenção de água e geração de energia, o modo de deslocamento das pessoas de modo a reduzir o tempo gasto em transporte etc. Como afirma Sattler (2002, p. 20) "admite-se, então, que a função de uma habitação sustentável extrapola o papel de um simples abrigo, incorporando à sua totalidade, o processo de promoção da saúde, educação, lazer, proteção, convívio social e relacionamento com o ambiente natural".

O objetivo do estudo de Vaghetti *et al*. (2012) está em mostrar que é possível construir casas populares eficientes do ponto de vista ecológico e econômico, agregando materiais e soluções sustentáveis, visando o aproveitamento dos recursos ambientais disponíveis e contrapondo com as soluções de casas populares, hoje disponíveis no mercado. O estudo permeia, portanto, conscientizar, a comunidade científica, os arquitetos e todos os profissionais ligados à tecnologia da construção, para a importância das moradias sustentáveis, com custo reduzido e voltadas para populações de baixa renda, que melhoram a qualidade de vida das pessoas.

O estudo de Vaghetti *et al*. (2012), portanto, tem em vista, além de construir um protótipo de uma "Casa Popular Eficiente", possibilitar no futuro um "berçário de novas pesquisas" como: avaliar o desempenho e a eficácia ao longo do tempo das soluções propostas no protótipo; aprimorar as soluções adotadas, que permitam levar em consideração o aproveitamento dos recursos ambientais disponíveis (energia solar, vento, águas da chuva, solo e vegetação) para moradia de baixa renda; simular o protótipo em escala industrial, para implantar uma "vila ecológica" em uma zona urbana de interesse social no município foco do trabalho; além de realizar o acompanhamento das famílias (Avaliação pós-ocupação-APO) que morarão nessas "habitações ecológicas".

A "Casa Popular Eficiente" de Vaghetti *et al.* (2012) está sendo construída com materiais mais bem adequados à região sul do Brasil, no tocante a seu comportamento mecânico e desempenho em serviço, como também a melhor custo/benefício (viabilidade econômico-financeira), em função da sua proximidade do local de construção, e que possibilitem uma produção (fabricação) em larga escala, viabilizando sua utilização para uma quantidade razoável de casas em um loteamento. Assim, entre os materiais empregados estão os seguintes: tijolos de solo cimento, telhas de Tetra Pak®, painéis OSB, impermeabilizantes e tintas ecológicas, piso de laminado de PVC reciclado etc. Como soluções sustentáveis, o protótipo conta com o aproveitamento do vento por meio de ventilação cruzada, da vegetação no entorno da residência para o conforto térmico, das águas da chuva para aproveitamento no vaso sanitário e outros fins, o aquecimento solar da água para o banho como forma de eficiência térmica e energética, como também a utilização das águas cinzas do banheiro e da máquina de lavar roupas como recurso de reserva d'água para abastecer jardins, hortas e demais usos.

A tecnologia da alvenaria estrutural, com tijolos vazados de solo cimento, que tem no estudo de Vaghetti *et al.* (2012) o grande diferencial ecológico, por ser um sistema construtivo que trás de volta o emprego da "terra crua" – por tudo que foi mencionado anteriormente – e inserir, definitivamente, esse material, cada vez mais, nas edificações do futuro. Com o objetivo de ilustrar a utilização dos tijolos no protótipo da "Casa Popular Eficiente", as Figuras 9.17, 9.18, 9.19, 9.20, 9.21, 9.22 e 9.23, mostram a sequência executiva, desde a composição da primeira fiada de tijolos com os reforços e grauteamentos, passando pelo levantamento da alvenaria com suas amarrações e cobertura, até uma prévia em maquete eletrônica de como ficará a residência depois de concluída.

Figura 9.17 Vistas da disposição da primeira fiada de tijolos vazados de solo cimento sobre as vigas de fundação.
Fonte: VAGHETTI et al., 2012.

Princípios de sustentabilidade na alvenaria estrutural

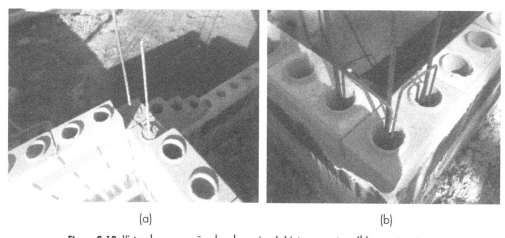

(a)   (b)

Figura 9.18 Vistas das amarrações das alvenarias: (a) internamente; e (b) no canto externo.

Fonte: VAGHETTI et al., 2012.

(a)   (b)

Figura 9.19 Vistas das canalizações: (a) do hidráulico; e (b) do elétrico.

Fonte: VAGHETTI et al., 2012.

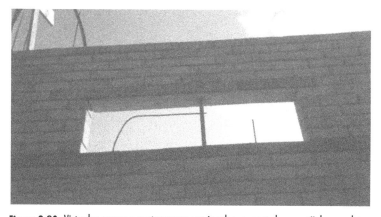

Figura 9.20 Vista das vergas e contravergas nas janelas, executadas com tijolos canaletas.

Fonte: VAGHETTI et al., 2012.

Figura 9.21 Vistas do protótipo na fase de levantamento das alvenarias de tijolos ecológicos.

Fonte: VAGHETTI et al., 2012.

Figura 9.22 Vistas do protótipo com a cobertura de telhas ecológicas de Tetra Pak®.

Fonte: VAGHETTI et al., 2012.

Figura 9.23 Vistas do protótipo em maquete eletrônica.

Fonte: VAGHETTI et al., 2012.

O estudo de Vaghetti *et al.* (2012) mostra ser possível envolver e atrair pessoas e diversos segmentos da construção para um tema científico de grande importância social e ambiental. Sabe-se que a humanidade precisa urgentemente focar seus olhares para as mudanças climáticas que estão ocorrendo, ano a ano, no planeta Terra e, certamente, que as edificações desempenham papel importantíssimo nesse contexto, em virtude do alto grau de emissões de gases de efeito

Princípios de sustentabilidade na alvenaria estrutural

estufa que são gerados quando do processo de construção, desde seu início, na obtenção de matéria-prima e na fabricação dos materiais, passando pelo transporte desses materiais, até o acabamento final dessa edificação. Somente dessa forma e por meio da conscientização das pessoas envolvidas nesse processo será possível proporcionar, às futuras gerações, melhores condições de vida. Assim, esse estudo contribui eficazmente para despertar nos profissionais engenheiros e arquitetos a necessidade de ter um olhar diferente para o ato de criar e inovar, pensando agora na arquitetura e na engenharia sustentáveis e no que proporcionam para as gerações futuras e a qualidade de vida no Planeta Terra. Ao mesmo tempo, a pesquisa se configura em uma iniciativa importante do ponto de vista de perspectivas para construções de casas populares que, realmente, levem em consideração aspectos relacionados à sustentabilidade e a preservação do ambiente.

9.5 BIBLIOGRAFIA

ALMEIDA, P. A. O. Madeira como Material Estrutural. In: ISAIA, G. C. (ed.). **Materiais de construção civil e princípios de ciência e engenharia de materiais**. 2. ed., São Paulo: Ibracon, 2010, 2 v.

ALVAREZ, C. E. et al. **A casa ecológica**. Uma proposta que reúne tecnologia, conforto e coerência com os princípios ambientais. Artigo publicado no Portal Planeta Orgânico em 01/06/2001. Disponível em: <http://www.planeta organico.com.br/trabcasaeco.htm>. Acesso em: dez. 2012.

ARAÚJO, M. A. **A moderna construção sustentável**. Artigo publicado no Portal IDHEA em maio 2004. Disponível em: <http://www.idhea.com.br>. Acesso em: dez. 2012.

ASSOCIAÇÃO BRASILEIRA DE CIMENTO PORTLAND-ABCP. **Solo-cimento na habitação popular**. São Paulo: ABCP, 1985.

ASSOCIAÇÃO BRASILEIRA DE NORMAS TÉCNICAS. **NBR 8491**: Tijolo maciço de solo-cimento. Rio de Janeiro: ABNT, 1984.

_____. **NBR 8492**: Tijolo maciço de solo-cimento – determinação da resistência a compressão e da absorção. Rio de Janeiro: ABNT, 1984.

_____. **NBR 10832**: Fabricação de tijolo maciço de solo-cimento com utilização de prensa manual. Rio de Janeiro: ABNT, 1989.

_____. **NBR 10833**: Fabricação de tijolo maciço e bloco vazado de solo-cimento com utilização de prensa hidráulica. Rio de Janeiro: ABNT, 1989.

_____. **NBR 10834**: Bloco vazado de solo-cimento sem função estrutural. Rio de Janeiro: ABNT, 1994.

_____. **NBR 10836**: Bloco Vazado de solo-cimento sem função estrutural – determinação da resistência à compressão e da absorção de água. Rio de Janeiro: ABNT, 1994.

_____. **NBR 12024**: Solo-cimento – moldagem e cura de corpos de prova cilíndricos. Rio de Janeiro: ABNT, 1992.

_____. **NBR-12025**: Solo-cimento – ensaio de compressão simples de corpos de prova cilíndricos. Rio de Janeiro: ABNT, 1990.

_____. **NBR 12253**: Solo-cimento – dosagem para emprego como camada de pavimento. Rio de Janeiro: ABNT, 1992.

_____. **NBR 13555**: Solo-cimento – determinação da absorção d'água. Rio de Janeiro: ABNT, 1996.

BARBOSA, N. P.; GHAVAMI, K. Terra crua para edificações. In: ISAIA, G. C. (ed.). **Materiais de construção civil e princípios de ciência e engenharia de materiais** 2. ed., São Paulo: Ibracon, 2010, 2 v.

CASANOVA, F. J. Alvenaria de solo cimento. **Revista Téchne**, São Paulo, v. 85, p. 30-36, 12 abr. 2006.

CENTRO DE PESQUISA E DESENVOLVIMENTO DA BAHIA – Ceped. **Cartilha para construção de paredes monolíticas em solo-cimento**. 3. ed. Rio de Janeiro: BNH – Depea, 1984.

COELHO, F. C. Ecolaje: utilização de garrafa PET na fabricação de lajes nervuradas. In: SEMINÁRIO DESENVOLVIMENTO SUSTENTÁVEL E A RECLICAGEM NA CONSTRUÇÃO CIVIL, 7, São Paulo, jun. 2006. **Anais** (CD ROM). São Paulo: Ibracon, 2006.

ECO MÁQUINAS. **Indústria de máquinas para fabricação de tijolos ecológicos, blocos e pisos.** Disponível em: <http://www.ecomaquinas.com.br>. Acesso em: 05 out. 2012.

ECOWOOD. **Produtos**. Disponível em: <http://www.ecowood.ind.br>. Acesso em: 25 dez. 2012

GLEIZE, P. J. P. Nanotecnologia e materiais de construção. In: ISAIA, G. C. (ed.). **Materiais de construção civil e princípios de ciência, engenharia de materiais.** 2. ed., São Paulo: Ibracon, 2010, 2 v.

GRANDE, F. M. **Fabricação de tijolos modulares de solo-cimento por prensagem com e sem adição de sílica ativa**. 2003. Tese (Mestrado em Engenharia Civil) – Escola de Engenharia de São Carlos, Universidade de São Paulo, São Carlos, 2003.

IDHEA – Instituto para o Desenvolvimento de Habitações Ecológicas. Disponível em: <http://www.idhea.com.br>. Acesso em: dez. 2012.

ISAIA, G. C. (ed.). **Materiais de construção civil e princípios de ciência e engenharia de materiais.** 2.ed., São Paulo: Ibracon, 2010, 2 v.

LIMA, T.V. **Estudo da produção de blocos de solo-cimento com solo do núcleo urbano da cidade de Campos dos Goytacazes-RJ**. Dissertação (Mestrado em Engenharia Civil) – Universidade Estadual do Norte Fluminense, Campos dos Goytacazes, 2006.

PINIweb. **Fabricação de Tijolos.** Disponível em: <http://www.piniweb.com.br>. Acesso em: 05 out. 2012.

PROGRAMA DE TECNOLOGIA DE HABITAÇÃO. **Coleção Habitare.** Disponível em: <http://habitare.infohab.org.br/publicacao_colecao.aspx>. Acesso em: nov. 2012.

ROAF, S.; FUENTES, M.; THOMAS, S. **Ecohouse.** A casa ambientalmente sustentável. 2. ed. Porto Alegre: Bookman, 2006.

ROAF, S.; CRICHTON, D.; NICOL, F. **A adaptação de edificações e cidades às mudanças climáticas.** Porto Alegre: Bookman, 2009.

SACHS, I. **Estratégias de transição para o século XXI.** Desenvolvimento e meio ambiente. São Paulo: Studio Nobel, 1993.

SAHARA – Tecnologia Máquinas e Equipamentos Ltda. **O solo-cimento na fabricação de tijolo modular (brick e brickito).** São Paulo: Sahara, 2001.

SATTLER, M. A. **Projeto CETHS Centro Experimental de Tecnologias Habitacional Sustentáveis.** Porto Alegre: NORIE/UFRGS, 2002. Relatório Final de pesquisa. Disponível em: <http://www.habitare.org.br/pdf/relatorios/58.pdf> Acesso em: 15 nov. 2012.

SILVA, S. R. **Tijolos de solo-cimento reforçado com serragem de madeira.** Dissertação (Mestrado em Engenharia de Estruturas). – Escola de Engenharia, Universidade Federal de Minas Gerais – UFMG, Belo Horizonte, 2005.

SOARES, J. M. D. et al. **Construção de habitações de caráter social.** Santa Maria: UFSM, 2004. Relatório Final de Pesquisa (Protocolo GAP/CT/UFSM).

VAGHETTI, M.A.O. et al. **Casa popular eficiente.** Um benefício ambiental aliado a um custo mínimo. Santa Maria: UFSM, 2012. Relatório Parcial de Pesquisa (Protocolo GAP/CT n. 28582).

VERDESAINE. **Arquitetura ecológica.** Disponível em: <http://www.verdesaine.net/arquitetura_ecologica>. Acesso em: 08 dez. 2012

VIMAC. Disponível em: <http://www.vimaqprensas.com.br/construcao-tijolo-ecologico>. Acesso em 23 ago. 2013.

AGRADECIMENTOS

O autor agradece à Universidade Luterana do Brasil (ULBRA) pelo apoio ao estudo realizado no Curso de Arquitetura e Urbanismo (CAU) do *campus* Santa Maria, nos anos 2008, 2009 e 2010; como também à Universidade Federal de Santa Maria (UFSM) pelos recursos financeiros que possibilitaram a construção do protótipo da Casa Popular Eficiente.

CAPÍTULO 10

Execução e controle de obras

Márcio Santos Faria e Guilherme Aris Parsekian

10.1 INTRODUÇÃO

A capacitação de equipes de produção é uma das mais importantes ferramentas para o desenvolvimento da indústria da construção civil, considerada uma das que menos evoluiu em tecnologia de serviços e processo.

Para que se alcance a racionalização do sistema, melhoria da qualidade, produtividade e redução dos desperdícios é fundamental a capacitação das equipes, agregando valor ao sistema construtivo, ao produto final e elevando a auto-estima e a realização do profissional.

As questões teóricas e práticas deste capítulo foram apresentadas, discutidas e complementadas em cursos ministrados em diferentes regiões do país e, a partir dessas experiências, organizamos contribuições que julgamos fundamentais para capacitação das equipes de produção, conferindo aos profissionais as seguintes informações e impressões:

- Sensibilização quanto à realidade vivida no canteiro de obras a partir de suas impressões e experiências;
- Conscientização do quanto a implantação do processo construtivo nos canteiros de obras promove mudanças significativas nos hábitos ruins da indústria da construção civil;

- Demonstração de como tais mudanças atingiram todas as etapas do processo:
  - o Projeto arquitetônico;
  - o Projeto das instalações;
  - o Projeto estrutural;
  - o Componentes (família de blocos e pré-moldados);
  - o Equipamentos;
  - o Ferramentas;
  - o Argamassas industrializadas;
  - o Capacitação das equipes de produção da alvenaria.
- Noções sobre o comportamento da alvenaria estrutural;
- Fabricação do componente bloco;
- Desenvolvimento de conhecimentos básicos de leitura de projeto;
- Conhecimento e utilização dos equipamentos;
- Estudo das etapas de execução da alvenaria;
- Conscientização em relação aos cuidados e equipamentos de segurança.

10.2 MUDANÇAS E DESAFIOS

Segundo Eric Trist (1951), o "hábito de trabalhar em 'sistemas ruins' tinha a compensação de permitir a muitos trabalhadores deixar partes do seu próprio senso de 'ruindade' no sistema. Assim, embora odiando o seu trabalho, eles não conseguiam mudá-lo: o sistema tinha uma maneira estranha de prendê-los [...]".

O processo construtivo em alvenaria estrutural modulada com blocos vazados muito colaborou com a mudança da construção civil frente a racionalização, produtividade e melhoria da qualidade, mudança esta que chegou até a alvenaria de vedação, em outros processos construtivos.

A falta de tolerância e precisão dimensional no serviço de execução da alvenaria, quando os revestimentos argamassados, usados como recurso para corrigir a falta de prumo, esquadro, planicidade e alinhamento das edificações, foi outro paradigma quebrado com a implantação do processo construtivo em alvenaria estrutural modulada com blocos vazados.

O efeito transformador na cultura dos profissionais ocorreu e imagens de serviços mal feitos, erros de execução, de projetos mau compatibilizados, uso inadequado de ferramentas e componentes são cada vez mais raros em construções de alvenaria estrutural.

10.2.1 Exemplos de erros crônicos na indústria da construção civil

A maioria dos defeitos observados está associada a falhas no projeto de produção, ao emprego de componentes não conformes, a falta de equipamentos adequados para a execução do serviço e também a falta de informação da equipe de produção, com relação aos procedimentos para a execução de determinada tarefa.

São as instalações hidrosanitárias que mais interferem com as estruturas em geral de uma edificação. No caso da alvenaria estrutural, rasgos e quebras nas paredes, como os da Figura 10.1, não são permitidos. O encaminhamento das instalações fora dessas tem sido cada vez mais adotado (Figura 10.2).

Figura 10.1 Rasgos e quebras em paredes.
Fonte: autores.

Figura 10.2 Utilização de shafts para as descidas de instalações.
Fonte: autores.

Já as instalações elétricas, telefonia e lógica, caminham verticalmente através dos vazados não grauteados dos blocos. Aberturas para os quadros de comando e segurança são inevitáveis, porém se projetados com critério interferem pouco no desempenho da alvenaria como estrutura (Figura 10.3).

Alguns tipos de erros são graves, como o da Figura 10.4, onde o encaminhamento do eletroduto coincidiu com vão da janela. Isto demonstra falha na compatibilização entre o projeto elétrico e o arquitetônico. Esta falha no projeto levou a equipe de produção da estrutura, no caso concreto armado, ao erro (Figura 10.4).

Figura 10.3 Aberturas deixadas para os quadros de comando.
Fonte: autores.

Figura 10.4 Incompatibilidade entre estruturas, vedações e instalações.
Fonte: autores.

O potencial de racionalização do processo construtivo em alvenaria estrutural é grande e algumas possibilidades serão mostradas ao longo deste capítulo. Um exemplo simples são os locais das caixas de interruptores de tomadas, previamente determinadas no projeto. Determinamos o bloco e em qual furo estará passando a instalação. A Figura 10.5 mostra a caixa já fixada e o furo para posterior fixação da caixa.

Figura 10.5 Furo para a posterior fixação da caixa.

Fonte: autores.

10.2.2 Desperdício na construção civil

O desperdício é um indicador do nível de organização e controle de um serviço, e, se elevado e não contido, traz consequências graves para o desempenho e o custo da obra.

O custo do material, se considerarmos apenas o componente isolado, não é alto, mas o custo do sistema ruim que se instala no ambiente de trabalho tem abrangência e dimensões intangíveis e nunca considerados nos orçamentos, o que pode trazer surpresas comprometedoras ao resultado financeiro do empreendimento, como mostram as Figuras 10.6 e 10.7.

Execução e controle de obras

Figura 10.6 Rasgos verticais em paredes.
Fonte: autores.

Figura 10.7 Entulhos produzidos pelos rasgos de paredes.
Fonte: autores.

Como já apresentado anteriormente, a alvenaria estrutural modulada com blocos vazados provocou mudanças significativas na indústria da construção civil e, então, podemos citar:

- Projetos,
- Componentes,
- Equipamentos,
- Ferramentas,
- Materiais,
- Capacitação.

Nas Figuras 10.8 e 10.9 são mostradas duas formas de execução das alvenarias sem e com o emprego de equipamentos adequados.

Figura 10.8 Execução das alvenarias sem equipamentos apropriados.
Fonte: autores.

Figura 10.9 Execução das alvenarias com equipamentos apropriados.
Fonte: autores.

10.3 PRODUÇÃO DOS MATERIAIS

10.3.1 Argamassa de assentamento

A argamassa de assentamento dos blocos responde principalmente pela capacidade da parede de se deformar, sem fissurar visivelmente e sem perder a estanqueidade, se produzida e aplicada corretamente. Portanto, respeitar o tempo para sua utilização, aplicá-la corretamente preenchendo as juntas integralmente é fundamental para assegurar o desempenho da parede.

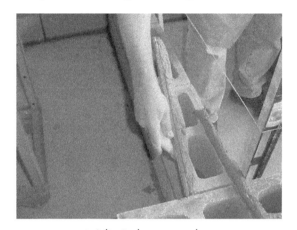

Figura 10.10 Aplicação da argamassa de assentamento.

Fonte: autores.

A argamassa produzida no canteiro de obras ou a industrializada podem ser empregadas, porém a industrializada possui as seguintes vantagens:
- Facilita seu emprego no prazo de utilização;
- Permite o abastecimento fora dos momentos de congestionamento do transporte vertical;
- Permite, com programação adequada, chegar aos postos de trabalho antes do horário de início das atividades.

Devido a essas importantes características a argamassa industrializada é a mais recomendada em função de ser um produto mais constante e homogêneo, tanto no seu uso diário como ao longo da obra. Consiste na mistura de cimento, areia e aditivos, entregue na obra em sacos ou a granel. O tipo de misturador, o tempo de mistura e a quantidade de água a ser adicionada deve ser o especificado pelo fabricante. Quando houver aditivos deve-se tomar o cuidado de seguir rigorosamente a quantidade e o tempo de mistura para que as propriedades desejadas para a argamassa não sejam alteradas. Casos de argamassa com baixa resistência a compressão e inadequadas para aplicação de alvenaria estrutural pelo simples erro no tempo da mistura de aditivo incorporados de ar podem ocorrer.

Não se deve misturar argamassas em betoneiras comuns. A mistura em argamassadeira confere melhores propriedades a argamassa. Outras recomendações sobre dosagem são:

- Proibida mistura manual;
- Verificar tempo de mistura, especialmente se tiver aditivos;
- Permitida variação de até 20% na resistência obtida nos ensaios de controle, caso contrário deve-se rever os procedimentos de obra (alvenaria pode ser aceita em função da resistência do prisma).

Recomenda-se o uso da argamassa assim que for preparada, com a aplicação até duas horas e meia da adição da água. O retempero, ou seja, a adição de água que foi perdida por evaporação, pode ser feita até no máximo duas vezes durante esse tempo. Para evitar a evaporação, a masseira deve ser de material estanque, metal ou plástico e recomenda-se cobri-la com pano úmido, especialmente em dias quentes e com vento.

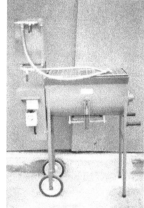

Figura 10.11 Proporcionamento da argamassa no misturador.

Fonte: autores.

Alguns aspectos importantes quanto à estocagem e produção da argamassa são indicadas na normalização:

Argamassa e graute não industrializados

No momento do recebimento dos materiais, o executor deve tomar as seguintes medidas:

- Verificar na embalagem se o cimento e a cal têm selo de conformidade com as Normas Brasileiras, se estão dentro do prazo de validade e acondicionados em sacos secos e íntegros. Caso contrário, deve-se solicitar ensaios do fornecedor ou devolver o produto;
- Armazenar o cimento e a cal em espaços cobertos, de preferência com piso argamassado ou de concreto. Os produtos devem ser mantidos secos

e protegidos da umidade do solo e não podem estar em contato com paredes, tetos e outros agentes nocivos às suas qualidades. Devem ser armazenados sobre superfícies impermeáveis e protegidos da ação do tempo. Devem, obrigatoriamente, ser descartados se estiverem úmidos;

- Evitar o empilhamento de mais de 10 sacos de cimento ou de cal. No caso específico de tempo de estocagem de até 15 dias, as pilhas podem ser de até 15 sacos; assegurar que os agregados obedeçam às prescrições da ABNT NBR 7211:2009;
- Armazenar os agregados sobre superfície dura, provida de drenagem e que evite contato com o solo. As baias devem ser individualizadas de acordo com seu tipo, sem que haja possibilidade de contaminação;
- Misturas de areia e cal devem estar dispostas sobre superfícies firmes, sem contato com o solo e protegidas da ação da chuva. Caso seja usada cal hidratada em pasta, mantê-la saturada até o seu uso.

É possível racionalizar o emprego de argamassa não industrializada adotando-se procedimentos simples no preparo, tais como: ensacar a argamassa intermediária, cal e areia, utilizando-se um dosador em volume, e, o cimento, também ensacando-o, medindo sua porção em peso. Esse procedimento permite tirar vantagens semelhantes quando do emprego da argamassa industrializada, tais como o envio para o pavimento fora dos momentos de congestionamento do transporte vertical, redução no desperdício do cimento, melhor precisão na dosagem dos materiais e a possibilidade de emprego da argamassa dentro do seu tempo de utilização.

Argamassas e grautes industrializados

- Verificar na embalagem se a argamassa e o graute recebidos estão dentro do prazo de validade e em sacos secos e íntegros;
- Armazenar a argamassa e o graute em espaços cobertos, de preferência em piso argamassado ou de concreto. Os produtos devem ser mantidos secos e protegidos da umidade do solo e não podem estar em contato com paredes, tetos e outros agentes nocivos às suas qualidades. Devem ser armazenados sobre superfícies impermeáveis e protegidos da ação do tempo. Devem obrigatoriamente ser descartados se estiverem úmidos;
- Em qualquer caso, produtos diferentes devem ser armazenados separadamente por lote e por tipo, impedindo misturas acidentais. A sequência de uso deve ser a mesma do recebimento, ou seja, produtos mais antigos devem ser utilizados em primeiro lugar;
- Pilhas de sacos de argamassa industrializada devem ter a altura recomendada pelo fabricante, desde que não ultrapassem 10 sacos.

10.3.2 Graute

Graute é um tipo especial de concreto utilizado para o preenchimento dos vazios dos blocos e das canaletas de concreto, como mostra a Figura 10.12. É resultado da mistura de cimento, areia, pedrisco e água.

A resistência do graute é definida pelo calculista (normalmente não é maior que a resistência característica do bloco quando considerada a área líquida deste).

Figura 10.12 Grauteamento dos furos verticais da parede.

Fonte: ABCP (Associação Brasileira de Cimento Portland).

Algumas recomendações para a produção do graute são:
- Pode ter até 10% de cal;
- Agregado de até 10 mm à cobrimento de 15 mm;
- Agregado de até 20 mm à cobrimento de 25 mm;
- Diâmetro máximo de 1/3 do vazado;
- Deve ser produzido, obrigatoriamente, com misturador mecânico;
- O tempo recomendado de mistura é de (dado em segundos) 240 $\sqrt{d}$, 120 $\sqrt{d}$, 60 $\sqrt{d}$ conforme o eixo do misturador for inclinado, horizontal e vertical respectivamente, sendo "d" o diâmetro máximo em metros;
- Deve ser utilizado dentro de 2h30min, hora contada a partir da adição de água. Em hipótese alguma, é permitido utilizar um produto com prazo de uso vencido, a não ser que seja utilizado um aditivo retardador de pega. Neste caso, devem ser seguidas as instruções do fabricante do aditivo;
- Deve ser transportado sem que haja segregação e perda de componentes, sendo desaconselhável o uso de depósitos intermediários.

10.4 EQUIPAMENTOS PARA EXECUÇÃO DA ALVENARIA

As empresas vêm procurando adaptar os procedimentos no canteiro visando reduzir o desgaste físico dos operários através da observação de princípios ergonômicos. Entre medidas que ilustram esta preocupação pode-se citar a adequação da altura de masseiras e a utilização de plataformas para empilhamento de blocos.

Vários equipamentos são incorporados ao processo produtivo da alvenaria. Dentre esses equipamentos pode-se citar o escantilhão metálico para nivelar as fiadas da alvenaria, o disco para corte de alvenaria, os cavaletes metálicos retráteis e dobráveis, os andaimes com alturas reguláveis, as masseiras em caixas metálicas e plásticas, os carrinhos com rodas para colocação das masseiras, as palhetas, bisnagas e meias-canas de tubulação plástica, para distribuição de argamassa sobre blocos, e as réguas metálicas.

Os conceitos gerenciais que vêm sendo incorporados pelas empresas criaram espaço para a manifestação da mão de obra que dentro desta nova filosofia vem contribuindo com sugestões relativas à melhoria da produção. Apesar dessas medidas serem muito simples, cabe ressaltar que o incentivo às equipes de produção a darem sugestões, funciona como elemento motivador dos funcionários, voltando o interesse dos mesmos para o desenvolvimento do processo construtivo.

A seguir são apresentadas duas listas de ferramentas e equipamentos (Tabela 10.1) e a definição com imagens de cada um.

Na primeira lista apresentam-se as chamadas ferramentas convencionais tradicionalmente empregadas. A segunda lista inclui aquelas específicas à execução da alvenaria estrutural. As quantidades sugeridas são para uma equipe composta por 5 oficiais e 3 ajudantes.

Tabela 10.1 Lista de ferramentas e equipamentos na alvenaria estrutural.

FERRAMENTAS CONVENCIONAIS		
1	Colher de pedreiro	1 para cada oficial
2	Prumo de face	1 para cada oficial
3	Linha de náilon	1 para cada oficial
4	Fio traçante	1 para cada equipe
5	Trena de aço 5 m	1 para cada oficial
6	Trena de aço 30 m	1 para cada equipe
7	Brocha	4 para cada equipe
8	Marreta de ½ kg	2 para cada equipe
9	Talhadeira	2 para cada equipe
10	Vassoura com cabo	4 para cada equipe
11	Pá de bico com cabo	4 para cada equipe
12	Balde plástico	4 para cada equipe
13	Esquadro metálico 60 cm × 80cm × 100 cm	2 para cada equipe
14	Protetor do andar	1 a cada 1,50 m

Fonte: autores.

Execução e controle de obras

	FERRAMENTAS E EQUIPAMENTOS	
1	Nível Alemão	1 para cada equipe
2	Régua prumo–nível	1 para cada oficial
3	Esticador de linha	4 para cada oficial
4	Palheta – argamassa junta horizontal	1 para cada oficial
5	Bisnaga – argamassa junta vertical	1 para cada oficial
6	Escantilhão de canto*	6 por apartamento
7	Andaimes com guarda-corpo	Conforme necessidade
8	Caixote para argamassa	1 para cada oficial
9	Suporte para caixote regulável	1 para cada caixote
10	Argamassadeira	1 para cada equipe

* A quantidade dos escantilhões depende do layout da edificação e sequência de produção da alvenaria. O estudo prévio do projeto envolvendo o líder ou os participantes das equipes de produção é a melhor maneira para sua determinação.

Colher de pedreiro

É utilizada no espalhamento da argamassa para o assentamento da primeira fiada, na aplicação da argamassa de assentamento nas paredes transversais e nos septos dos blocos e para a retirada do excesso de argamassa da parede após o assentamento dos blocos.

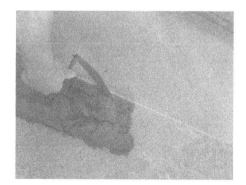 

Figura 10.13 Colher de pedreiro para Assentamento da primeira fiada.

Figura 10.14 Colher de pedreiro para retirada do excesso de argamassa

Fonte: autores.

Palheta (40 cm)

Usada para a aplicação do cordão de argamassa de assentamento nas paredes longitudinais dos blocos, por meio do movimento vertical e horizontal ao mesmo tempo, conforme a Figura 10.15.

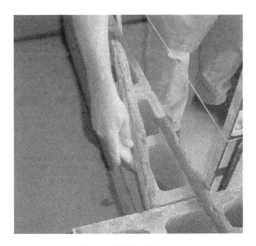

Figura 10.15 Palheta.

Fonte: autores.

Observações

Existem outras alternativas tais como a "meia cana" metálica e a bisnaga. Demos preferência para a régua por ser a mais fácil de utilização. A meia cana metálica (Figura 10.16) exige um recipiente com água para permitir a aplicação da argamassa no bloco. O manuseio da bisnaga não é de fácil aprendizado.

Figura 10.16 Meia-cana metálica

Fonte: autores.

Bisnaga

Sugerimos sua utilização na aplicação da argamassa nas juntas verticais dos blocos. Tarefa essa que pode ser executada pelo ajudante, proporcionando ao pedreiro maior produção na elevação da alvenaria (Figura 10.17).

Figura 10.17 Preenchimento das juntas verticais com a bisnaga.

Fonte: autores.

Esticador de linha

Mantêm a linha de náilon esticada entre dois blocos estratégicos, definindo o alinhamento e o nível dos demais blocos que serão assentados. Substitui, como mostramos a seguir, nas figuras 10.18 à 10.20, o artifício improvisado.

Figura 10.18 Esticador de linha feito de madeira.

Fonte: autores.

Figura 10.19 Esticador de linha com emprego do escantilhão.

Fonte: autores.

Figura 10.20 Esticador de linha com emprego de blocos.

Fonte: autores.

Brocha

Utilizada para molhar a laje para aplicação da argamassa de assentamento dos blocos da primeira fiada (Figura 10.21).

Figura 10.21 Emprego de brocha.

Fonte: autores.

Execução e controle de obras

Fio traçador de linhas

Quando assentamos um bloco estratégico as seguintes operações são realizadas: locamos o bloco na posição segundo o projeto, devemos nivelá-lo em relação a referência de nível, aprumá-lo e mantê-lo no alinhamento da futura parede. O bloco estará locado quando essas condições forem alcançadas.

O emprego do fio traçador de linhas elimina dois procedimentos no assentamento desses blocos: a locação e o alinhamento.

O fio traçador compõe-se de um recipiente onde coloca-se pó colorido, que tinge o fio ao ser desenrolado (Figura 10.22).

Figura 10.22 Fio Traçador

Fonte: ABCP (Associação Brasileira de Cimento Portland).

Caixote para argamassa e suporte

O caixote para argamassa de assentamento deve possuir paredes perpendiculares para possibilitar o emprego da régua (40 cm). O suporte com rodas permite que o pedreiro desloque o caixote com menos esforço e sem necessitar da ajuda do servente (Figuras 10.23 e 10.24).

Figura 10.23 Caixote para Argamassa.

Fonte: autores.

Figura 10.24 Suporte para Caixote.

Fonte: autores.

Trena de 30 metros

Utilizada na fase de conferência das medidas e esquadro do pavimento, antes de iniciar o assentamento dos blocos da primeira fiada (Figura 10.25).

Figura 10.25 Trena metálica.

Fonte: autores.

Trena de aço 5 metros

Usada pelo pedreiro como procedimento de controle para a garantia da qualidade durante o processo de assentamento da alvenaria.

Nível

Sugerimos o nível alemão por ser um equipamento simples eficiente e barato se comparado com o nível laser, podendo ser fabricado com facilidade.

Compõe-se de uma mangueira de nível com 16 m de comprimento, acoplada em uma extremidade a um recipiente de água de aproximadamente 5 l e, na outra extremidade, a uma haste de alumínio com 1,70 m de altura. O recipiente se apoia a um tripé metálico com 1 m de altura. A haste de alumínio possui um cursor graduado em escala métrica de –25 a +25 cm (Figura 10.26).

Figura 10.26

Fonte: autores.

Régua prumo-nível

Usada para verificar o prumo e o nível da alvenaria durante o assentamento dos blocos. É também utilizada na verificação da planicidade da parede. Esta régua substitui o prumo de face (Figura 10.27).

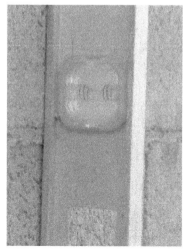

Figura 10.27 Régua prumo-nível.

Fonte: autores.

Esquadro (60 x 80 x 100)

Usado na verificação e na determinação da perpendicularidade entre paredes na etapa de marcação e durante a execução da primeira fiada.

Escantilhão

Assentado após a marcação das linhas que definem as direções das paredes, se adotado o procedimento de marcação proposto ou após o assentamentos dos blocos da primeira fiada pelo procedimento convencional, em pontos definidos pelo encontro das paredes, com a primeira marca nivelada em relação à referência definida para a primeira fiada tomada no ponto mais alto da laje, garante o nivelamento perfeito das demais fiadas. Equipamento constituído de uma haste vertical metálica com cursor graduado de 20 em 20 cm e duas hastes telescópicas articuladas a 1,20 m de altura. É fixado sobre a laje com auxílio de parafusos e buchas (Figura 10.28).

Figura 10.28 Escantilhão.

Fonte: autores.

Andaime

Equipamento pouco usado, como proposto, porém responsável por significativo aumento de produtividade, pois a montagem, movimentação e desmontagem dos andaimes convencionais tomam muito tempo. O andaime proposto possui abas móveis que servem como equipamento de proteção. (Figura 10.29).

Figura 10.29 Andaime com equipamento de proteção.

Fonte: ABCP (Associação Brasileira de Cimento Portland).

Execução e controle de obras

Equipamento de proteção no andar

Compõe-se de uma haste metálica vertical que se acopla a outra menor que possui duas chapas, com orifícios na extremidade, soldadas de topo. Essas chapas atravessam as juntas verticais da parede e por dentro do cômodo permitem o travamento da peça, conforme Figura 10.30.

Figura 10.30 Grade de proteção no andar
Fonte: ABCP (Associação Brasileira de Cimento Portland).

10.5 METODOLOGIA DE EXECUÇÃO – PASSO A PASSO PARA CONSTRUIR ALVENARIAS DE BLOCOS VAZADOS DE CONCRETO

10.5.1 Segurança

Antes do início de qualquer serviço, verificar a existência e as condições dos equipamentos de segurança individual e coletiva, como pode ser exemplificado na Figura 10.31.

Figura 10.31 Riscos da falta de atenção
Fonte: ABCP (Associação Brasileira de Cimento Portland).

Equipamentos de proteção coletiva – EPC e proteção individual – EPI

Nas Figuras 10.32 à 10.34 são apresentados alguns equipamentos de proteção coletiva e individual.

Figura 10.32 Laje com proteção coletiva.

Fonte: ABCP (Associação Brasileira de Cimento Portland).

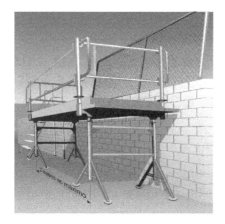

Figura 10.33 Andaime com guarda corpo e altura ajustáveis.

Fonte: ABCP (Associação Brasileira de Cimento Portland).

Figura 10.34 Equipamentos de proteção individual.

Fonte: ABCP (Associação Brasileira de Cimento Portland).

Execução e controle de obras

10.5.2 Serviços preliminares

- Deixar o pavimento em condições de iniciar o serviço

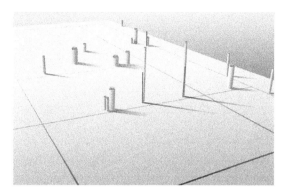

Figura 10.35 Piso preparado.
Fonte: ABCP (Associação Brasileira de Cimento Portland).

- Verificar equipamentos e ferramentas

Figura 10.36 Ferramentas básicas.

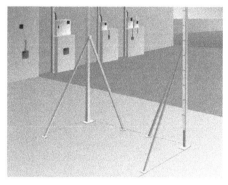

Figura 10.37 Escantilhão.
Fonte: ABCP (Associação Brasileira de Cimento Portland).

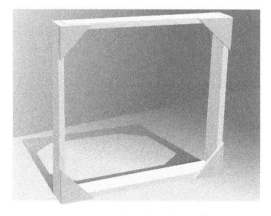

Figura 10.38 Gabarito de janela – madeira.

Figura 10.39 Gabarito de janela – metálico.
Fonte: ABCP (Associação Brasileira de Cimento Portland).

Figura 10.40 Gabarito regulável para vão de janela.

Figura 10.41 Gabarito regulável para porta.
Fonte: ABCP (Associação Brasileira de Cimento Portland).

Figura 10.42 Gabarito regulável de porta.

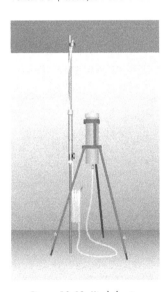

Figura 10.43 Nível alemão.
Fonte: ABCP (Associação Brasileira de Cimento Portland).

Figura 10.44 Andaime com proteção.

Figura 10.45 Carregador de blocos.
Fonte: ABCP (Associação Brasileira de Cimento Portland).

Execução e controle de obras

Figura 10.46 Caixote de argamassa com suporte.

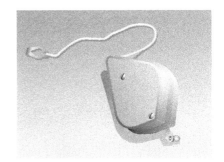

Figura 10.47 Linha traçante.
Fonte: ABCP (Associação Brasileira de Cimento Portland).

- Projeto de produção devidamente estudado pelo líder da equipe que vai executar o serviço

Figura 10.48 Uso do projeto.
Fonte: ABCP (Associação Brasileira de Cimento Portland).

- Verificar esquadro da obra. Se retangular, utilizar o critério da igualdade entre as diagonais

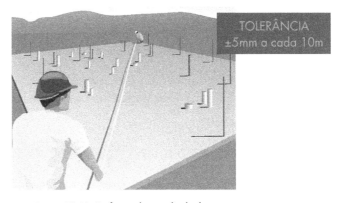

Figura 10.49 Verificação do esquadro da obra.
Fonte: ABCP (Associação Brasileira de Cimento Portland).

10.5.3 Marcação da alvenaria

- Marcar a direção das paredes, vãos de portas e *shafts* utilizando a linha traçante (também chamado de "cordex", conforme a sequência de imagens das Figuras 10.50 a 10.56.

Figura 10.50 Fio traçante.

Fonte: ABCP (Associação Brasileira de Cimento Portland).

Figura 10.51 Marcação das linhas de referência das medidas.   **Figura 10.52** Marcação das direções da parede.

Fonte: ABCP (Associação Brasileira de Cimento Portland).

Figura 10.53 Uso do fio traçante para a marcação da parede.

Fonte: ABCP (Associação Brasileira de Cimento Portland).

Observações
- Conferir referências com o gabarito de marcação ou locação da obra.
- A marcação das paredes perpendiculares pode ser feita usando o teorema de Pitágoras, cujos lados são 3,4 e a diagonal deve fechar 5.

Execução e controle de obras

Figura 10.54 Operação de marcação das direções das paredes

Fonte: ABCP (Associação Brasileira de Cimento Portland).

Figura 10.55 Marcação de paredes perpendiculares

Fonte: ABCP (Associação Brasileira de Cimento Portland).

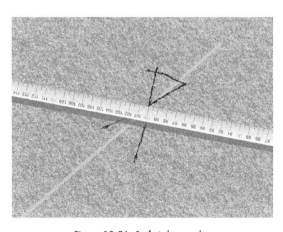

Figura 10.56 Conferindo esquadro.

Fonte: ABCP (Associação Brasileira de Cimento Portland).

- Verificar a posição das instalações

Figura 10.57 Conferir posição das instalações.

Fonte: ABCP (Associação Brasileira de Cimento Portland).

- **Instalação dos escantilhões**

O mestre ou líder da equipe deverá marcar a posição dos escantilhões no projeto.

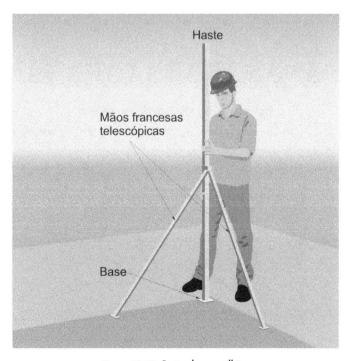

Figura 10.58 Partes do escantilhão.

Fonte: ABCP (Associação Brasileira de Cimento Portland).

Execução e controle de obras

- Fixação do pé e da mão francesa

Figura 10.59 Fixação do pé e da mão francesa.

Fonte: ABCP (Associação Brasileira de Cimento Portland).

a) Fixação da base

b) Colocação da haste

c) Fixação da mão francesa

Figura 10.60 Fixação do pé e da mão francesa do escantilhão.

Fonte: ABCP (Associação Brasileira de Cimento Portland).

Observação
Não é comum escantilhões com base e hastes separadas.

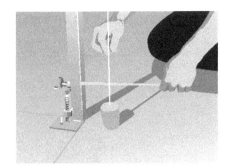

Figura 10.61 Colocação do escantilhão no prumo.
Fonte: ABCP (Associação Brasileira de Cimento Portland).

> **Observação**
> Caso não seja empregada a régua prumo-nível, deve-se conferir com fio de prumo convencional sua posição frequentemente.

- **Transferência da referência de nível**

Na direção das paredes, com um nível, percorremos o pavimento e determinamos o ponto mais alto (Figura 10.69).

Figura 10.62 Mapeamento dos níveis na direção das paredes.
Fonte: ABCP (Associação Brasileira de Cimento Portland).

Transferimos esse nível para uma régua (sarrafo de madeira). Então, criamos uma marca nessa régua à 19,5 cm da extremidade inferior. Chamaremos essa régua de "régua de transferência de nível RTN".

 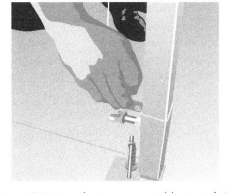

Figura 10.63 Transferência da referência de nível. **Figura 10.64** Ajuste da primeira marca nível da primeira fiada.

Fonte: ABCP (Associação Brasileira de Cimento Portland).

Observação

A marca de 19,5 cm corresponde ao assentamento de blocos com uma espessura mínima de argamassa de 0,5 cm.

Em cada escantilhão transferimos esse nível (Figura 10.63) e ajustamos a primeira marca da régua graduada coincidindo com a marca da RTN. No caso do escantilhão produzido em obra riscamos a primeira marca combinada com a parte da RTN. Temos assim todas as fiadas niveladas e estamos, agora, em condições de iniciar o assentamento dos blocos.

- **Instalação dos gabaritos de portas**

Ainda na fase de colocação dos escantilhões, instalamos os gabaritos de portas nos vãos já marcados no pavimento, como mostra a Figura 10.65.

Figura 10.65 Instalação dos gabaritos de portas.

Fonte: ABCP (Associação Brasileira de Cimento Portland).

10.5.4 Organização do local de trabalho

Trabalhar sempre com blocos de qualidade comprovada (selo de qualidade ABCP ou PSQ da ANICER). Armazenar os blocos corretamente no canteiro de obras, como mostra a Figura 10.66. Já a Figura 10.67 mostra a armazenagem incorreta dos blocos.

Figura 10.66 Armazenagem correta.
Fonte: ABCP (Associação Brasileira de Cimento Portland).

Figura 10.67 Armazenagem incorreta.
Fonte: ABCP (Associação Brasileira de Cimento Portland).

Estocagem
- Os blocos devem ser descarregados em uma superfície plana e nivelada, que garanta a estabilidade da pilha;
- Os blocos devem ser empregados preferencialmente na ordem do recebimento, com indicação das resistências, identificando o número do lote de obra e o local de sua aplicação;

Execução e controle de obras

- Os blocos devem ser armazenados sobre lajes devidamente cimbradas ou sobre o solo, desde que seja evitada a contaminação direta ou indireta por ação da capilaridade da água;
- Os blocos devem ser protegidos da chuva e outros elementos que venham a prejudicar sua aplicação e/ou o desempenho da alvenaria.

Os blocos para a fixação das caixas elétricas, quando especificadas em projeto, devem ser preparados como mostram as imagens da Figura 10.68.

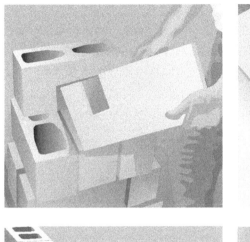
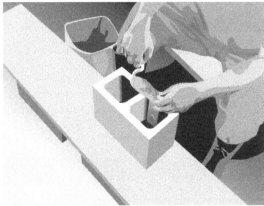

Figura 10.68 Fixação das caixas elétricas.
Fonte: ABCP (Associação Brasileira de Cimento Portland).

Caso a aplicação das caixas elétricas seja feita depois da alvenaria elevada, o posicionamento das mesmas deverá ser garantido marcando-se, por exemplo com giz de cera, seus respectivos locais no momento da elevação da alvenaria.

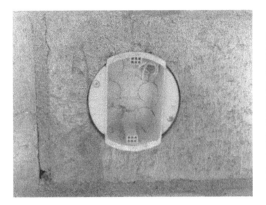 

Figura 10.69 Posicionamento das caixas elétricas posteriormente a elevação da parede.

Fonte: ABCP (Associação Brasileira de Cimento Portland).

- Colocar os blocos próximos do local de trabalho, bem como os caixotes de argamassa para reduzir os movimentos durante a execução do serviço.
- Organizar e manter organizado o local de trabalho.

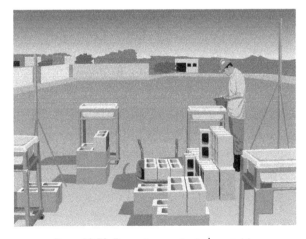

Figura 10.70 Transporte e organização dos materiais.

Fonte: ABCP (Associação Brasileira de Cimento Portland).

Execução e controle de obras

- Evitar esforços físicos desnecessários, colocando o caixote na altura de 70 cm ou a posição mais confortável.

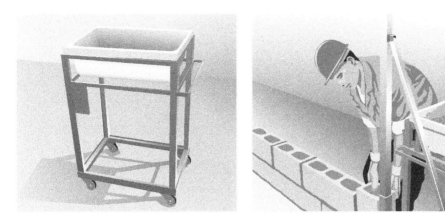

Figura 10.71 Caixote de argamassa na altura de 70 cm.
Fonte: ABCP (Associação Brasileira de Cimento Portland).

10.5.5 Elevação da alvenaria

- Umedecer a superfície do pavimento na direção da parede para assentar os blocos da primeira fiada.

Figura 10.72 Umedecimento da laje com a brocha.
Fonte: ABCP (Associação Brasileira de Cimento Portland).

- Amarrar a linha e esticar com auxílio do esticador de linha no escantilhão.

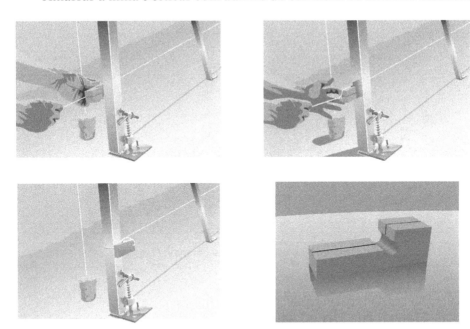

Figura 10.73 Escantilhão e esticador de linha.

Fonte: ABCP (Associação Brasileira de Cimento Portland).

- Conferir a qualidade da argamassa. Recomenda-se argamassa industrializada. A especificação da argamassa será encontrada no projeto estrutural. Caberá ao engenheiro responsável pela obra garantir sua conformidade.

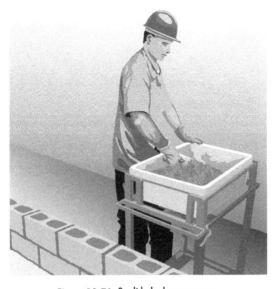

Figura 10.74 Qualidade da argamassa.

Fonte: ABCP (Associação Brasileira de Cimento Portland).

Execução e controle de obras

- Na primeira fiada colocar a argamassa com a colher de pedreiro fazendo uma abertura (sulco) para facilitar o assentamento dos blocos.

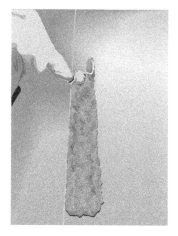 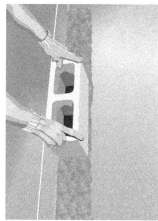 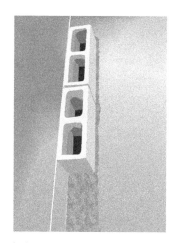

Figura 10.75 Colocação da argamassa na primeira fiada.

Fonte: ABCP (Associação Brasileira de Cimento Portland).

- Observar a amarração dos blocos conforme o projeto (plantas de primeira e segunda fiadas e paginação).

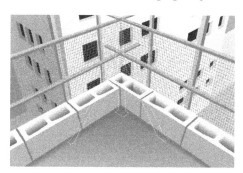 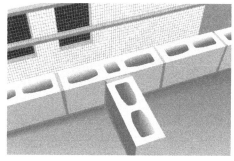

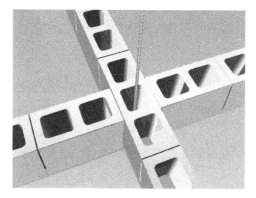

Figura 10.76 Tipos de amarrações entre as paredes.

Fonte: ABCP (Associação Brasileira de Cimento Portland).

- Para as demais fiadas, a argamassa será colocada com a palheta nas paredes longitudinais e com a colher nas transversais. Caso a equipe de produção utilize bisnaga para aplicação da argamassa de assentamento o emprego da colher não se faz necessário.

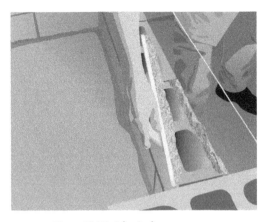

Figura 10.77 Aplicação da argamassa nas paredes longitudinais.

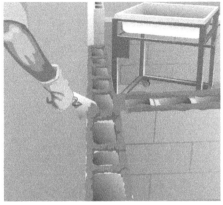

Figura 10.78 Aplicação da argamassa nas paredes transversais.

Fonte: ABCP (Associação Brasileira de Cimento Portland).

- Utilizar a colher para retirar o excesso de argamassa. Não deslocar o bloco da posição depois de assentado.

Figura 10.79 Retirada do excesso de argamassa.

Fonte: ABCP (Associação Brasileira de Cimento Portland).

- Utilizar a régua-prumo-nível de maneira constante para verificar alinhamento, prumo e planicidade da alvenaria.

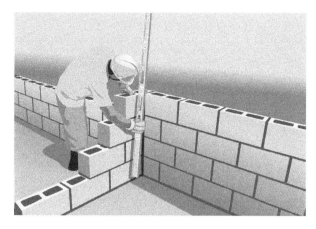

Figura 10.80 Utilização da régua de prumo e nível na alvenaria.

Fonte: ABCP (Associação Brasileira de Cimento Portland).

- As juntas verticais das paredes internas poderão ser preenchidas com bisnaga numa etapa posterior à elevação da alvenaria, se considerada a redução na resistência de aderência inicial na verificação da resistência da alvenaria ao cisalhamento.

Figura 10.81 Preenchimento das juntas verticais de argamassa.

Fonte: ABCP (Associação Brasileira de Cimento Portland).

Observação

No caso de alvenaria aparente, tomar cuidado para não sujar o bloco, usar ferramentas apropriadas para fazer as juntas e não proceder a limpeza imediatamente após a execução do frisamento das juntas, para não danificá-las.

Figura 10.82 Frizamento das juntas de argamassa.

Fonte: ABCP (Associação Brasileira de Cimento Portland).

10.5.6 Assentamento de blocos especiais

Assentamento de blocos tipo "U" (canaleta), tipo "J" e tipo compensador para a execução (cintas, vergas e contra vergas). Posição e quantidade de armaduras conforme projeto estrutural.

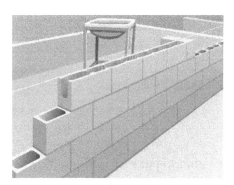 

Figura 10.83 Assentamento do bloco "U" e "J".

Fonte: ABCP (Associação Brasileira de Cimento Portland).

10.5.7 Grauteamento

Antes do grauteamento vertical, deve-se fazer a limpeza no interior dos furos dos blocos para a retirada do excesso de argamassa de assentamento (Figura 10.84). Essa operação deve ser realizada, aproximadamente a cada 6 fiadas.

Os furos devem estar alinhados e desobstruídos e deve-se realizar a limpeza das rebarbas de argamassa. A altura máxima de lançamento do graute deve ser de 1,6 m, exceto se o graute for devidamente aditivado, garantida a coesão sem segregação, situação em que a altura de lançamento máximo permitido é de 2,8 m.

No grauteamento deve-se atentar para:

- Molhar os vazados a serem grauteados;
- No adensamento manual deve-se empregar haste entre 10 mm e 15 mm de diâmetro, alcançando o comprimento suficiente para atingir toda a extensão do vazado;
- Não utilizar a própria armadura da parede para adensamento.

Figura 10.84 Excesso de argamassa de assentamento.

Fonte: ABCP (Associação Brasileira de Cimento Portland).

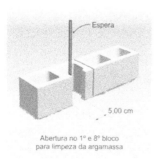 

Figura 10.85 Abertura para a limpeza do excesso de argamassa e emprego do funil para grauteamento.

Fonte: ABCP (Associação Brasileira de Cimento Portland).

> Observação
>
> O grauteamento da cinta de respaldo deve preceder a montagem das formas de laje.

10.5.8 Fase final

Recomendações

– No caso de chuvas, as paredes deverão ser protegidas contra a entrada de água nos furos dos blocos.

– É importante a limpeza diária do pavimento e mais ainda no final do serviço, pois a partir daí outras equipes assumirão a continuidade do trabalho.

– Avaliar o trabalho da equipe e informá-la dos resultados positivos e negativos.

Figura 10.86 Execução das alvenarias.

Fonte: ABCP (Associação Brasileira de Cimento Portland).

10.6 EXEMPLOS DA OBRA E DETALHES CONSTRUTIVOS

Execução de baldrame

Execução de vigas baldrames empregando-se canaletas em obra residência de um pavimento.

Figura 10.87 Fundação e nivelamento.

Fonte: ABCP (Associação Brasileira de Cimento Portland).

Execução e controle de obras

Elevação da alvenaria

Figura 10.88 Contrapiso pronto e início da marcação.

Fonte: ABCP (Associação Brasileira de Cimento Portland).

Figura 10.89 Alvenaria elevada.

Fonte: ABCP (Associação Brasileira de Cimento Portland).

Figura 10.90 Elevação concluída.

Fonte: ABCP (Associação Brasileira de Cimento Portland).

Telhado

Figura 10.91 Execução da cobertura.

Fonte: ABCP (Associação Brasileira de Cimento Portland).

Fixação das esquadrias

Figura 10.92 Fixação das esquadrias.

Fonte: ABCP (Associação Brasileira de Cimento Portland).

Figura 10.93 Fixação da porta com espuma de poliuretano.

Fonte: ABCP (Associação Brasileira de Cimento Portland).

Execução e controle de obras

Forros

Figura 10.94 Forro de madeira.

Fonte: ABCP (Associação Brasileira de Cimento Portland).

Pré-moldados

Figura 10.95 Transporte vertical com grua.

Fonte: ABCP (Associação Brasileira de Cimento Portland).

Figura 10.96 Racionalização da obra com uso de pré-moldados.

Fonte: ABCP (Associação Brasileira de Cimento Portland).

Figura 10.97 Molduras de janelas pré-moldadas

Fonte: ABCP (Associação Brasileira de Cimento Portland).

Figura 10.98 Verga pré-moldada para portas

Fonte: ABCP (Associação Brasileira de Cimento Portland).

Execução e controle de obras

Figura 10.99 Lajes pré-moldadas

Fonte: ABCP (Associação Brasileira de Cimento Portland).

Figura 10.100 Lajes pré-moldadas

Fonte: ABCP (Associação Brasileira de Cimento Portland).

Figura 10.101 Lajes pré-moldadas

Fonte: ABCP (Associação Brasileira de Cimento Portland).

Figura 10.102 Escadas pré-moldadas

Fonte: ABCP (Associação Brasileira de Cimento Portland).

Figura 10.103 Escadas pré-moldadas

Fonte: ABCP (Associação Brasileira de Cimento Portland).

Instalações

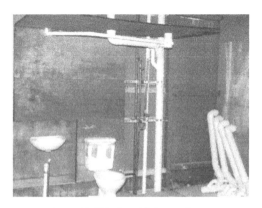

Figura 10.104 Central de kits – gabaritos

Fonte: ABCP (Associação Brasileira de Cimento Portland).

Execução e controle de obras

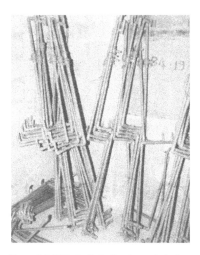

Figura 10.105 Produção de sub-ramais de água

Fonte: ABCP (Associação Brasileira de Cimento Portland).

Figura 10.106 Produção de sub-ramais de esgoto

Fonte: ABCP (Associação Brasileira de Cimento Portland).

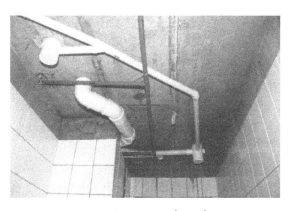

Figura 10.107 Montagem das instalações

Fonte: ABCP (Associação Brasileira de Cimento Portland).

10.7 PLANO DE CONTROLE

A alvenaria estrutural só poderá ser realizada com base em um projeto estrutural devidamente compatibilizado com projetos complementares. O executor deverá estabelecer um plano de controle explicitando os responsáveis pela execução do controle, circulação das informações e pelo tratamento e resolução de não conformidades, além da forma de registro e arquivamento das informações. O objetivo é criar condições de garantia da qualidade da execução das estruturas em alvenaria.

Os seguintes itens devem ter procedimentos específicos no plano de controle da obra:

a) Bloco de concreto;

b) Argamassa de assentamento;

c) Graute;

d) Prisma;

e) Recebimento e armazenamento dos materiais;

f) Controle de produção da argamassa e do graute;

g) Controle sistemático da resistência do bloco, da argamassa e do graute;

h) Controle sistemático da resistência do prisma, quando for o caso;

i) Controle dos demais materiais;

j) Controle da locação das paredes;

k) Controle de elevação das paredes;

l) Controle de execução dos grauteamentos;

m) Controle de aceitação da alvenaria.

10.8 ESPECIFICAÇÃO, RECEBIMENTO E CONTROLE DA PRODUÇÃO DOS MATERIAIS

A especificação e controle dos blocos devem seguir as normas, que foram recentemente revisadas:

- ABNT NBR 6136:2014: Blocos vazados de concreto simples para alvenaria – Requisitos;

- ABNT NBR 12118:2013: Blocos vazados de concreto simples para alvenaria – Métodos de ensaio;

- ABNT NBR 15270-1:2005: Componentes cerâmicos Parte 1: Blocos cerâmicos para alvenaria de vedação – Terminologia e requisitos;

- ABNT NBR 15270-2:2005: Componentes cerâmicos Parte 2: Blocos cerâmicos para alvenaria estrutural – Terminologia e requisitos;

Execução e controle de obras

- ABNT NBR 15270-3:2005: Componentes cerâmicos. Parte 3: Blocos cerâmicos para alvenaria estrutural e de vedação – Métodos de ensaio.

A especificação e o controle sobre os demais materiais constituintes da alvenaria, os fios e as barras de aço, bem como o concreto estrutural utilizado em fundações, lajes e estruturas de transição remete às normas específicas desses materiais:

- ABNT NBR 7480:2007: Aço destinado a armaduras para estruturas de concreto armado – Especificação.
- ABNT NBR 12655:2006: Concreto de cimento Portland – Preparo, controle e recebimento – Procedimento.

10.8.1 Controle da produção de argamassa e graute

Durante a obra, a argamassa e o graute deverão ser controlados em lotes não inferiores à:

- 500 m² de área construída em planta (por pavimento);
- Dois pavimentos;
- Argamassa ou graute fabricado com matéria-prima de mesma procedência e mesma dosagem.

Para cada lote são ensaiados seis exemplares. Em comparação com a edição anterior, o lote corresponde aproximadamente ao dobro da área construída, que anteriormente era de 250 m², refletindo a prática atual do mercado de edifícios com maior número de apartamentos por pavimento.

O graute é moldado de acordo com ABNT NBR 5738:2003: Procedimento para moldagem e cura de corpos de prova, e ensaiado em procedimento descrito na ABNT NBR 5739:2007: Concreto – Ensaio de compressão de corpos de prova cilíndricos. A amostra será considerada aceita pelo atendimento do valor característico especificado em projeto, seguindo os critérios de resistência característica que passa a vigorar também na norma de projeto (parte 1).

Quanto a argamassa, houve considerável mudança na forma de controle. Procurando aproximar o procedimento de obra com o atualmente especificado na ABNT NBR 13279:2005: Argamassa para assentamento e revestimento de paredes e tetos – Determinação da resistência à tração na flexão e à compressão. Houve uma alteração do formato do corpo de prova. Como a NBR 13279 pede que o ensaio à compressão de argamassa seja feito comprimindo uma área de 4 x 4 cm de um corpo de prova de 4 cm de altura (resultante do ensaio a flexão de um prisma de argamassa de 4 x 4 x 16 cm), a norma de controle pede que seja feito em cubos de 4 cm moldados diretamente na obra (para o controle de obra não interessa o controle da resistência de flexão da argamassa).

Para tornar o procedimento bastante claro, a NBR 15961-2:2011 traz especificações para moldagem e ensaios do corpo de prova cúbico, incluindo o projeto do molde mostrado na Figura 10.108. A Figura 10.109 mostra o corpo de prova moldado.

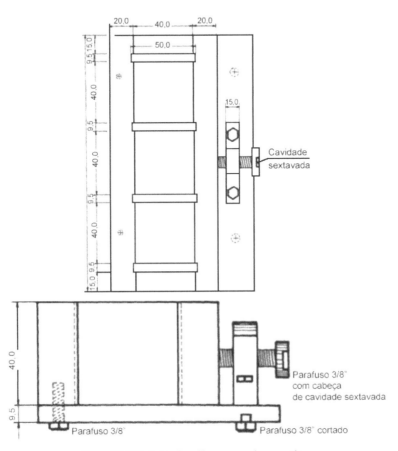

Figura 10.108 Projeto de molde para corpo de prova cúbico.

Fonte: autores

Figura 10.109 Cubo de argamassa de 4 cm para ensaio de compressão.

Fonte: autores

A argamassa é o único material ainda especificado e controlado pelo seu valor médio. O controle da argamassa por meio do valor médio, e não característico, como na versão anterior, alinha a atual versão da norma com as principais normas internacionais. A ideia do controle da resistência à compressão é verificar a uniformidade do produção deste material. A amostra de argamassa será aceita se o coeficiente de variação desta for inferior a 20% e o valor médio for maior ou igual ao especificado no projeto.

Quando a argamassa contém aditivos ou adições (argamassa não tradicional de cimento, cal e areia) é recomendada a execução dos ensaios de tração à flexão de prismas, conforme procedimento descrito no anexo C da NBR 15961-2:2011. Esse ensaio pode ser feito em obra (carregamento feito com próprio blocos) ou em laboratório (carregamento com equipamento de ensaio).

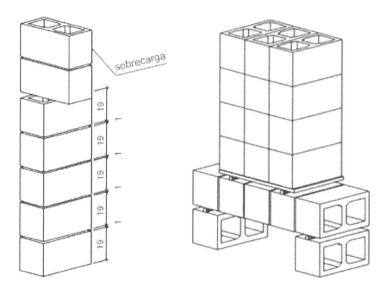

Figura 10.110 Procedimento de moldagem (prisma de 5 fiadas) e ensaio em obra de tração na flexão de alvenaria.

Fonte: autores

10.9 CONTROLE DA RESISTÊNCIA DOS MATERIAIS E DAS ALVENARIAS À COMPRESSÃO AXIAL

O controle da resistência à compressão da alvenaria é de grande importância para a segurança da construção e deve ser programado com cuidado.

10.9.1 Caracterização prévia

Inicialmente é indicada à necessidade de caracterização prévia da resistência à compressão de blocos, argamassa e graute e da alvenaria (usualmente por meio de ensaios de prismas). Antes do início da obra deve-se fazer essa completa caracterização, com ressalvas de que se o fornecedor dos materiais (os mesmos a serem utilizados na obra) pode fornecer esses resultados, desde que não tenham sido realizados a mais de 180 dias. Por exemplo, se o fabricante de blocos realizar ensaios de compressão de blocos, argamassa, graute e prisma e recomendar o uso dos mesmos traços de argamassa e graute (ou material industrializado) para a obra, o construtor não precisa realizar essa caracterização prévia.

O objetivo da caracterização prévia é evitar que, justamente os primeiros pavimentos dos edifícios em alvenaria estrutural e que suportam maiores tensões, sejam construídos com maior incerteza quanto às propriedades dos materiais empregados logo no início da obra, evitando situações de não conformidades ou medidas de reforço desses pavimentos, o que não é incomum ocorrer atualmente.

10.9.2 Resistência a compressão da alvenaria: ensaio de prisma

Tanto na caracterização prévia, quanto no controle da obra, a caraterização da resistência à compressão da alvenaria pode ser feita por ensaios de prisma, pequena parede ou de parede (ABNT NBR 8949:1985: Paredes de alvenaria estrutural – Ensaio à compressão simples).

O anexo B NBR 15812-2:2010 traz os procedimentos para moldagem e ensaio de pequenas paredes que devem ter no mínimo dois blocos de comprimento e cinco fiadas de altura, como alternativa aos ensaios de prismas. Entretanto, a maioria das obras continue a ter a resistência da alvenaria controlada pelo ensaio de prisma de dois blocos, que é um ensaio já bastante difundido no país, ficando os dois outros tipos de ensaio limitados a situações especiais.

É importante ressaltar que o procedimento de ensaio de prisma foi incorporado no texto da norma de execução e controle, cancelando a norma NBR 8215:1983, sendo a mesma substituída pela norma NBR 15961-1:2011.

Alguns cuidados nos procedimentos para ensaio de prisma são mencionados a seguir:

- O prisma sempre é moldado dispondo a argamassa de assentamento sobre toda a face do bloco, independentemente se a obra é executada com dois cordões laterais de argamassa ou não. A diminuição da resistência à compressão no caso de obra executada com dois cordões laterais apenas deve ser considerada no projeto, porém o ensaio é o mesmo para os dois casos;

- A referência para o cálculo das tensões é sempre a área bruta e não líquida;

- Caso os blocos de concreto tenham resistência maior ou igual a 12 MPa, os prismas devem ser moldados em obra e recebidos no laboratório, sendo a moldagem em obra opcional para blocos de menor resistência;

Execução e controle de obras

- Prismas de blocos cerâmicos são sempre executados na obra e transportados para laboratório;
- A resistência de prisma será fornecida em valor característico e não mais médio, tornando a norma de projeto e controle compatíveis quanto às suas exigências. Vale lembrar que nas versões anteriores às normas de projeto específica à resistência de prisma como média e o controle como resistência característica.

O cálculo da resistência característica é realizado por meio do mesmo procedimento atualmente empregado para os blocos, já difundido e utilizado pelos laboratórios, segundo a formulação a seguir:

$$f_{pk,1} = 2\left[\frac{f_{p(1)} + f_{p(2)} + f_{p(3)} + \cdots + f_{p(i-1)}}{i-1}\right] - f_{p(1)}$$

$f_{pk,2} = \emptyset \times f_{p(1)}$, sendo o valor de $\emptyset$ indicado na Tabela 10.2;

$f_{pk,3} = $ é o maior valor entre $f_{pk,1}$ e $f_{pk,2}$;

$f_{pk,4} = 0,85 \times f_{pm}$;

f_{pk} é o menor valor entre $f_{pk,3}$ e $f_{pk,4}$.

sendo,

$i = n/2$, se n for par;

$i = (n-1)/2$, se n for ímpar.

onde

$f_{pk} = $ é a resistência característica estimada da amostra, expressa em megapascal;

$f_{p(1)}, f_{p(2)}, \ldots, f_{pi} = $ são os valores de resistência à compressão individual dos corpos de prova da amostra, ordenados crescentemente;

$f_{pm} = $ a média de todos os resultados da amostra;

$n = $ é o número de corpos de prova da amostra.

Tabela 10.2 Valores de Ø em função da quantidade de elementos de alvenaria

Número de elementos	3	4	5	6	7	8	9	10	11	12	13	14	15	16 e 17	18 e 19
Ø	0,80	0,84	0,87	0,89	0,91	0,93	0,94	0,96	0,97	0,98	0,99	1,00	1,01	1,02	1,04

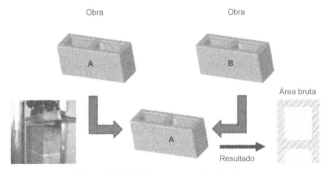

Figura 10.111 Regras para ensaio de prisma.

Fonte: autores

10.9.3 Controle de obra

Ensaios de bloco de concreto

De acordo com a versão da NBR 6136:2014 (Blocos vazados de concreto simples para alvenaria – requisitos), o fabricante deve controlar todo lote de fabricação, constituído de, no máximo, um dia de produção ou 40 mil blocos (o que for menor). O comprador deve verificar o lote de fábrica, ou seja, deve retirar uma amostra de cada lote entregue para ensaios. Deve-se notar que o lote é definido pela produção da fábrica e não por dados da obra. Se o fabricante produzir uma quantidade grande de blocos por dia, o lote será maior. Para pequenos fabricantes, com menor volume de produção diária, haverá mais lotes para controle. O número de exemplares da amostra depende do tamanho do lote. Considerando fabricante sem desvio padrão conhecido, tem-se (reservar igual número para contraprova):

– Lote de até 5 mil blocos, amostra de 9 exemplares;

– Lote entre 5 mil e 10 mil blocos, amostra de 11 exemplares;

– Lote acima de 10 mil blocos, amostra de 13 exemplares.

Dessa amostra, realizam-se os ensaios de recebimento conforme especificações da NBR 6136:2014 e procedimentos da NBR 12118:2013 (Blocos vazados de concreto simples para alvenaria – Métodos de ensaio).

Bloco Cerâmico

O lote de obra para controle de blocos é de até 20 mil unidades, que na modulação 14 x 29 corresponde a 1.200 m^2 de parede ou aproximadamente 600 m^2 de planta para um edifício residencial comum. Em boa parte dos empreendimentos, esse lote será composto por um pavimento para o caso de tipo com mais de 300 m^2, ou dois pavimentos, para tipos entre 300 a 600 m^2. Como o controle deve ser feito a cada compra, a definição do lote depende da organização da obra. Como exemplo,

Execução e controle de obras

pode-se imaginar a entrega de uma compra de blocos a serem utilizados para construção de dois pavimentos, sendo esse lote definido para o caso. A amostra será de 26 blocos (13 para prova e 13 para contraprova) retirados aleatoriamente de todos os caminhões de entrega. Dessa amostra realizam-se os ensaios de recebimento conforme NBR 15270-3:2005 (características visuais, geométricas, físicas e mecânicas).

Exemplo de Plano de Controle para o Bloco de Concreto

Como exemplo, será ilustrado um caso de um edifício de oito pavimentos, onde o pavimento-tipo tem 300 m² em planta. Serão considerados aproximadamente 7.500 blocos da família 14 x 39 por pavimento. A argamassa será padronizada com 6,0 MPa para o prédio inteiro. Serão analisados dois casos. Um com fabricante que produz 10 mil blocos por dia e outro com fabricante que produz 40 mil blocos por dia.

Materiais Especificados

– Térreo, 1º e 2º pavimentos:

f_{bk} = 8 MPa

f_{pk} = 6,4 MPa (prisma oco) e 11,2 MPa (prisma cheio)

f_a = 6 MPa, (argamassa A1)

f_{gk} = 20 MPa (graute G2)

– 3º, 4º pavimentos:

f_{bk} = 6 MPa

f_{pk} = 4,8 MPa (prisma oco) e 8,4 MPa (prisma cheio)

f_a = 6 MPa, (argamassa A1)

f_{gk} = 20 MPa (graute G2)

– 5º, 6º, 7º e 8º pavimentos:

f_{bk} = 4 MPa

f_{pk} = 3,2 MPa (prisma oco) e 6,4 MPa (prisma cheio)

f_a = 6 MPa, (argamassa A1)

f_{gk} = 15 MPa (graute G1)

Caracterização prévia: ensaios podem ser dispensados caso já tenham sido realizados a menos de seis meses com os mesmos materiais.

Realizar ensaio de resistência à compressão:

1) Seis corpos de prova (CPs) para cada graute G1 e G2, conforme a NBR 5738:2003 (Concreto – Procedimento para moldagem e cura de corpos de prova cilíndricos ou prismáticos) e NBR 5739 (Ensaio à compressão de corpos de prova cilíndricos de concreto);

2) Seis corpos de prova (CPs) para argamassa A1, conforme a NBR 13279:2005 ou NBR 15961-1:2011/Anexo D;

3) Seis corpos de prova (CPs) para cada bloco f_{bk} = 4, 6 e 8 MPa, conforme a NBR 12118:2013;

4) Para cada combinação abaixo, doze corpos de prova (CPs) de prisma (oco e cheio), conforme NBR 15961-2:2011;

Bloco de f_{bk} = 8 MPa + argamassa (A1)

Blocos de f_{bk} = 8 MPa + argamassa (A1) + graute (G2)

Bloco de f_{bk} = 6 MPa + argamassa (A1)

Bloco de f_{bk} = 6 MPa + argamassa (A1) + graute (G2)

Bloco de f_{bk} = 4 MPa + argamassa (A1)

Bloco de f_{bk} = 4 MPa + argamassa (A1) + graute (G1)

Controle durante a obra

Baseado nos dados acima, cada pavimento será considerado 01 lote, para o graute, argamassa e prisma. Para cada pavimento, ensaiar (guardar a mesma quantidade para contraprova):

– Seis CPs de graute – compressão;

– Seis CPs de argamassa – compressão;

– Seis CPs de prisma oco;

– Seis CPs de prisma cheio.

Para os blocos, a definição do lote não está ligada às características da obra, mas sim, do fabricante. No caso do fabricante de menor produção, o lote será de, no máximo, 10 mil blocos. Pode-se imaginar a seguinte situação de entregas (todas entregas do mesmo lote de fábrica):

– 1ª entrega de 10.000 blocos de 8 MPa;

– 2º entrega de 5.000 blocos de 8 MPa (totalizando o 1º e 2º andar);

– 3ª entrega de 10.000 blocos de 6 MPa;

– 4º entrega de 5.000 blocos de 6 MPa (totalizando o 3º e 4º andar);

– 5ª entrega de 10.000 blocos de 4 MPa;

– 6º entrega de 10.000 blocos de 4 MPa;

– 7º entrega de 10.000 blocos de 4 MPa (totalizando o 5º ao 8º andar).

Serão, então, definidos **7 lotes**, um para cada entrega, com tamanho de amostra variável de 9 ou 11 blocos, conforme o tamanho do lote de 5 mil ou 10 mil blocos, respectivamente.

Para o caso do fabricante com maior volume de produção, pode-se imaginar as seguintes entregas:

– 1ª entrega de 15.000 blocos de 8 MPa (totalizando o 1º e 2º andar);

– 2º entrega de 15.000 blocos de 6 MPa (totalizando o 3º e 4º andar);

Execução e controle de obras

– 3ª entrega de 30 mil blocos de 4 MPa (totalizando o 5º ao 8º andar).

Serão, então, definidos **3 lotes**, um para cada entrega, com tamanho de amostra variável de 11 blocos.

Exemplo de Plano de Controle para o Bloco Cerâmico

Como exemplo será ilustrado um caso de um edifício de oito pavimentos onde o pavimento tipo tem 300 m^2 em planta. Serão considerados aproximadamente 8.500 blocos da família 14 x 29 cm, por pavimento.

Materiais Especificados

– Térreo, 1º e 2º pavimentos:

f_{bk} = 14 MPa

f_{pk} = 5,6 MPa (prisma oco) e 8,9 MPa (prisma cheio)

f_a = 11 MPa, (argamassa A3)

f_{gk} = 30 MPa (graute G3)

– 3º, 4º e 5º pavimentos:

f_{bk} = 10 MPa

f_{pk} = 4,5 MPa (prisma oco) e 7,2 MPa (prisma cheio)

f_a = 8 MPa, (argamassa A2)

f_{gk} = 25 MPa (graute G2)

– 6º, 7º e 8º pavimentos:

f_{bk} = 6 MPa

f_{pk} = 3,0 MPa (prisma oco) e 4,8 MPa (prisma cheio)

f_a = 5 MPa, (argamassa A1)

f_{gk} = 15 MPa (graute G1)

Caracterização prévia: ensaios podem ser dispensados caso já tenham sido realizados a menos de seis meses com os mesmos materiais.

Realizar ensaio de resistência a compressão:

– Seis CPs para cada graute G1, G2 e G3, conforme a NBR 5738:2003 e NBR 5739:2007;

– Seis CPs para cada argamassa A1, A2 e A3, conforme NBR 13279:2005 ou NBR 15961- 2:2011/Anexo D;

– Treze CPs para cada bloco f_{bk} = 6, 10 e 14 MPa, conforme NBR 15270:2005;

– Para cada combinação abaixo, doze CPs de prisma (oco e cheio), conforme NBR 15812-2:2010;

Bloco de f_{bk} = 14 MPa + argamassa A3

Bloco de f_{bk} = 14 MPa + argamassa A3 + graute G3

Bloco de f_{bk} = 10 MPa + argamassa A2

Bloco de f_{bk} = 10 MPa + argamassa A2 + graute G2

Bloco de f_{bk} = 6 MPa + argamassa A1

Bloco de f_{bk} = 6 MPa + argamassa A1 + graute G1

Controle durante a obra

Baseado nos dados acima, cada pavimento será considerado 01 lote, para o graute, argamassa e prisma. Para cada pavimento, ensaiar (guardar a mesma quantidade para contraprova):

– Seis CPs de graute – compressão;

– Seis CPs de argamassa – compressão;

– Seis CPs de prisma oco;

– Seis CPs de prisma cheio;

No caso dos blocos, como cada pavimento tem 8.500 unidades e o lote máximo é de 20 mil blocos, o lote não pode ser maior que dois pavimentos. Considerando que todos os blocos de cada resistência são entregues ao mesmo tempo, serão considerados:

– pavimento 1º e 2º: 01 lote

– pavimento 3º, 4º e 5º: 02 lotes

– pavimento 6º, 7º e 8º: 02 lotes

Para cada lote separar 26 blocos (13 para prova e 13 para contraprova), com unidades colhidas aleatoriamente de cada caminhão, para ensaios visual, compressão, dimensional e absorção de água.

Ensaios de prismas

Quando a condição anterior não é atendida, é necessário o controle da obra através de ensaios de prisma.

• Controle Padrão

Nesse caso a construtora pode adotar o procedimento chamado de controle padrão, onde 12 prismas são moldados a cada pavimento, sendo 6 para ensaio e 6 para eventual contraprova. A vantagem desse procedimento é que a obra define o procedimento de forma simples com menor necessidade de consulta ao projetista da estrutura. A desvantagem é que o número de ensaios pode ser maior que o controle otimizado, detalhado a seguir.

• Controle Otimizado

No controle otimizado os resultados do pavimento anterior (de mesmo f_{bk} e demais materiais) são usados para determinar o número de prismas necessários

Execução e controle de obras

para controle dos próximos pavimentos. Para o primeiro pavimento de f_{bk} distinto, são ensaiados 6 prismas. Para os pavimentos superiores, o número de prismas a ser ensaiado é obtido na Tabela 10.3. A ideia nesse caso é beneficiar as obras que por meio do uso de blocos de melhor qualidade, com menor dispersão de resultados de resistência e procedimentos mais padronizados de execução e controle possam usar um menor número de corpos de prova.

Tabela 10.3 Número mínimo de prismas a serem ensaiados (redução de acordo com a probabilidade relativa de ruína) – Blocos de concreto

Condição	Coeficiente de Variação dos Prismas (CV)	f_{pk}, projeto / f_{pk}, estimado			
		≤ 0,35	> 0,35 ≤ 0,50	> 0,50 ≤ 0,75	> 0,75
A	>15 %	6	6	6	6
B	< 10 % e ≥ 15 %	0	2	4	6
C	< 10 %	0	0	0	0

IMPORTANTE – Para pavimentos com blocos de concreto de f_{kb} >= 12,0 MPa deve-se sempre considerar no mínimo a condição B (para blocos de concreto)

Tabela 10.4 Número mínimo de prismas a serem ensaiados (redução de acordo com a probabilidade relativa de ruína) – Blocos cerâmicos

Coeficiente de Variação (CV)	f_{pk}, projeto / f_{pk}, estimado				
	≤ 0,15	> 0,15 ≤ 0,30	> 0,30 ≤ 0,50	> 0,50 ≤ 0,75	> 0,75
>25 %	6	6	6	6	6
≤ 25 % e ≥ 20 %	0	2	4	6	6
< 20 % e ≥ 15 %	0	2	2	2	4
< 15 % e ≥ 10 %	0	0	2	2	2
< 10 %	0	0	0	0	0

IMPORTANTE – Para edificações com mais de cinco pavimentos, o coeficiente de variação deve ser sempre considerado como no mínimo igual a 15 %.

- **Controle Otimizado – edificações iguais**

Uma variação do controle isolado é permitida na nova norma. São consideradas "iguais" as edificações que atendam aos seguintes requisitos:

- Fazem parte de um único empreendimento;
- Têm o mesmo projetista estrutural;
- Têm especificadas as mesmas resistências de projeto;
- Utilizam os mesmos materiais e procedimentos para a execução.

Nesse caso, o primeiro prédio a ser construído deve ter seu controle realizado de maneira independente aos demais, como descrito acima. Entretanto, o segundo e demais prédios podem ser considerados como uma única edificação para fim de controle.

10.10 CONTROLE DA PRODUÇÃO DA ALVENARIA

O capítulo 9 indica os requisitos para controle de produção da alvenaria, não havendo grandes mudanças nesse item. Devem ser atendidos os limites anotados na Tabela 10.5.

Tabela 10.5 Variáveis de controle geométrico na produção da alvenaria

	Fator	Tolerância
Junta horizontal	Espessura	±3 mm
	Nível	2 mm/m 10 mm no máximo
Junta vertical	Espessura	±3 mm
	Alinhamento vertical	2 mm/m 10 mm no máximo
Alinhamento da parede	Vertical (desaprumo)	±2 mm/m ±10 mm no máximo por piso ±25 mm na altura total do edifício
	Horizontal (desalinhamento)	±2 mm/m ±10 mm no máximo
Nível superior das paredes	Nivelamento da fiada de respaldo	±10 mm

Além desses limites existem várias prescrições de procedimentos visando a qualidade final da obra, como necessidade de grauteamento prévio da cinta de respaldo, espessuras mínimas dos filetes de argamassa na junta vertical, forma do adensamento manual do graute.

10.11 CRITÉRIO DE ACEITAÇÃO DA ALVENARIA

Quando for permitido apenas ensaios de blocos, a aceitação da resistência à compressão do bloco serve para aceitação da alvenaria também. Se houver ensaio de prisma, essa resistência característica deve ser aceita e prevalecer sobre todos os outros ensaios de compressão (bloco, argamassa ou graute).

Em caso de inconformidade, devem ser adotadas as seguintes ações corretivas:

- Revisar o projeto para determinar se a estrutura, no todo ou em parte, pode ser considerada aceita, considerando os valores obtidos nos ensaios;
- Determinar as restrições de uso da estrutura;
- Providenciar o projeto de reforço;
- Decidir pela demolição parcial ou total.

Execução e controle de obras

10.12 BIBLIOGRAFIA

ASSOCIAÇÃO BRASILEIRA DE NORMAS TÉCNICAS. **NBR 6136**: Bloco vazado de concreto simples para alvenaria estrutural – especificação. Rio Janeiro: ABNT 2007.

_____. **NBR 7211**: Agregado para concreto – especificação. Rio de Janeiro: ABNT, 2009.

_____. **NBR 15270-1**: Componentes cerâmicos. Parte 1: blocos cerâmicos para alvenaria de vedação – terminologia e requisitos. Rio de Janeiro: ABNT, 2005.

_____. **NBR 15270-2**: Componentes cerâmicos. Parte 2: blocos cerâmicos para alvenaria estrutural – terminologia e requisitos. Rio de Janeiro: ABNT, 2005.

_____. **NBR 15270-3**: Componentes cerâmicos. Parte 3: blocos cerâmicos para alvenaria estrutural e de vedação – método de ensaio. Rio de Janeiro: ABNT, 2005.

_____. **NBR 15961-1**: Alvenaria estrutural – blocos de concreto. Parte 1: projeto. Rio de Janeiro: ABNT, 2011.

_____. **NBR 15961-2**: Alvenaria estrutural – blocos de concreto. Parte 2: execução e controle de obras. Rio de Janeiro: ABNT, 2011.

_____. **NBR 13279**: Argamassa para assentamento e revestimento de paredes e tetos – determinação da resistência à tração na flexão e à compressão. Rio de Janeiro: ABNT, 2005.

_____. **NBR 8949**: Paredes de alvenaria estrutural – ensaio à compressão simples – método de ensaio. Rio de Janeiro: ABNT, 1985.

_____. **NBR 12118**: Blocos vazados de concreto simples para alvenaria – método de ensaio. Rio de Janeiro: ABNT, 2013.

_____. **NBR 7480**: Aço destinado a armaduras para estruturas de concreto armado – Especificação. Rio de Janeiro: ABNT, 2007.

_____. **NBR 12655**: Concreto de cimento portland – Preparo, controle e recebimento – procedimento. Rio de Janeiro: ABNT, 2006.

_____. **NBR 5738**: Concreto – procedimento para moldagem e cura de corpos-de-prova. Rio de Janeiro: ABNT, 2003.

_____. **NBR 5739**: Concreto – ensaios em corpos-de-prova cilíndricos. Rio de Janeiro: ABNT, 2007.

_____. **NBR 8215**: Prismas de blocos vazados de concreto simples para alvenaria estrutural – Preparo e ensaio à compressão – Método de ensaio. Rio de Janeiro: ABNT, 1983.

PARSEKIAN, G. A.; FORTES, E. S.; CANATO, R. L.. Especificação e controle de alvenarias em blocos de concreto. **Concreto & Construção**, v. 41, p. 80-86, 2014.

TRIST, E.; BAMFORTH, W. **Some social and psychological consequence of the long wall method of coal – getting.** Human Relations, [S.1], v.4, p.3-38, 1951.